"十四五" 职业教育国家规划教材

U0692019

品

材

Network Operating System
of Windows Server

Windows Server

网络操作系统项目教程

Windows Server 2016 | 微课版 | 第 2 版

杨云 付军 邱清辉 ◉ 主编

郑定超 刁琦 赵治斌 ◉ 副主编

人民邮电出版社

北 京

图书在版编目（CIP）数据

Windows Server 网络操作系统项目教程：Windows Server 2016：微课版 / 杨云，付军，邱清辉主编. 2 版. -- 北京：人民邮电出版社，2025. --（名校名师精品系列教材）. -- ISBN 978-7-115-65826-5

Ⅰ. TP316.86

中国国家版本馆 CIP 数据核字第 2025BR4524 号

内 容 提 要

本书采用"项目导向、任务驱动"的方式，着眼于实践应用，以企业真实案例为基础，采用"纸质教材+电子活页"的形式，全面、系统地介绍 Windows Server 2016 网络操作系统在企业中的应用。

本书包含 13 个项目，主要内容包括认识网络操作系统、规划与安装 Windows Server 2016、部署与管理 Active Directory 域服务、管理用户账户和组、管理文件系统与共享资源、配置与管理基本磁盘和动态磁盘、配置与管理 DNS 服务器、配置与管理 DHCP 服务器、配置与管理 Web 服务器、配置与管理 FTP 服务器、配置与管理 VPN 服务器、配置与管理 NAT 服务器、配置与管理证书服务器。

本书结构合理，知识点全面，实例丰富，语言通俗易懂，易教易学。

本书可以作为普通高等学校、职业院校计算机应用技术和计算机网络技术等专业的理论与实践一体化教材，也可以作为 Windows Server 2016 系统管理和网络管理工作者的参考书。

◆ 主　　编　杨　云　付　军　邱清辉
　　副主编　郑定超　刁　琦　赵治斌
　　责任编辑　马小霞
　　责任印制　王　郁　焦志炜

◆ 人民邮电出版社出版发行　　北京市丰台区成寿寺路 11 号
　　邮编 100164　电子邮件 315@ptpress.com.cn
　　网址 https://www.ptpress.com.cn
　　三河市君旺印务有限公司印刷

◆ 开本：787×1092　1/16
　　印张：17.5　　　　　　　　2025 年 2 月第 2 版
　　字数：507 千字　　　　　　2025 年 7 月河北第 2 次印刷

定价：69.80 元

读者服务热线：**(010)81055256**　印装质量热线：**(010)81055316**
反盗版热线：**(010)81055315**

前　言

党的二十大报告指出"必须坚持科技是第一生产力、人才是第一资源、创新是第一动力"。大国工匠和高技能人才作为人才强国战略的重要组成部分，在现代化国家建设中起着重要的作用。高等职业教育肩负着培养大国工匠和高技能人才的使命，近几年得到了迅速发展。

因此网络技能型人才培养显得尤为重要。

1. 编写背景

本书是"十四五"职业教育国家规划教材，也是浙江省普通高校"十三五"新形态教材。根据教育部发布的《教育信息化 2.0 行动计划》、"三教"改革及"金课"建设要求，结合计算机领域的发展及广大读者的反馈意见，在保留原书特色的基础上，我们对其进行修订。

2. 本书特点

本书共包含 13 个项目，其最大的特色之一是"易教易学"，音频、视频等配套教学资源丰富。

（1）本书以"立德树人"为核心，无缝嵌入素养教育内容。本书融入"核高基"与国产操作系统、IPv4 和 IPv6、中国计算机的主奠基者、中国国家顶级域名.CN、图灵奖、国家最高科学技术奖、为计算机事业做出过巨大贡献的王选院士、"雪人计划"、中国的超级计算机、中国的"龙芯"、国产操作系统"银河麒麟"、华为——高斯数据库等计算机领域发展的重要内容，鞭策学生努力学习，引导学生树立正确的世界观、人生观和价值观，培养学生成为德、智、体、美、劳全面发展的社会主义建设者和接班人。

（2）本书是校企深度融合、"双元"合作开发的"项目导向、任务驱动"的项目式教材。

① 本书由行业专家、微软金牌讲师、教学名师、专业负责人等跨地区、跨学校联合编写。主编之一杨云教授是省级教学名师、微软系统工程师。编者既有教学名师，又有行业企业的工程师、金牌讲师。

② 本书采用基于工作过程导向的"教、学、做"一体化的编写方式。

③ 本书内容对接职业标准和企业岗位需求，实现产教融合、书证融通、课证融通。

④ 本书项目来自企业，并且业界专家参与拍摄了配套的项目实训视频，充分体现了产教的深度融合和校企的"双元"合作。实训项目视频由微软工程师录制。

（3）遵循"三教"改革精神，创新教材形态，采用"纸质教材+电子活页"的形式进行全面修订。

① 利用互联网技术扩充本书的内容，在纸质教材外增加教学资源包，其中包含视频、音频、作业、试卷、拓展资源、主题讨论、16 个扩展项目实训视频等数字资源，从而实现纸质教材三年一修订、电子活页随时增减和修订的目标。

② 本书融合互联网新技术，以嵌入二维码的纸质教材为载体，提供各种数字资源，将教材、课堂、教学资源、教法四者融合，实现线上线下有机结合，是翻转课堂、混合课堂改革的理想教材。

（4）打造"教、学、做、导、考"一体化教材，提供一站式"课程整体解决方案"。

① 电子活页、纸质教材、微课和慕课为"教"和"学"提供最大便利。

② 授课计划、项目指导书、电子教案、PPT 课件、课程标准、试卷、拓展提升资源、项目任

务单、实训指导书、视频、扩展资料，为教师备课、学生预习、教师授课、学生实训、课程考核提供一站式"课程整体解决方案"。

③ 利用 QQ 群实现 24 小时在线答疑，分享教学资源和教学心得。

PPT 课件、习题答案等必备资料可到人邮教育社区（http://www.ryjiaoyu.com）免费下载使用。订购本书的读者将得到全套教学资源包（加入 QQ 群，ID 为 30539076；添加 QQ，QQ 号为 3883864976）。

3. 教学大纲

本书的参考学时为 72 学时，其中实训为 40 学时。各项目的参考学时参见下面的学时分配表。

项目	课程内容	学时分配/学时	
		讲授	实训
项目 1	认识网络操作系统	2	
项目 2	规划与安装 Windows Server 2016	2	4
项目 3	部署与管理 Active Directory 域服务	4	4
项目 4	管理用户账户和组	2	2
项目 5	管理文件系统与共享资源	2	2
项目 6	配置与管理基本磁盘和动态磁盘	2	2
项目 7	配置与管理 DNS 服务器	2	2
项目 8	配置与管理 DHCP 服务器	2	2
项目 9	配置与管理 Web 服务器	4	4
项目 10	配置与管理 FTP 服务器	2	2
项目 11	配置与管理 VPN 服务器	2	2
项目 12	配置与管理 NAT 服务器	2	2
项目 13	配置与管理证书服务器	4	4
	电子活页（微软工程师录制）		8
学时总计		32	40

另外，本书配有电子活页，可供教师讲授 32 学时，实训 40 学时，请联系编者，或登录人邮教育社区（www.ryjiaoyu.com）获取。

4. 其他

本书由杨云、付军、邱清辉任主编，郑定超、刁琦、赵治斌任副主编，张诚、陈翊、孙金杨、陈蔚、李涛、杨子轩等也参加了编写。感谢浪潮集团、山东鹏森信息科技有限公司给予的支持和帮助。

编者

2024 年 8 月于泉城

目 录

项目 8

配置与管理 DHCP 服务器 …………………… 163

项目 9

配置与管理 Web 服务器 ……… 191

项目 10

配置与管理 FTP 服务器 …… 202

项目1
认识网络操作系统

01

　　某高校组建了学校的校园网，购买了满足需求的服务器。那么，如何选择一种既安全又易于管理的网络操作系统呢？

　　在校园网的建设中，推荐使用微软公司（以下简称微软）推出的 Windows Server 2016 网络操作系统作为服务器的首选操作系统。Windows Server 2016 是 64 位网络操作系统，自带 Hyper-V。Hyper-V 技术先进，几乎能够满足用户的各种需求。因此，Windows Server 2016 是中小企业信息化建设的首选服务器操作系统之一。

　　本项目从高校需求出发，以 Windows Server 2016 网络操作系统为主线进行讲解。

学习要点

- 了解网络操作系统的概念。
- 掌握网络操作系统的功能与特性。
- 了解典型的网络操作系统。
- 掌握网络操作系统的选用原则。

素质要点

- 了解"核高基"和国产操作系统，理解自主可控对于我国的重大意义，激发学生的爱国情怀和学习动力。
- 明确操作系统在新一代信息技术中的重要地位，激发科技报国的家国情怀和使命担当。

1.1 项目基础知识

1.1.1 网络操作系统概述

　　操作系统（Operating System，OS）是计算机系统中负责提供应用程序运行环境以及用户操作环境的系统软件，同时也是计算机系统的核心与基石。它的职责包括对硬件的直接监管、对各种计算机资源（如内存、处理器时间等）的管理，以及提供诸如作业管理的面向应用程序的服务等。

微课 1-1　认识网络操作系统

　　网络操作系统（Network Operating System，NOS）除了具备单机操作系统的全部功能外，还具备管理网络中的共享资源、实现用户通信以及方便用户使用网络等功能，是网络的"心脏"和"灵魂"。所以，网络操作系统可以理解为网络用户与计算机网络之间的接口，是计算机网络中管理一台或多台主机的软硬件资源、支持网络通信、提供网络服务的程序集合。

通常，计算机操作系统上会安装很多网络软件，包括网络协议软件、网络通信软件和网络操作系统等。网络协议软件主要是指物理层和数据链路层的一些接口约定；网络通信软件用于管理各计算机之间的信息传输。

计算机网络依据国际标准化组织（International Organization for Standardization，ISO）的开放系统互连（Open System Interconnection，OSI）参考模型分成 7 个层次，用户的数据首先应按应用类别封装成应用层的协议数据包，然后该协议数据包根据需要和协议封装成表示层的协议数据包，接着依次封装成会话层、传输层、网络层的协议数据包，再封装成数据链路层的帧，并在发送端最终形成物理层的比特流，最后通过物理传输介质进行传输。至此，整个网络数据通信工作完成了三分之一。在目的地，和发送端相似的是，需将经过网络传输的比特流逆向解释成协议数据包，逐层向上传递并解释为各层对应的原协议数据单元，最终还原成网络用户所需的并能够被网络用户所理解的数据。而在这些数据抵达目的地之前，还需在网络中进行"几上几下"的解释和封装。

可想而知，一个网络用户若要亲自处理如此复杂的细节问题，计算机网络大概只能"待"在实验室里，根本不可能像现在这样无处不在了。为了方便用户，使用户真正用得上网络，计算机需要一个直观、简单、具有抽象功能的，并能屏蔽所有通信处理细节的环境，这就是网络操作系统。

1.1.2　认识网络操作系统的功能与特性

操作系统的功能通常包括处理器管理、存储器管理、设备管理、文件系统管理，并且为方便用户使用，操作系统还向用户提供用户接口。网络操作系统除了提供上述资源管理功能和用户接口外，还提供网络环境下的通信、网络资源管理、网络服务等特定功能。它能够协调网络中各种设备的动作，为用户提供尽量多的网络资源，包括文件和打印机、传真机等外围设备，并确保网络中的数据和设备的安全性。

1. 网络操作系统的功能

（1）共享资源管理

网络操作系统能够对网络中的共享资源（硬件和软件）实施有效的管理，协调用户对共享资源的使用，并保证共享数据的安全性和一致性。

（2）网络通信

网络通信是网络操作系统最基本的功能之一，其任务是在源主机和目的主机之间实现无差错的数据传输。为此，网络操作系统采用标准的网络协议实现以下主要功能。

- 建立和拆除通信链路：为通信双方建立和拆除一条暂时的通信链路。
- 传输控制：对传输过程中的数据进行必要的控制。
- 差错控制：对传输过程中的数据进行差错检测和纠正。
- 流量控制：控制传输过程中的数据流量。
- 路由选择：为所传输的数据选择一条适当的传输路径。

（3）网络服务

网络操作系统在共享资源管理和网络通信的基础上为用户提供多种有效的网络服务，如电子邮件服务，文件传输、存取和管理服务，共享硬盘服务和共享打印服务等。

（4）网络管理

网络管理最主要的任务之一是安全管理，一般通过存取控制来确保存取数据的安全性，以及通过容错技术来保证系统发生故障时数据能够安全恢复。此外，网络操作系统还能对网络性能进行监视，并对网络资源的使用情况进行统计，以便为提高网络性能、进行网络维护和计费等提供必要的信息。

（5）互操作

在客户机/服务器模式的局域网（Local Area Network，LAN）环境下的互操作，是指连接在服务器上的多种客户机不仅能与服务器通信，还能以透明的方式访问服务器上的文件系统；在互连网络环境下的互操作，是指不同网络间的客户机不仅能通信，而且能以透明的方式访问其他网络的文件服务器。

2. 网络操作系统的特性

（1）客户端/服务器模式

客户端/服务器（Client/Server，C/S）模式是近年来比较流行的应用模式，它把应用划分为客户端和服务器，客户端把服务请求提交给服务器，服务器负责处理请求，并把处理结果返回至客户端。如 Web 服务、大型数据库服务等都采用客户端/服务器模式。

基于标准浏览器访问数据库时，中间往往还需加入 Web 服务器，运行 ASP（Active Server Pages，活动服务器页面）或 Java 平台，通常称为三层模式，也称为浏览器/服务器（Browser/Server，B/S）模式。它是客户端/服务器模式的特例，只是其客户端基于标准浏览器，无须安装特殊软件。

（2）32 位网络操作系统

32 位网络操作系统采用 32 位内核进行系统调度和内存管理，支持 32 位设备驱动器，使得网络操作系统和设备间的通信更为迅速。自 64 位处理器诞生以来，许多厂家已推出了支持 64 位处理器的网络操作系统。

（3）抢先式多任务

网络操作系统一般采用微内核架构设计。微内核始终保持对系统的控制，并给应用程序分配时间段，控制其运行。在指定的时间段结束时，微内核抢先运行进程并将控制权移交给下一个进程。以微内核为基础，可以引入大量的特征和服务，如集成安全子系统、抽象的虚拟化硬件接口、多协议网络支持以及集成化的图形界面管理工具等。

（4）支持多种文件系统

有些网络操作系统支持多种文件系统，具有良好的兼容性，可实现对系统升级的平滑过渡。例如，Windows Server 2016 支持文件分配表（File Allocation Table，FAT）、高性能文件系统（High-Performance File System，HPFS）及其本身的新技术文件系统（New Technology File System，NTFS）。NTFS 是 Windows 的文件系统，它支持文件的多属性连接以及长文件名到短文件名的自动映射，使得 Windows Server 2016 支持大容量的硬盘空间，这样既增强了文件的安全性，又便于管理。

（5）Internet 支持

今天，Internet 已经成为网络的一个总称，网络（局域网或广域网）的专用性越来越弱，专用网络与 Internet 网络的标准日趋统一。因此，很多品牌网络操作系统都集成了许多标准化应用，如 Web 服务、文件传送协议（File Transfer Protocol，FTP）服务、网络管理服务等，甚至是 E-mail。各种类型的网络几乎都连接到了 Internet 上，对内、对外，它们均按 Internet 标准提供服务。

（6）并行性

有的网络操作系统支持群集系统，可以实现在网络的每个节点上为用户建立虚拟处理器，各节点并行执行。一个用户的作业被分配到不同节点上，网络操作系统管理这些节点，使其协作完成用户的作业。

（7）开放性

随着 Internet 技术的发展，不同结构、不同网络操作系统的网络需要实现互连，因此，网络操作系统必须支持标准化的通信协议，如传输控制协议/互联网协议（Transmission Control Protocol/ Internet Protocol，TCP/IP）、NetBIOS 增强用户接口（NetBIOS Enhanced User Interface，NetBEUI）等，以及应用协议，如超文本传送协议（HyperText Transfer Protocol，HTTP）、简单邮件传送协议（Simple Mail Transfer Protocol，SMTP）、简单网络管理协议（Simple Network Management Protocol，SNMP）等，还必须支持与多种客户端操作系统的连接。只有保证系统的开放性和标准性，使系统具有良好的兼容性、可迁移性、可升级性、可维护性等，才能保证厂家在激烈的市场竞争中生存，并最大限度地保障用户的投资安全。

（8）可移植性和可伸缩性

目前，网络操作系统一般都广泛支持硬件产品，它不仅支持 Intel 系列处理器，而且可运行在精简指令集计算机（Reduced Instruction Set Computer，RISC）芯片（如 DEC Alpha、MIPS R4400、Motorola PowerPC 等）上，这使得系统具有很好的可移植性。网络操作系统往往还支持多处理器技术，如对称式多处理机（Symmetric Multiprocessor，SMP）技术，它支持的处理器个数从 1 到 32 不等，或者更多，这使得系统具有很好的可伸缩性。

（9）高可靠性

网络操作系统是运行在网络核心设备（如服务器）上的、用于管理网络并提供服务的关键软件。它必须具有高可靠性，能够保证系统 365 天、24 小时不间断地工作。因为如果由于某些情况（如访问过载）系统总是崩溃或服务停止，用户是无法忍受的。

（10）安全性

为了保证系统和系统资源的安全性、可用性，网络操作系统往往集成用户权限管理、资源管理等功能。例如，为每种资源定义访问控制列表（Access Control List，ACL），设置各个用户对某个资源的存取权限，且使用安全标识符（Security Identifiers，SID）唯一识别用户。

（11）容错性

网络操作系统能提供多级系统容错能力，包括日志式的容错特征列表、可恢复文件系统、磁盘镜像、磁盘扇区备用以及对不间断电源（Uninterruptible Power Supply，UPS）的支持。强大的容错性是系统可靠运行的保障。

（12）图形用户界面

目前，网络操作系统的研发者非常注重系统的图形用户界面（Graphical User Interface，GUI）的开发。良好的图形用户界面可以为用户提供直观、美观、便捷的操作接口。

1.1.3 认识典型的网络操作系统

网络操作系统是用于网络管理的核心软件，目前得到广泛应用的网络操作系统有 UNIX、Linux、NetWare、Windows NT Server、Windows 2000 Server 和 Windows Server 2003/2008/ 2012/2016 等。下面介绍 UNIX 和 Linux 两种网络操作系统。

1. UNIX

UNIX 是一个通用的、具有交互作用的分时系统，其最早的版本是由美国电报电话（American Telephone & Telegraph，AT&T）公司的贝尔实验室的肯·汤普森和丹尼斯·里奇共同研制的，其目的是在贝尔实验室内创造一种用于程序设计研究和开发的良好环境。

1969 年，肯·汤普森在 PDP-7 计算机上实现了 UNIX 网络操作系统。最初版本的 UNIX 是用汇编语言编写的。不久，肯·汤普森用一种较高级的 B 语言重写了该系统。1973 年，丹尼斯·里奇用 C 语言对 UNIX 进行了重写。目前使用较多的是 1992 年发布的 UNIX SVR 4.2。

UNIX 是为多用户环境设计的，即所谓的多用户网络操作系统，支持 TCP/IP。该协议已经成为 Internet 中通信的事实标准。UNIX 的发展历史悠久，具有分时操作、稳定、安全等特性，适用于几乎所有的大型计算机、中型计算机、小型计算机，也可用于工作组级服务器。在中国，很多拥有大型计算机、中型计算机、小型计算机的企业，通常使用 UNIX 网络操作系统。

2. Linux

Linux 是一种在 PC（Personal Computer，个人计算机）上执行的、类似 UNIX 的网络操作系统。1991 年，第一个 Linux 网络操作系统由芬兰赫尔辛基大学的年轻学生莱纳斯·托瓦尔兹发布，它是一个完全免费的网络操作系统。在遵守自由软件联盟协议的前提下，用户可以自由地获取程序及其源代码，并能自由地使用它们，包括修改和复制等。Linux 网络操作系统提供了一个稳定、完整、多用户、多任务和多进程的运行环境。Linux 网络操作系统是"网络时代"的产物，在 Internet 上经过了众多技术人员的测试和除错，并且不断被扩充。

Linux 具有以下特点。

- Linux 完全遵循 POSIX（Portable Operating System Interface，可移植操作系统接口）标准，并扩展支持所有具有 AT&T 和 BSD（Berkeley Software Distribution，伯克利软件套件）UNIX 特性的网络操作系统。
- Linux 是真正的多任务、多用户系统，内置网络支持，能与 NetWare、Windows Server、OS/2、UNIX 等无缝连接，其网络效能在各种 UNIX 测试评比中都很好，它同时支持 FAT16、FAT32、NTFS、Ext2FS、ISO 9600 等多种文件系统。
- Linux 可运行于多种硬件平台，包括 Alpha、Sun SPARC、Power PC、MIPS 等处理器，对于各种新型外围硬件，它可以从分布于全球的众多程序员那里迅速得到支持。
- Linux 对硬件要求较低，可在硬件条件不太好的计算机上获得很好的性能。特别值得一提的是，Linux 具有出色的稳定性，其运行时间往往可以以"年"计算。
- Linux 有广泛的应用程序支持。
- Linux 具有设备独立性。Linux 是具有设备独立性的网络操作系统。由于用户可以免费得到 Linux 的内核源代码，因此可以修改其内核源代码，使其适应新增加的外围设备。
- Linux 具有安全性。Linux 采取了许多安全技术措施，包括对读和写进行权限控制、带保护的子系统、审计跟踪、核心授权等，这为网络多用户环境中的用户提供了必要的安全保障。
- Linux 具有良好的可移植性。Linux 是一种可移植的网络操作系统，能够在从微型计算机到大型计算机的任何环境和任何平台上运行。

1.1.4 网络操作系统的选用原则

网络操作系统对于网络的应用、性能有着至关重要的影响。选择一个合适的网络操作系统，既能实现建设网络的目标，又能省钱、省力，提高系统的效率。

网络操作系统的选择要从网络应用出发，分析设计的网络到底需要提供什么服务，然后分析各种网络操作系统提供的这些服务的性能与特点，最后确定使用何种网络操作系统。网络操作系统的选择一般遵循以下原则。

1. 标准化

网络操作系统的设计以及它所提供的服务应符合国际标准，尽量减少使用企业专用标准，这有利于系统的升级和应用的迁移，最大限度、最长时间地保障用户的投资安全。采用符合国际标准的网络操作系统可以保证异构网络的兼容性，即在一个网络中存在多个操作系统时，能够充分实现资源共享和服务互容。

2．可靠性

网络操作系统是保护网络核心设备、服务器正常运行，提供关键服务的软件系统。它应具有健壮、可靠、容错性高等特点，能提供 365 天、24 小时的服务。因此，选择技术先进、产品成熟、应用广泛的网络操作系统，可以保证其具有良好的可靠性。

微软的网络操作系统一般只用在中低档服务器中，其在稳定性和可靠性方面比 UNIX 要逊色得多；而 UNIX 主要用于大、中、小型计算机，其特点是稳定性及可靠性高。

3．安全性

通常，网络环境更加易于计算机病毒的传播和黑客的攻击，为保证网络操作系统不易受到侵扰，应选择强大的、能提供各种级别安全管理（如用户管理、文件权限管理、审核管理等）的网络操作系统。

各个网络操作系统都自带安全服务，例如，UNIX、Linux 网络操作系统提供了用户账号、文件系统权限和系统日志文件；Windows Server 2008/2012/2016 提供了用户账号管理、文件系统权限、注册表（Registry）保护、审核、性能监视等基本安全机制。

从网络安全性来看，NetWare 网络操作系统的安全保护机制较为完善和科学；UNIX 的安全性也是有口皆碑的；Windows Server 2008/2012/2016 则存在安全漏洞，主要包括服务器/工作站安全漏洞和网络浏览器安全漏洞两部分。当然，微软也在不断推出补丁来逐步修复这些安全漏洞。微软底层软件对用户的开放性，一方面使得在其上开发高性能的应用成为可能，另一方面也为非法访问入侵开了方便之门。

4．网络应用服务的支持

网络操作系统应能提供全面的网络应用服务，如 Web 服务、FTP 服务、域名系统（Domain Name System，DNS）服务等，并能良好地支持第三方应用系统，从而保证提供完整的网络应用。

5．易用性

用户应选择易管理、易操作的网络操作系统，以提高管理效率，降低管理复杂性。

现在有些用户对新技术十分敏感和好奇，在网络建设过程中往往忽略实际应用的需求，盲目追求新产品、新技术。计算机技术发展极快，多年以后，计算机、网络技术会发展成什么样，谁都无法预测。面对今天越来越"热"的网络市场，不要盲目追求新技术、新产品，一定要从自己的实际需要出发，建立既能真正符合当前实际应用需要，又能保证今后顺利升级的网络。

在实际的网络建设中，用户在选择网络操作系统时还应考虑以下因素。

（1）成本因素。成本因素是选择网络操作系统时考虑的一个主要因素。如果用户拥有雄厚的财力和强大的技术支持，当然可以选择安全性更高的网络操作系统。但如果不具备这些条件，就应该从实际出发，根据现有的财力、技术维护力量，选择经济适用的网络操作系统。同时，考虑到成本因素，选择的网络操作系统也要和现有的网络硬件环境相匹配，在财力有限的情况下，尽量不购买需要花费更多人力和财力进行硬件升级的网络操作系统。

就软件的购买成本而言，免费的 Linux 当然更有优势；NetWare 由于适应性较差，仅能在 Intel 等少数几种处理器上运行，对硬件的要求较高，可能会带来很高的硬件扩充费用。但对一个网络来说，购买网络操作系统的费用只是所有成本的一小部分，网络管理的大部分费用是技术维护的费用，人员费用在运行一个网络操作系统的花费中约占 70%。所以网络操作系统越容易管理和配置，其运行成本越低。一般来说，Windows Server 2008/2012/2016 比较简单易用，适用于技术维护力量较薄弱的网络环境；而 UNIX 由于其命令比较难懂，易用性稍差。

（2）可集成性因素。可集成性就是网络操作系统对硬件及软件的容纳能力，因此平台无关性对网络操作系统来说非常重要。一般在构建网络时，很多用户拥有不同的硬件及软件环境，而网络操作系统作为这些不同环境集成的管理者，应该尽可能多地管理各种软硬件资源。例如，NetWare 的硬件适应性较差，所以其可集成性就比较差；UNIX 一般都针对自己的专用服务器和工作站进行优化，其兼容性也较差；而 Linux 对 CPU（Central Processing Unit，中央处理器）的支持比 Windows Server 2008/2012/2016 的要好得多。

（3）可扩展性因素。可扩展性就是对现有系统的扩充能力。当用户的应用需求增大时，网络处理能力也要随之增加、扩展，这样可以保证用户早期的投资不浪费，也可以为用户网络以后的发展打好基础。对于对称多处理技术的支持表明，网络操作系统可以在有多个处理器的系统中运行，这是扩展现有网络能力所必需的。

当然，选择网络操作系统比较重要的还是它能否和自己的网络环境结合起来。例如，中小型企业在其网站建设中，多选用 Windows Server 2008/2012/2016；在做网站服务器和电子邮件服务器时，多选用 Linux；而在工业控制、生产企业、证券系统的环境中，多选用 NetWare；在安全性要求很高的情况下，如金融、银行、军事等领域及大型企业的网络，则推荐选用 UNIX。

总之，选择网络操作系统要充分考虑其可靠性、易用性、安全性及网络应用的需求。

1.2 拓展阅读 "核高基"与国产操作系统

"核高基"就是"核心电子器件、高端通用芯片及基础软件"的简称，是国务院于 2006 年发布的《国家中长期科学和技术发展规划纲要（2006—2020 年）》中与载人航天、探月工程并列的 16 个重大专项之一。近年来，一批国产基础软件的领军企业的快速发展给中国软件市场增添了几许信心，而"核高基"犹如助推器，给了国产基础软件更强劲的发展支持力量。

近年来，我国大量的计算机用户将目光转移到 Linux 操作系统和国产办公软件上，国产操作系统和办公软件的下载量一时间以几倍的速度增长，国产 Linux 操作系统和办公软件的发展也引起了广泛的关注。

随着国产软件技术的不断进步，我国的信息化建设也会朝着更安全、更可靠、更可信的方向发展。

1.3 习题

一、填空题

1. 操作系统是_____与计算机之间的接口，网络操作系统可以理解为_____与计算机网络之间的接口。

2. 网络通信是网络最基本的功能之一，其任务是在_____和_____之间实现无差错的数据传输。

3. Web 服务、大型数据库服务等都采用_____模式。

4. 基于微软 NT 技术构建的网络操作系统现在已经发展了 7 代：_____、_____、_____、_____、_____、_____、_____。

二、简答题

1. 网络操作系统有哪些基本的功能与特性？

2. 常用的网络操作系统有哪些？各自的特点是什么？

3. 选择网络操作系统构建计算机网络环境时应考虑哪些因素？

1.4 项目实训 熟练使用 VMware

一、项目实训目的

- 熟练使用 VMware。
- 掌握 VMware 的详细配置与管理方法。
- 掌握使用 VMware 安装 Windows Server 2016 网络操作系统的方法。

二、项目实训环境

公司新购进一台服务器，其硬盘空间为 500GB，已经安装了 Windows 10 操作系统，计算机名为 client1。Windows Server 2016 的镜像文件已保存在硬盘上。本项目实训的拓扑如图 1-1 所示。

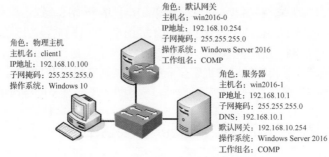

角色：物理主机
主机名：client1
IP地址：192.168.10.100
子网掩码：255.255.255.0
操作系统：Windows 10

角色：默认网关
主机名：win2016-0
IP地址：192.168.10.254
子网掩码：255.255.255.0
操作系统：Windows Server 2016
工作组名：COMP

角色：服务器
主机名：win2016-1
IP地址：192.168.10.1
子网掩码：255.255.255.0
DNS：192.168.10.1
默认网关：192.168.10.254
操作系统：Windows Server 2016
工作组名：COMP

图 1-1 Windows Server 2016 拓扑

三、项目实训要求

本项目实训要求如下。

在 Windows 10 操作系统上安装 VMware 15.5 Pro，并在其中安装虚拟机 win2016-1，其网络操作系统为 Windows Server 2016 数据中心版，服务器的硬盘空间为 500GB。安装要求如下。

① 主磁盘分区 C：300GB。主磁盘分区 D：100GB。主磁盘分区 E：100GB。

② win2016-1 的安装分区大小为 60GB，文件系统格式为 NTFS，虚拟机名为 win2016-1，管理员账户密码为 P@ssw0rd1，服务器的 IP 地址为 192.168.10.1，子网掩码为 255.255.255.0，DNS 服务器的 IP 地址为 192.168.10.1，默认网关的 IP 地址为 192.168.10.254，它属于工作组 COMP。

③ 设置不同的虚拟机网络连接模式，测试物理主机与虚拟机之间的通信状况。

④ 为 win2016-1 添加第 2 块网卡和第 2 块硬盘。

⑤ 利用快照功能快速恢复到初始安装节点。

⑥ 利用克隆功能生成两个网络操作系统 win2016-2、win2016-3，并使用 c:\windows\ system32\ sysprep\sysprep 命令重置复制生成的网络操作系统。

四、做一做

独立完成项目实训，检查学习效果。

项目2
规划与安装Windows Server 2016

某高校组建了学校的校园网，需要架设一台具有 Web、FTP、DNS、动态主机配置协议（Dynamic Host Configuration Protocol，DHCP）等功能的服务器来为校园网用户提供服务，现需要选择一种既安全又易于管理的网络操作系统。

为完成该项目，首先应当选定网络中计算机的组织方式；其次根据微软系统的要求确定每台计算机应当安装的网络操作系统的版本；此后还要对其安装方式、安装磁盘的文件系统格式、启动方式等进行选择，这样才能开始系统的安装过程。

学习要点

- 了解 Windows Server 2016 的最低安装要求。
- 了解并掌握安装 Windows Server 2016 的方法。
- 掌握配置 Windows Server 2016 的方法。
- 掌握添加与管理角色的方法。

素质要点

- 了解为什么会推出 IPv6。在接下来的"IPv6 时代"，我国存在着巨大机遇，让我们拭目以待。
- "路漫漫其修远兮，吾将上下而求索。"国产化"道阻且长，行则将至，行而不辍，未来可期"。

2.1 项目基础知识

Windows Server 2016 是微软于 2016 年 10 月 13 日发布的服务器操作系统。它在整体的设计风格与功能上更加接近 Windows 10 操作系统。

2.1.1 Windows Server 2016 的版本

Windows Server 2016 有 4 个版本，即 Windows Server 2016 Essentials edition（精华版）、Windows Server 2016 Standard edition（标准版）、Windows Server 2016 Datacenter edition（数据中心版）和 Hyper-V Server 2016 版。

1. Windows Server 2016 Essentials edition

Windows Server 2016 Essentials edition 是专为小型企业设计的。它对应 Windows Server 早期版本

中的 Windows Small Business Server。它最多可容纳 25 个用户和 50 台设备。它支持两个处理器内核和高达 64GB 的随机存储器（Random Access Memory，RAM），不支持 Windows Server 2016 的许多功能，包括虚拟化等。

2. Windows Server 2016 Standard edition

Windows Server 2016 Standard edition 是为具有很少或没有虚拟化功能的物理服务器环境设计的。它提供了 Windows Server 2016 网络操作系统可用的许多角色和功能，最多支持 64 个插槽和 4TB 的 RAM。它最多包括两个虚拟机的许可证，并且支持 Nano Server 的安装。

3. Windows Server 2016 Datacenter edition

Windows Server 2016 Datacenter edition 专为高度虚拟化的基础架构设计，如私有云和混合云环境。它提供 Windows Server 2016 网络操作系统可用的所有角色和功能。它最多支持 64 个插槽、640 个处理器内核和 4TB 的 RAM。它为在相同硬件上运行的虚拟机提供了无限的基于虚拟机的许可证。它还提供了新功能，如存储空间直通和存储副本，以及新的受保护的虚拟机和软件定义的数据中心场景所需的功能。

4. Hyper-V Server 2016

Hyper-V Server 2016 作为运行虚拟机的独立虚拟化服务器，包括 Windows Server 2016 中虚拟化的所有新功能。主机操作系统没有许可成本，但每个虚拟机必须单独获得许可。它最多支持 64 个插槽和 4TB 的 RAM，并支持加入域。除了有限的文件服务功能外，它不支持其他 Windows Server 2016 角色。它没有图形用户界面，但有一个显示配置任务菜单的用户界面。

2.1.2　Windows Server 2016 的最低安装要求

支持 Windows Server 2012 的服务器也支持 Windows Server 2016。Windows Server 2016 的最低安装要求如下。

- CPU：至少为 1.4GHz 的 64 位处理器；具有禁止运行（No eXecute，NX）功能，支持数据执行保护（Data Execution Protection，DEP）；支持 CMPXCHG16b、LAHF/SAHF 与 PrefetchW；支持二级地址转换（Second Level Address Translation，SLAT）技术，如扩展页表（Extended Page Table，EPT）或嵌套页表（Nested Page Table，NPT）。
- RAM：对于包含桌面体验的服务器，最少需要 2GB。
- 硬盘：最少需要 32GB 硬盘空间，不支持已经淘汰的电子集成驱动器（Integrated Drive Electronics，IDE）接口硬盘，也叫并行高级技术附件（Parallel Advanced Technology Attachment，PATA）硬盘。

2.1.3　Windows Server 2016 的安装选项

微课 2-1
安装与规划
Windows Server
2016

Windows Server 2016 提供以下 3 种安装选项。

（1）包含桌面体验的服务器。选择它，会安装标准的图形用户界面，并支持所有的服务与工具。由于包含图形用户界面，因此用户可以通过友好的图形化接口与管理工具来管理服务器。这是我们通常选择的安装选项。

（2）Server Core。选择它，安装完成后的环境没有窗口管理接口，因此只能使用命令提示符、Windows PowerShell 或通过远程计算机来管理相应服务器。有些服务在 Server Core 模式下并不支持。除非有图形化接口或特殊服务的使用需求，否则这是微软建议的安装选项。

（3）Nano Server。它类似于 Server Core，但占用空间、占用系统资源都比较少，只支持 64 位应用程序与工具。它没有本地登录功能，只能通过远程管理来访问相应服务器，已针对私有云和数据中心进行了优化。相比于其他安装选项，它占用的磁盘空间更小、配置速度更快，而且所需的更新和重启次数更少。

2.1.4　Windows Server 2016 的安装方式

Windows Server 2016 有多种安装方式，分别适用于不同的环境，选择合适的安装方式可以提高工作效率；除了全新安装外，还有升级安装、远程安装及服务器核心安装。

1. 全新安装

全新安装利用包含 Windows Server 2016 的 U 盘来启动计算机，并执行 U 盘中的安装程序。若磁盘内已经有旧版 Windows Server 网络操作系统，也可以先启动此系统，然后插入 U 盘来执行其中的安装程序；也可以直接执行 Windows Server 2016 ISO 文件内的安装程序。

2. 升级安装

Windows Server 2016 的任何版本都不能在 32 位计算机上进行安装或升级。若 32 位服务器要想运行 Windows Server 2016，必须升级到 64 位。

在开始升级 Windows Server 2016 之前，要确保断开一切通用串行总线（Universal Serial Bus，USB）或串口设备，Windows Server 2016 安装程序会发现并识别它们，在检测过程中会发现 UPS 系统等问题。可以先安装传统监控，然后连接 USB 或串口设备。

Windows Server 2016 的升级过程也存在一些软件限制。例如，不能从一种语言升级到另一种语言，不能从 Windows Server 2016 零售版本升级到调试版本，不能从 Windows Server 2016 预发布版本直接升级到其他版本。在这些情况下，需要卸载原版本再安装其他版本。从一个服务器核心升级到图形用户界面安装模式是不允许的，反过来同样不允许。但是一旦安装了 Windows Server 2016，就可以在各模式之间自由切换了。

3. 远程安装

如果网络中已经配置了 Windows 部署服务，则通过网络远程安装 Windows Server 2016 也是一种不错的选择。但需要注意的是，采取这种安装方式必须确保计算机网卡具有预启动执行环境（Preboot Execution Environment，PXE）芯片，支持远程启动功能，否则就需要使用 rbfg.exe 程序生成启动 U 盘来启动计算机进行远程安装。

在利用 PXE 功能启动计算机的过程中，根据提示信息按引导键（一般为 F12 键），会显示当前计算机所使用的网卡的版本等信息，并提示用户按 F12 键，以启动网络服务引导。

4. 服务器核心安装

服务器核心是从 Windows Server 2008 开始新推出的功能，如图 2-1 所示。确切地说，Windows Server 2016 的服务器核心是微软革命性的功能部件，是不具备图形用户界面的纯命令行服务器操作系统，只安装了部分应用和功能，因此更加安全和可靠，同时降低了管理的复杂度。

使用独立磁盘冗余阵列（Redundant Arrays of Independent Disks，RAID）卡实现磁盘冗余是大多数服务器常用的存储方案，这样既可以提高数据存储的安全性，又可以加快网络传输速度。带有 RAID 卡的服务器在安装和重新安装网络操作系统之前，

图 2-1　可选择非桌面体验版（服务器核心版）

往往需要配置 RAID。不同品牌和型号的服务器的配置方法略有不同，应注意查看服务器使用手册。对于品牌服务器，也可以使用随机提供的安装向导光盘引导服务器，这样将会自动加载 RAID 卡和其他设备的驱动程序，并打开相应的 RAID 配置界面。

> **注意** 在安装 Windows Server 2016 时，必须在"您想将 Windows 安装在哪里"对话框中单击"加载驱动程序"超链接，打开图 2-2 所示的"安装 Windows"对话框，为 RAID 卡安装驱动程序。另外，RAID 的设置应当在安装网络操作系统之前进行。如果重新设置 RAID，将删除所有硬盘中的全部内容。

图 2-2　为 RAID 卡安装驱动程序

2.2　项目设计与准备

2.2.1　项目设计

微课 2-2　安装与
配置 VM 虚拟机

　　在为学校选择网络操作系统时，首先推荐 Windows Server 2016 网络操作系统。在安装 Windows Server 2016 网络操作系统时，根据教学环境的不同，可为"教"与"学"分别设计不同的安装方式。

1. 在 VMware 中安装 Windows Server 2016

① 要求物理主机安装了 Windows 10 操作系统，主机名为 client1。

② 要求 Windows Server 2016 的 DVD-ROM 或镜像文件已准备好。

③ 要求硬盘大小为 60GB，Windows Server 2016 的安装分区大小为 55GB，文件系统格式为 NTFS，计算机名为 win2016-1，管理员账户密码为 P@ssw0rd1，服务器的 IP 地址为 192.168.10.1，子网掩码为 255.255.255.0，DNS 服务器的 IP 地址为 192.168.10.1，默认网关的 IP 地址为 192.168.10.254，它属于工作组 COMP。

④ 要求配置桌面环境，关闭防火墙，放行 ping 命令。

⑤ 本项目拓扑如图 1-1 所示。

2. 使用 Hyper-V 安装 Windows Server 2016

特别提醒，限于篇幅，有关 Hyper-V 的内容请读者查阅编者共享的电子资料。

2.2.2　项目准备

项目准备如下。

① 满足硬件要求的计算机 1 台。

② Windows Server 2016 相应版本的安装光盘或镜像文件。

③ 用纸张记录安装文件的产品密钥（安装序列号）；规划启动盘的大小。

④ 在可能的情况下，在运行安装程序前用磁盘扫描程序扫描所有硬盘，检查硬盘错误并进行修复，否则安装程序运行时检查到有硬盘错误会很麻烦。

⑤ 如果想在安装过程中格式化 C 盘或 D 盘（建议在安装过程中格式化用于安装 Windows Server 2016 的分区），需要备份 C 盘或 D 盘中有用的数据。

⑥ 导出电子邮件账户和通信簿：将 "C:\Documents and Settings\Administrator（或自己的用户名）" 中的 "收藏夹" 目录复制到其他盘进行备份。全新安装不需要进行⑤和⑥这两个操作。

2.3 项目实施

Windows Server 2016 网络操作系统有多种安装方式。下面讲解如何安装与配置 Windows Server 2016。为了方便教学，下面安装与配置虚拟机的操作使用 VMware Workstation 来完成。

任务 2-1 安装与配置虚拟机

STEP 1 成功安装 VMware Workstation 15.5 Pro 后的界面如图 2-3 所示。

图 2-3 成功安装 VMware Workstation 15.5 Pro 后的界面

STEP 2 在图 2-3 中单击 "创建新的虚拟机" 按钮，并在弹出的 "新建虚拟机向导" 对话框中选中 "典型(推荐)" 单选按钮，如图 2-4 所示，然后单击 "下一步" 按钮。

STEP 3 选中 "稍后安装操作系统" 单选按钮，如图 2-5 所示，然后单击 "下一步" 按钮。

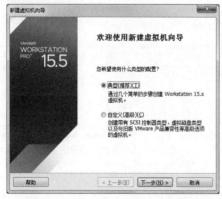

图 2-4 选中 "典型(推荐)" 单选按钮

图 2-5 选中 "稍后安装操作系统" 单选按钮

注意 请一定要选中"稍后安装操作系统"单选按钮。如果选中"安装程序光盘映像文件(iso)"单选按钮，并把下载好的 Windows Server 2016 的镜像文件选中，虚拟机会通过默认的安装策略部署最精简的系统，而不会再向用户询问安装设置的选项。

STEP 4 在图 2-6 中设置"客户机操作系统"为"Microsoft Windows"，"版本"为"Windows Server 2016"，然后单击"下一步"按钮。

STEP 5 设置虚拟机名称，并在选择安装位置之后单击"下一步"按钮，如图 2-7 所示。注意，安装位置一定要提前规划好，并建好供安装使用的文件夹。

图 2-6 选择客户机操作系统及其版本

图 2-7 命名虚拟机及设置安装位置

STEP 6 虚拟机的"最大磁盘大小(GB)"默认为 60GB，为了后期工作方便，建议设置其为 200GB，如图 2-8 所示，然后单击"下一步"按钮。

STEP 7 在图 2-9 所示的界面中单击"自定义硬件"按钮。

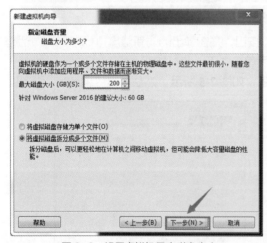

图 2-8 设置虚拟机最大磁盘大小

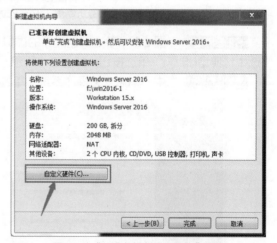

图 2-9 "已准备好创建虚拟机"界面

STEP 8 在随后出现的图 2-10 所示的界面中，建议将虚拟机内存设置为 2GB，最低不应低于 1GB。选择"处理器"选项，根据宿主机的性能设置处理器的数量以及每个处理器的内核数量（不能超过宿主机的处理器的内核数量），并开启虚拟化功能，如图 2-11 所示，然后单击"关闭"按钮。注意，"虚拟化 CPU 性能计数器"复选框一般不勾选，很多计算机不支持该功能。

图 2-10　设置虚拟机的内存界面

图 2-11　设置虚拟机的处理器及虚拟化引擎参数

STEP 9　选择"新 CD/DVD(SATA)"选项，确保选中"使用 ISO 映像文件"单选按钮，单击"浏览"按钮，选中下载好的 Windows Server 2016 镜像文件，如图 2-12 所示。

STEP 10　选择"网络适配器"选项。VMware 为用户提供了 3 种可选的网络连接模式，分别为桥接模式、网络地址转换（Network Address Translation，NAT）模式和仅主机模式。由于本例宿主机是通过路由器自动获取 IP 地址等信息连接到 Internet 的，所以，为了使虚拟机也能使用网络，选择桥接模式，如图 2-13 所示。（选择何种网络连接模式很重要，在实训前一定要规划好。请读者特别注意每个项目中的网络连接模式。）

图 2-12　设置虚拟机的光驱设备

图 2-13　设置虚拟机的网络连接模式

- 桥接模式：相当于在物理主机与虚拟机网卡之间架设一座桥梁，从而可以通过物理主机的网卡访问外网。
- NAT 模式：让 VMware 的网络服务发挥路由器的作用，使得通过虚拟机软件模拟的主机可以通过物理主机访问外网，在真机中，NAT 虚拟机网卡对应的物理网卡是 VMnet8。
- 仅主机模式：仅让虚拟机内的主机与物理主机通信，不能访问外网，在真机中，仅主机模式下模拟网卡对应的物理网卡是 VMnet1。

STEP 11 把声卡、打印机等不需要的设备通过"移除"按钮统统移除，最终的虚拟机配置情况如图 2-14 所示。移除声卡可以避免在输入错误后发出提示声音，确保自己在今后的实验中不被声音打扰。然后单击"关闭"按钮。

图 2-14　最终的虚拟机配置情况

STEP 12 返回虚拟机的配置界面后，单击"完成"按钮。虚拟机的安装和配置顺利完成。当看到图 2-15 所示的界面时，就说明虚拟机已经配置成功。

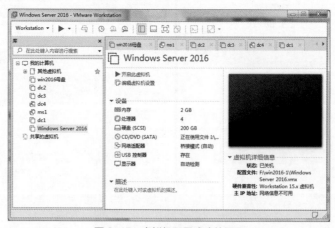

图 2-15　虚拟机配置成功的界面

任务 2-2   认识固件类型 UEFI

如图 2-16 所示，选择"选项"→"高级"选项，可以看到固件类型默认为"UEFI"。那么 UEFI 到底是什么呢？与传统的固件基本输入输出系统（Basic Input/Output System，BIOS）相比，它有什么优点呢？

统一可扩展固件接口（Unified Extensible Firmware Interface，UEFI）规范提供并定义了固件和操作系统之间的软件接口。UEFI 取代了 BIOS，可增强可扩展固件接口（Extensible Firmware Interface，EFI）的功能，并为操作系统和启动时的应用程序和服务提供操作环境。

想了解 UEFI，需要从 BIOS 说起。BIOS 主要负责开机时检测硬件功能和引导操作系统启动；而 UEFI 用于操作系统自动从预启动的操作环境加载到一种操作系统上，从而节省开机时间。BIOS 与 UEFI 运行流程如图 2-17 所示。

图 2-16   固件类型默认为"UEFI"

图 2-17   BIOS 与 UEFI 运行流程

UEFI 启动是一种新的主板引导项，它被看作 BIOS 的"继任者"。UEFI 最主要的特点之一是图形界面，它更有利于用户对象图形化的操作选择。

如今很多新型计算机都支持 UEFI 启动，有的计算机甚至都已抛弃 BIOS 启动而仅支持 UEFI 启动。不难看出，UEFI 启动正在逐渐取代传统的 BIOS 启动。

任务 2-3   安装 Windows Server 2016 网络操作系统

安装网络操作系统时，计算机的 CPU 需要支持虚拟化技术（Virtualization Technology，VT）。VT 指的是让单台计算机能够分割出多个独立资源区，并让每个资源区按照需要模拟出系统的一项技术，其本质就是通过中间层实现计算机资源的管理和再分配，让系统资源的利用率最大化。其实目前一般计算机的 CPU 都会支持 VT。如果开启虚拟机后依然提示"CPU 不支持 VT"等报错信息，请重启计算机并进入 BIOS，把虚拟化功能开启即可。

微课 2-3   安装 Windows Server 2016

17

使用 Windows Server 2016 的引导光盘进行安装是最简单的安装方式之一。在安装过程中，需要用户干预的地方不多，只需掌握几个关键点即可顺利完成安装。需要注意的是，如果当前服务器没有安装 SCSI（Small Computer System Interface，小型计算机系统接口）设备或者 RAID 卡，则可以略过相应步骤。

STEP 1　启动安装程序以后，显示图 2-18 所示的"Windows 安装程序"窗口，选择安装语言及设置输入法。

STEP 2　单击"下一步"按钮，接着出现询问是否立即安装 Windows Server 2016 的窗口，单击"现在安装"按钮。在图 2-19 所示的界面中输入产品密钥后单击"下一步"按钮，或者单击"我没有产品密钥"按钮（批量授权或评估版跳过此步骤）。

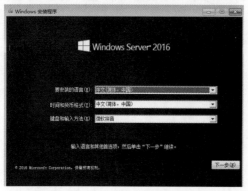

图 2-18　"Windows 安装程序"窗口

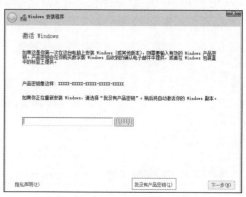

图 2-19　"激活 Windows"界面

STEP 3　单击"下一步"按钮，显示图 2-20 所示的"选择要安装的操作系统"界面。"操作系统"列表框中列出了可以安装的网络操作系统。这里选择"Windows Server 2016 Datacenter(桌面体验)"，安装 Windows Server 2016 数据中心版。也可以安装 Windows Server 2016 标准版。

STEP 4　单击"下一步"按钮，选择"我接受许可条款"接受许可协议，单击"下一步"按钮，出现图 2-21 所示的"您想进行何种类型的安装？"界面。其中"升级"选项用于从 Windows Server 2012 系列升级到 Windows Server 2016，如果当前计算机没有安装网络操作系统，则该选项不可用；"自定义(高级)"选项用于全新安装 Windows Server 2016。

图 2-20　"选择要安装的操作系统"界面

图 2-21　"您想进行何种类型的安装？"界面

STEP 5　选择"自定义(高级)"选项，显示图 2-22 所示的"你想将 Windows 安装在哪里？"界面，显示当前计算机硬盘上的分区信息。如果服务器中安装有多块硬盘，则会依次显示磁盘 0、磁盘 1、磁盘 2……。

STEP 6 对硬盘进行分区，单击"新建"按钮，在"大小"文本框中输入分区大小，如 100000，如图 2-22 所示。单击"应用"按钮，弹出图 2-23 所示的创建额外分区的对话框。单击"确定"按钮，完成系统分区（第 1 个分区）和主磁盘分区（第 2 个分区）的创建。其他分区的创建操作类似。

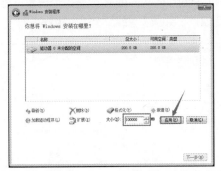

图 2-22 "你想将 Windows 安装在哪里？"界面

图 2-23 创建额外分区的对话框

STEP 7 完成分区创建后的界面如图 2-24 所示。

STEP 8 选择分区 4 来安装操作系统，单击"下一步"按钮，显示图 2-25 所示的"正在安装 Windows"界面，开始复制文件并安装 Windows Server 2016。

图 2-24 完成分区创建后的界面

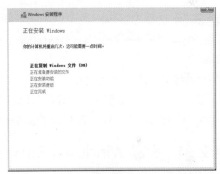

图 2-25 "正在安装 Windows"界面

STEP 9 在安装过程中，系统会根据需要自动重新启动。在安装完成之前，用户需要设置管理员账户密码，如图 2-26 所示。

Windows Server 2016 对账户密码的要求非常严格，无论是管理员账户还是普通账户，都要求必须设置强密码。除必须满足"至少 6 个字符"和"不包含 Administrator 或 admin"的要求，还应至少满足以下 4 个条件中的两个。

图 2-26 设置管理员账户密码

- 包含大写字母（A、B、C 等）。
- 包含小写字母（a、b、c 等）。
- 包含数字（0、1、2 等）。
- 包含非字母数字字符（#、&、~等）。

STEP 10 按要求输入密码，然后按 Enter 键，即可完成 Windows Server 2016 的安装。接着按 Alt+Ctrl+Del 组合键，输入管理员账户密码就可以正常登录 Windows Server 2016。系统默认自动打开"服务器管理器"窗口，如图 2-27 所示。

STEP 11 激活 Windows Server 2016。用鼠标右键单击"开始"菜单，在弹出的快捷菜单中选择"控制面板"→"系统和安全"→"系统"命令，打开图 2-28 所示的"系统"窗口。其右下角会显示 Windows 的激活状况，可以在此激活 Windows Server 2016 网络操作系统和更改产品密钥。激活有助于验证 Windows 的副本是否为正版，以及在多台计算机上使用的 Windows 数量是否已超过微软软件许可条款所允许的数量。激活的最终目的在于防止伪造软件。如果不激活，可以试用 60 天。

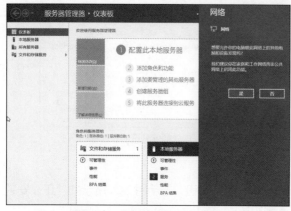

图 2-27 "服务器管理器"窗口

图 2-28 "系统"窗口

STEP 12 选择 VMware 菜单栏中的"虚拟机"→"安装 VMware Tools"命令，然后在计算机文件资源管理器窗口中双击"DVD 驱动器（d:）VMware Tools"，按照向导完成驱动程序的安装后，自动重启计算机。

STEP 13 以管理员身份登录计算机 win2016-1，选择 VMware 菜单栏中的"虚拟机"→"快照"→"拍摄快照"命令，制作计算机安装成功的初始快照，以备实训后将系统恢复到初始状态。至此，Windows Server 2016 网络操作系统安装完成。

任务 2-4 配置 Windows Server 2016 网络操作系统

微课 2-4 配置
Windows Server
2016（一）

在 Windows Server 2016 安装完成后，应先进行一些基本配置，如配置计算机名、IP 地址、自动更新等，这些均可在"服务器管理器"窗口中完成。

1. 更改计算机名

Windows Server 2016 在安装过程中不需要设置计算机名，它使用由系统随机配置的计算机名。但系统配置的计算机名不仅冗长，而且不便于标识。因此，为了更好地标识服务器，应将其更改为易记或有一定意义的名称。

STEP 1 用鼠标右键单击"开始"菜单，在弹出的快捷菜单中依次选择"控制面板"→"系统安全"→"管理工具"→"服务器管理器"命令，或者直接单击左下角的"服务器管理器"按钮 ，打开"服务器管理器"窗口，如图 2-29 所示，再选择左侧的"本地服务器"选项。

STEP 2 分别单击"计算机名"和"工作组"后面的名称，对计算机名和工作组名进行修改即可。先单击计算机名，出现"系统属性"对话框，如图 2-30 所示。

STEP 3 单击"更改"按钮，显示图 2-31 所示的"计算机名/域更改"对话框。在"计算机名"文本框中输入新的名称，如 dcl。在"工作组"文本框中可以输入计算机所处的工作组名，如 COMP。

图 2-29 "服务器管理器"窗口

图 2-30 "系统属性"对话框

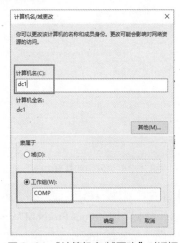

图 2-31 "计算机名/域更改"对话框

STEP 4 单击"确定"按钮，显示"欢迎加入 COMP 工作组。"的提示信息，如图 2-32 所示。单击"确定"按钮，显示"计算机名/域更改"对话框，提示必须重新启动计算机才能应用这些更改，如图 2-33 所示。

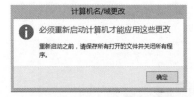

图 2-32 "欢迎加入 COMP 工作组。"的提示信息　　图 2-33　提示必须重新启动计算机才能应用这些更改

STEP 5 单击"确定"按钮，回到"系统属性"对话框，再单击"关闭"按钮，关闭"系统属性"对话框。接着出现对话框，提示必须重新启动计算机以应用更改。

STEP 6 单击"立即重新启动"按钮，即可重新启动计算机，并应用新的计算机名。若单击"稍后重新启动"按钮，则不会立即重新启动计算机。

2. 配置网络

配置网络是提供各种网络服务的前提。Windows Server 2016 安装完成以后，默认自动从网络中的 DHCP 服务器获得 IP 地址。不过，由于 Windows Server 2016 是用来为网络提供服务的，所以通常需要设置静态 IP 地址；另外，还可以配置网络发现、文件共享等功能，实现与网络的正常通信。

（1）配置 TCP/IP

STEP 1 用鼠标右键单击桌面右下角的网络连接图标，在弹出的快捷菜单中选择"网络和共享中心"命令，打开图 2-34 所示的"网络和共享中心"窗口。

STEP 2 单击"Ethernet0"超链接，打开"Ethernet0 状态"对话框，如图 2-35 所示。

图 2-34 "网络和共享中心"窗口　　　　图 2-35 "Ethernet0 状态"对话框

STEP 3 单击"属性"按钮，显示图 2-36 所示的"Ethernet0 属性"对话框。Windows Server 2016 中包含第 6 版互联网协议（Internet Protocol Version 6，IPv6）和第 4 版互联网协议（Internet Protocol Version 4，IPv4）两个版本的 Internet 协议，并且都默认已启用。

STEP 4 在"此连接使用下列项目"列表框中选择"Internet 协议版本 4(TCP/IPv4)"选项，单击"属性"按钮，显示图 2-37 所示的"Internet 协议版本 4(TCP/ IPv4)属性"对话框。选中"使用下面的 IP 地址"单选按钮，分别输入为服务器分配的 IP 地址、子网掩码、默认网关和 DNS 服务器地址。如果要通过 DHCP 服务器获取 IP 地址，则保留默认选中的"自动获得 IP 地址"单选按钮。

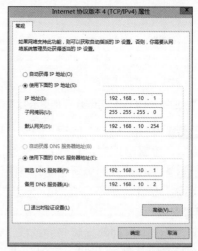

图 2-36 "Ethernet0 属性"对话框　　　图 2-37 "Internet 协议版本 4(TCP/IPv4)属性"对话框

STEP 5　单击"确定"按钮，保存所做的修改。

（2）启用网络发现功能

Windows Server 2016 的网络发现功能用来控制局域网中计算机和设备的发现与隐藏。如果启用网络发现功能，则可以显示在当前局域网中发现的计算机，也就是"网上邻居"功能。同时，其他计算机也可以发现当前计算机。如果禁用网络发现功能，既不能发现其他计算机，当前计算机也不能被发现。不过，关闭网络发现功能时，其他计算机仍可以通过搜索或指定计算机名、IP 地址的方式访问当前计算机，但不会被其他计算机发现。

为了便于计算机之间互相访问，可以启用此功能。在图 2-34 所示的"网络和共享中心"窗口中单击"更改高级共享设置"超链接，出现图 2-38 所示的"高级共享设置"窗口，选中"启用网络发现"单选按钮，并单击"保存修改"按钮，即可启用网络发现功能。

图 2-38　"高级共享设置"窗口

> **提示**　如果重启计算机后仍无法启用网络发现功能，这时请保证运行了 Function Discovery Resource Publication、UPnPDevice Host 和 SSDP Discovery 这 3 个服务。注意按顺序手动启动这 3 个服务后，将其都改为自动启动。

（3）文件和打印机共享

网络管理员可以通过启用文件和打印机共享功能，实现为其他用户提供服务或访问其他计算机上的共享资源的功能。在图 2-38 所示的"高级共享设置"窗口中选中"启用文件和打印机共享"单选按钮，并单击"保存修改"按钮，即可启用文件和打印机共享功能。

（4）密码保护共享

在图 2-38 所示的窗口中单击"所有网络"右侧的按钮 ⊙，展开"所有网络"的高级共享设置，如图 2-39 所示。

- 可以启用共享以便可以访问网络的用户可以读取和写入公用文件夹中的文件功能。
- 如果启用密码保护共享功能，则其他用户必须使用当前计算机上有效的用户账户和密码才可以访问共享资源。Windows Server 2016 默认启用该功能。

图 2-39 "所有网络"的高级共享设置

3. 配置虚拟内存

在 Windows 中，如果内存不够，系统会把内存中暂时不用的一些数据写入磁盘中，以腾出内存空间给别的应用程序使用；当系统需要这些数据时，重新把数据从磁盘读回内存中。用来临时存放内存数据的磁盘空间称为虚拟内存。建议将虚拟内存的大小设为实际内存的 1.5 倍，虚拟内存太小会导致系统没有足够的内存运行程序，特别是当实际的内存不大时。下面是设置虚拟内存的具体步骤。

STEP 1 用鼠标右键单击"开始"菜单，在弹出的快捷菜单中选择"控制面板"→"系统和安全"→"系统"→"高级系统设置"命令，打开"系统属性"对话框，如图 2-40 所示，再单击"高级"选项卡。

STEP 2 单击"设置"按钮，打开"性能选项"对话框，如图 2-41 所示，再单击"高级"选项卡。

STEP 3 单击"更改"按钮，打开"虚拟内存"对话框，如图 2-42 所示，取消勾选"自动管理所有驱动器的分页文件大小"复选框。选中"自定义大小"单选按钮，并设置初始大小为 4000MB，最大值为 6000MB，然后单击"设置"按钮。最后单击"确定"按钮并重启计算机，即可完成虚拟内存的设置。

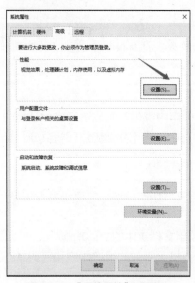

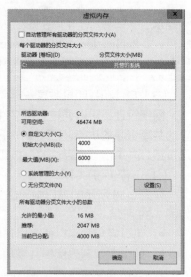

图 2-40 "系统属性"对话框　　图 2-41 "性能选项"对话框　　图 2-42 "虚拟内存"对话框

注意 虚拟内存可以分布在不同的驱动器中，总的虚拟内存大小等于各个驱动器上的虚拟内存大小之和。如果计算机上有多个物理磁盘，建议把虚拟内存放在不同的磁盘上，以增强虚拟内存的读写性能。虚拟内存的大小可以自定义，即由管理员手动指定，或者由系统自行决定。页面文件所使用的文件是根目录下的 pagefile.sys，不要轻易删除该文件，否则可能会导致系统崩溃。

4. 设置显示属性

在"外观和个性化"窗口中可以对计算机的显示、任务栏和"开始"菜单、轻松访问中心、文件夹选项和字体进行设置。下面介绍设置显示属性的具体步骤。

用鼠标右键单击"开始"菜单，在弹出的快捷菜单中依次选择"控制面板"→"外观和个性化"→"显示"命令，打开"显示"窗口，如图 2-43 所示。在该窗口中可以更改显示器设置、校准颜色以及调整 ClearType 文本。

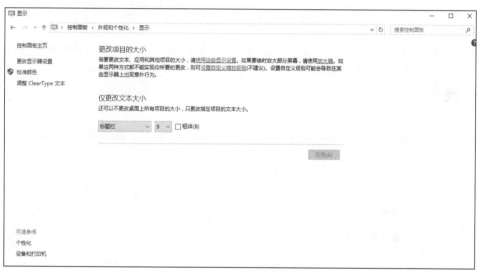

图 2-43 "显示"窗口

5. 配置防火墙，放行 ping 命令

Windows Server 2016 安装后，默认自动启用防火墙，而且 ping 命令默认被阻止，互联网控制报文协议（Internet Control Message Protocol，ICMP）包无法穿越防火墙。为了满足后面实训的要求及实际需要，应该设置防火墙，允许 ping 命令通过。放行 ping 命令有以下两种方法。

微课 2-6 配置 Windows Server 2016（三）

一是在防火墙设置中新建一条允许第 4 版互联网控制报文协议（Internet Control Message Protocol version 4，ICMPv4）通过的规则，并启用；二是在防火墙设置中，在"入站规则"中启用"文件和打印共享（回显请求-ICMP v4-In）（默认不启用）"的预定义规则。下面介绍第 1 种方法的具体步骤。

STEP 1 用鼠标右键单击"开始"菜单，在弹出的快捷菜单中依次选择"控制面板"→"系统和安全"→"Windows 防火墙"→"高级设置"命令。在打开的"高级安全 Windows 防火墙"窗口中选择左侧目录树中的"入站规则"选项，如图 2-44 所示。（第 2 种方法同样在"入站规则"中设置，请读者自己操作。）

图 2-44 选择"入站规则"选项

STEP 2 选择"操作"窗格中的"新建规则"选项，出现"新建入站规则向导"对话框，选中"自定义"单选按钮，如图 2-45 所示。

STEP 3 选择"步骤"窗格中的"协议和端口"选项，如图 2-46 所示，在"协议类型"下拉列表中选择"ICMP v4"选项。

图 2-45 选中"自定义"单选按钮

图 2-46 选择"协议和端口"选项

STEP 4 单击"下一步"按钮，在出现的对话框中选择应用于哪些本地 IP 地址和哪些远程 IP 地址。可以选中"任何 IP 地址"单选按钮。

STEP 5 单击"下一步"按钮，选择是否允许连接，此处选中"允许连接"单选按钮。

STEP 6 单击"下一步"按钮，选择何时应用本规则。

STEP 7 单击"下一步"按钮，输入本规则的名称，如 ICMPv4 规则。单击"完成"按钮，使本规则生效。

6. 查看系统信息

系统信息包括硬件资源、组件和软件环境等内容。用鼠标右键单击"开始"菜单，在弹出的快捷菜单中选择"控制面板"→"系统安全"→"管理工具"→"系统信息"命令，打开图 2-47 所示的"系统信息"窗口。

图 2-47 "系统信息"窗口

任务 2-5 使用 VMware 的快照和克隆功能

Windows Server 2016 安装完成后，可以使用 VMware 的快照和克隆功能，迅速恢复或生成新的计算机，给教学和实训带来极大便利。

STEP 1 将前面安装完成的 win2016-1 当作母盘，在 VMware 中选中 win2016-1 虚拟机，选择"虚拟机"→"快照"→"拍摄快照"命令，如图 2-48 所示。

图 2-48 选择"拍摄快照"命令

STEP 2 按照向导拍摄快照 start1（一步步按向导完成即可，具体操作不介绍）。利用该快照可以随时恢复到系统安装成功的初始状态，这对于反复进行实训或排除问题作用很大。

STEP 3 选中 win2016-1 虚拟机，选择"虚拟机"→"管理"→"克隆"命令，如图 2-49 所示。

STEP 4 在图 2-50 所示的对话框中填写新虚拟机的名称和位置（新虚拟机的位置要提前规划好，如 f:\DC4），单击"完成"按钮，快速生成 DC4 虚拟机。

STEP 5 克隆成功后，启动 DC4 虚拟机，以管理员身份登录计算机。注意，DC4 与 win2016-1 的管理员账户和密码相同，因为 DC4 是克隆而来的。

STEP 6 在命令提示符窗口中输入命令 c:\windows\system32\sysprep\sysprep，按 Enter 键，在弹出的对话框中勾选"通用"复选框，如图 2-51 所示，单击"确定"按钮，对 DC4 虚拟机进行重整，消除克隆的影响。

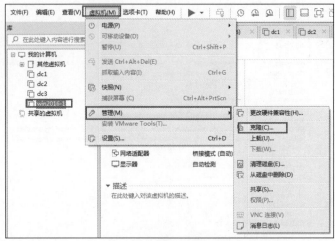

图 2-49 选择"克隆"命令

图 2-50 "克隆虚拟机向导"对话框

图 2-51 勾选"通用"复选框

STEP 7 按照向导完成对 DC4 虚拟机的重整。

2.4 拓展阅读 IPv4 和 IPv6

2019 年 11 月 26 日是全球互联网发展历程中值得铭记的一天，一封来自欧洲网络协调中心（Reseaux IP Europeens Network Coordination Centre，RIPE NCC）的电子邮件宣布全球 43 亿个 IPv4 地址正式耗尽，人类互联网将跨入 IPv6 时代。

全球 IPv4 地址耗尽到底是怎么回事？全球 IPv4 地址耗尽对我国有什么影响？该如何应对？

IPv4 的中文全称为第 4 版互联网协议，是互联网协议的第 4 个修订版本，也是此协议被广泛部署的第一个版本。IPv4 是互联网的核心，也是使用最广泛的互联网协议版本之一。IPv4 使用 32 位（4B）地址，地址空间中只有 4 294 967 296 个地址。随着全球联网的设备越来越多，"这一串数字"不够用了。IP 地址是分配给每个联网设备的一系列号码，每个 IP 地址都是独一无二的。由于 IPv4 规定 IP 地址长度为 32 位，现在互联网的快速发展使得目前 IPv4 地址已经告罄。IPv4 地址耗尽意味着不能将任何新的 IPv4 设备添加到 Internet 中，目前很多国家已经开始积极布局 IPv6。

在接下来的 IPv6 时代，我国存在着巨大机遇，其中我国推出的"雪人计划"（详见 8.4 节）就是一件益国益民的大事，这一计划将助力我国在互联网方面取得更多话语权和发展权。

2.5 习题

一、填空题

1. Windows Server 2016 所支持的文件系统包括_____、_____、_____。Windows Server 2016 只能安装在_____文件系统分区中。

2. Windows Server 2016 有多种安装方式，分别适用于不同的环境，选择合适的安装方式可以提高工作效率。除了常规的全新安装方式以外，还有_____、_____及_____。

3. 安装 Windows Server 2016 时，计算机的内存至少不低于_____，硬盘的可用空间不低于_____，并且只支持_____位版本。

4. Windows Server 2016 的管理员账户密码必须符合以下条件：至少包含 6 个字符；不包含用户账户名称中两个以上的连续字符；包含_____、_____、大写字母（A～Z）、小写字母（a～z）4 组字符中的两组。

5. Windows Server 2016 发行的版本主要有 4 个，即_____、_____、_____、_____。

6. 页面文件所使用的文件是根目录下的_____，不要轻易删除该文件，否则可能会导致系统崩溃。

7. 虚拟内存的大小建议设置为实际内存的_____。

二、选择题

1. 在 Windows Server 2016 中，如果要输入 DOS 命令，则在"运行"对话框中输入（　　）并按 Enter 键。

    A. CMD   B. MMC   C. AUTOEXE   D. TTY

2. Windows Server 2016 安装时生成的 Documents and Settings、Windows 以及 Windows\System 32 文件夹是不能随意更改的，因为它们是（　　）。

    A. Windows 的桌面

    B. Windows 正常运行时所必需的应用软件文件夹

    C. Windows 正常运行时所必需的用户文件夹

    D. Windows 正常运行时所必需的系统文件夹

3. 有一台服务器的网络操作系统是 Windows Server 2008 R2，文件系统是 NTFS，无任何分区。现要求对该服务器进行 Windows Server 2016 的安装，保留原数据，但不保留网络操作系统，应使用下列方法中的（　　）。

    A. 在安装过程中进行全新安装并格式化磁盘

    B. 对原操作系统进行升级安装，不格式化磁盘

    C. 做成双引导系统，不格式化磁盘

    D. 重新分区并进行全新安装

4. 现要在一台装有 Windows Server 2008 R2 网络操作系统的计算机上安装 Windows Server 2016，并做成双引导系统。此计算机硬盘的大小是 200GB，有两个分区：C 盘为 100GB，文件系统是 FAT；D 盘为 100GB，文件系统是 NTFS。为使计算机成为双引导系统，下列哪个选项描述的是最好的方法？（　　）

    A. 安装时选择"升级"选项，并且选择 D 盘作为安装盘

    B. 采用全新安装，选择 C 盘上与 Windows 相同的目录作为 Windows Server 2016 的安装目录

    C. 采用升级安装，选择 C 盘上与 Windows 不同的目录作为 Windows Server 2016 的安装目录

    D. 采用全新安装，且选择 D 盘作为安装盘

三、简答题

1. 简述安装 Windows Server 2016 的最低硬件配置要求。
2. 在安装 Windows Server 2016 前有哪些注意事项？
3. 简述 Windows Server 2016 的不同版本特点。

2.6　项目实训　配置 Windows Server 2016 网络操作系统

一、项目实训目的

- 掌握 Windows Server 2016 网络操作系统桌面环境的配置方法。
- 掌握 Windows Server 2016 网络操作系统防火墙的配置方法。
- 掌握 Windows Server 2016 网络操作系统中窗口的应用方法。
- 掌握在 Windows Server 2016 网络操作系统中添加角色和功能的方法。

二、项目实训环境

公司新购进一台服务器，其硬盘空间为 500GB，已经安装了 Windows 10 网络操作系统和 VMware Workstation 15.5 Pro，计算机名为 client1。Windows Server 2016 网络操作系统的镜像文件已保存在硬盘上。本项目实训的拓扑参照图 1-1。

三、项目实训要求

本项目实训要求如下。

（1）在 VMware 中安装 Windows Server 2016 网络操作系统的虚拟机。

（2）配置桌面环境。

- 更改计算机名。
- 将虚拟内存大小设为实际内存的 2 倍。
- 配置网络：设置服务器的 IP 地址为 192.168.10.1/24，默认网关的 IP 地址为 192.168.10.254，首选 DNS 服务器的 IP 地址为 192.168.10.1。
- 设置显示属性。
- 查看系统信息。
- 利用"Windows 更新"更新 Windows Server 2016 网络操作系统为最新版。

（3）关闭防火墙。

（4）使用规则放行 ping 命令。

（5）测试物理主机（client1）与虚拟机（win2016-1）之间的通信。分别演示它们在 3 种网络连接模式下的通信情况，从而总结出 3 种网络连接模式的区别与应用场景。

（6）根据具体的虚拟机环境演示虚拟机连接到 Internet 的方法和技巧。

（7）使用窗口。

（8）添加角色和功能。

四、做一做

独立完成项目实训，检查学习效果。

项目3
部署与管理Active Directory域服务

公司组建的内部办公网络原来是基于工作组的，近期由于公司业务发展，人员激增，基于方便和网络安全管理的需要，公司考虑将基于工作组的网络升级为基于域的网络。现在需要将一台或多台计算机升级为域控制器，并将其他所有计算机加入域使其成为成员服务器，同时将原来的本地用户账户和组也升级为域用户和组进行管理。

学习要点

- 掌握规划和安装局域网中活动目录的方法。
- 掌握创建目录林根域的方法。

- 掌握安装额外域控制器的方法。

素质要点

- 明确职业技术岗位所需的职业规范和精神，树立社会主义核心价值观。

- "大学之道，在明明德，在亲民，在止于至善。""'高山仰止，景行行止。'虽不能至，然心向往之"。知悉大学的真正含义，以德化人，激发学生的科学精神和爱国情怀。

3.1 项目基础知识

活动目录（Active Directory，AD）是 Windows Server 网络操作系统中非常重要的目录服务。活动目录用于存储网络上各种对象的有关信息，包括用户账户、组、打印机、共享文件夹等的有关信息，并把这些数据存储在目录服务数据库中，便于管理员和用户查询及使用。活动目录具有安全、可扩展、可伸缩的特点，与 DNS 集成在一起，可基于策略进行管理。

3.1.1 认识活动目录及其使用意义

什么是活动目录呢？活动目录就是 Windows 网络中的目录服务（Directory Service），即活动目录域服务（Active Directory Domain Services，AD DS）。目录服务有两方面的内容：目录和与目录相关的服务。

微课 3-1 Active Directory 域服务

活动目录负责提供目录数据库的保存、新建、删除、修改与查询等服务，用户能很容易地在目录内寻找所需的数据。

AD DS 的适用范围非常广泛，它可以用在一台计算机、一个小型局域网或数个广域网结合的环境中。它包含其适用范围中的所有对象，如文件、打印机、应用程序、服务器、域控制器和用户账户等。使用活动目录具有以下意义。

（1）简化管理。

（2）安全。

（3）提升性能与可靠性。

3.1.2　命名空间

命名空间（Naming Space）是一个界定的区域（Bounded Area），在此区域内，我们可以利用某个名称找到与此名称有关的信息。例如，一本电话簿就是一个命名空间，在这本电话簿内（界定的区域内），可以利用姓名来找到某人的电话、住址与生日等数据。又如，Windows 操作系统的 NTFS 也是一个命名空间，在这个文件系统内，可以利用文件名来找到某文件的大小、修改日期与文件内容等数据。

AD DS 也是一个命名空间。利用 AD DS，可以通过对象名称来找到与某对象有关的所有信息。

在 TCP/IP 网络环境中，可利用 DNS 来解析主机名与 IP 地址的对应关系，例如，利用 DNS 来得到主机的 IP 地址。AD DS 与 DNS 紧密地集成在一起，它的域名空间（Domain Name Space）采用 DNS 结构，因此，域是采用 DNS 格式来命名的，例如，可以将 AD DS 的域命名为 long.com。

3.1.3　对象和属性

AD DS 内的资源以对象（Object）的形式存在，例如，用户、计算机等都是对象，对象是通过属性（Attribute）来描述其特征的，也就是对象本身是一些属性的集合。例如，要为使用者张三建立一个账户，需新建一个对象类型（Object Class）为用户的对象（也就是用户账户），然后在此对象内保存张三的姓、名、登录名与地址等，其中用户账户就是对象，而姓、名与登录名等就是该对象的属性。

3.1.4　容器

容器（Container）与对象类似，它也有自己的名称，也是一些属性的集合，不过容器内可以包含其他对象（如用户、计算机等），也可以包含其他容器。

组织单位是一个比较特殊的容器，可以包含其他对象与组织单位。组织单位也是应用组策略（Group Policy）和委派责任的最小单位。

AD DS 以层次式架构（Hierarchical Architecture）将对象、容器与组织单位等组合在一起，并将其存储到 AD DS 数据库内。

3.1.5　可重新启动的 AD DS

除了进入目录服务还原模式功能之外，Windows Server 2016 网络操作系统（后续内容中有关 Windows Server 2016 网络操作系统的讲解，同样适用于 Windows Server 2012 网络操作系统）等域控制器还提供可重新启动的 AD DS（Restartable AD DS）功能，也就是说，要执行 AD DS 数据库维护工作，只需要将 AD DS 停止即可，不需要重新启动计算机来进入目录服务还原模式，这样不但可以让 AD DS 数据库的维护工作更容易、更快速地完成，而且其他服务也不会被中断。完成维护工作后重新启动 AD DS 即可。

在 AD DS 停止的情况下，只要还有其他域控制器在线，就仍然可以在当前 AD DS 停止的域控制器上利用域用户账户登录。若没有其他域控制器在线，则在当前 AD DS 已停止的域控制器上，默认只能够利用目录服务还原模式的系统管理员账户来进入目录服务还原模式。

3.1.6　Active Directory 回收站

在旧版 Windows 系统中，若系统管理员不小心将 AD DS 对象删除，则其恢复过程耗时耗力，例如，误删组织单位，其内所有对象都会丢失，此时虽然系统管理员可以进入目录服务还原模式来恢复被误删的对象，但比较耗费时间，而且在进入目录服务还原模式这段时间内，域控制器会暂时停止为客户端提供服务。Windows Server 2016 网络操作系统具备 Active Directory 回收站功能，它让系统管理员不需要进入目录服务还原模式，就可以快速恢复被删除的对象。

3.1.7　AD DS 的复制模式

域控制器之间在复制 AD DS 数据库时，有以下两种复制模式。

1. 多主机复制模式

AD DS 数据库内的大部分数据是采用多主机复制模式（Multi-Master Replication Model）进行复制的。在此模式下，可以直接更新任何一台域控制器内的 AD DS 对象，之后这个更新过的对象会被自动复制到其他域控制器中。例如，在任何一台域控制器的 AD DS 数据库内添加一个用户账户后，此账户会被自动复制到域内的其他域控制器中。

2. 单主机复制模式

AD DS 数据库内的少部分数据是采用单主机复制模式（Single-Master Replication Model）进行复制的。在此模式下，当用户发送修改对象数据的请求后，会由其中一台域控制器（称为操作主机）负责接收与处理此请求，也就是说，该对象先在操作主机中被更新，再由操作主机将它复制给其他域控制器。例如，添加或删除一个域时，此变动数据会被先写入扮演域命名操作主机角色的域控制器内，再由它复制给其他域控制器。

3.1.8　认识活动目录的逻辑结构

活动目录结构是指网络中所有用户、计算机以及其他网络资源的层次关系，就像一个大型仓库中分出若干个小储藏间，每个小储藏间分别用来存放东西。通常活动目录的结构可以分为逻辑结构和物理结构，分别包含不同的对象。

微课 3-2　Active Directory 的结构

活动目录的逻辑结构非常灵活，其逻辑单元通常包括架构、域、组织单位、域目录树（也叫域树）、域目录林（也叫域林）、站点和目录分区。

1. 架构

AD DS 对象类型与属性数据是定义在架构（Schema）内的，例如，它定义了用户对象类型的属性（姓、名、电话等）、每一个属性的数据类型等信息。

隶属 Schema Admins 组的用户可以修改架构内的数据，应用程序也可以自行在架构内添加其所需的对象类型或属性。在一个域林内的所有域树共享相同的架构。

2. 域

域是在 Windows NT/2000/2003/2008/2012 网络环境中组建客户机/服务器网络的方式。域是由网络管理员定义的一组计算机集合，它实际上就是一个网络。在这个网络中，至少有一台称为域控制器的计算机充当服务器。在域控制器中保存着整个网络的用户账号及目录数据库，即活动目录。管理员可以修改活动目录的配置来实现对网络的管理和控制，如管理员可以在活动目录中为每个用户创建域用户账号，使他们可登录域并访问域的资源。同时，管理员也可以控制所有网络用户的行为，如控制用户能否登录、在什么时间登录、登录后能执行哪些操作等。而域中的客户计算机要访问域的资源，就必须先加入域，并通过管理员为其创建的域用户账号登录域，才能访问域的资源，同时也必须接受管理员的控制和管理。构建域后，管理员可以对整个网络实施集中控制和管理。

3. 组织单位

组织单位（Organizational Unit，OU）在活动目录中扮演特殊的角色，它是一个当普通边界不能满足要求时创建的边界。组织单位把域中的对象组织成逻辑管理组，而不是安全组或代表地理实体的组。

组织单位是包含在活动目录中的容器对象。创建组织单位的目的是对活动目录对象进行分类。因此组织单位是可将用户、组、计算机和其他对象放入活动目录的容器，组织单位不能包括来自其他域的对象。

使用组织单位，用户可在组织单位中代表逻辑结构的域中创建容器，这样就可以根据组织模型管理网络资源的配置和使用。可授予用户对域中某个组织单位的管理权限，组织单位的管理员不需要具有域中任何其他组织单位的管理权限。

4. 域目录树

当要配置一个包含多个域的网络时，应该将网络配置成域目录树结构，如图 3-1 所示。

在图 3-1 所示的域目录树中，最上层的域名为 China.com，它是这个域目录树的根域，也称为父域。下面两个域 Jinan.China.com 和 Beijing.China.com 是 China.com 域的子域。3 个域共同构成了这个域目录树。

活动目录的域仍然采用 DNS 域的命名规则命名。在图 3-1 所示的域目录树中，两个子域的名称 Jinan.China.com 和 Beijing.China.com 中仍包含父域的名称 China.com，因此，它们的命名空间是连续的。这也是判断两个域是否属于同一个域目录树的重要条件。

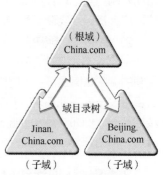

图 3-1　域目录树

在整个域目录树中，所有域共享同一个活动目录，即整个域目录树中只有一个活动目录，只不过这个活动目录分散地存储在不同的域（每个域只负责存储和本域有关的数据）中，整体上形成一个大的分布式的活动目录数据库。在配置一个较大规模的企业网络时，可以将其配置为域目录树结构，例如，将企业总部的网络配置为根域，各分支机构的网络配置为子域，整体上形成一个域目录树，以实现集中管理。

5. 域目录林

如果网络的规模比前面提到的域目录树还要大，甚至包含多个域目录树，就可以将网络配置为域目录林（也称森林）结构。域目录林由一个或多个域目录树组成，如图 3-2 所示。域目录林中的每个域目录树都有唯一的命名空间，它们之间并不是连续的，这一点从图 3-2 所示的两个域目录树中可以看到。

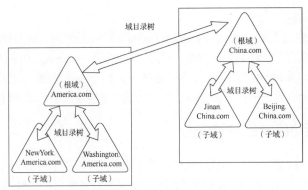

图 3-2　域目录林

整个域目录林中也存在一个根域，这个根域是域目录林中最先创建的域。在图 3-2 所示的域目录林中，因为 China.com 是最先创建的，所以这个域是域目录林的根域。

> **注意**　在创建域目录林时，组成域目录林的域目录树的根域之间会自动创建相互的、可传递的信任关系。由于有了双向的信任关系，域目录林中的每个域中的用户都可以访问其他域的资源，也可以从其他域登录到本域。

6. 站点

站点由一个或多个 IP 子网组成，这些子网通过高速网络设备连接在一起。站点的分布往往由企业的物理位置分布情况决定，可以依据站点结构配置活动目录的访问和复制拓扑，使得网络更有效地连接，并且可使复制策略更合理、用户登录更快速。活动目录中的站点与域是两个完全独立的概念，一个站点中可以有多个域，多个站点也可以位于同一个域中。

使用站点可以提高大多数配置目录服务的效率。使用活动目录站点和服务来发布站点，并提供有关网络物理结构的信息，从而确定如何复制目录信息和处理服务的请求。计算机站点是根据其在子网或一组已连接好的子网中的位置指定的，子网用来为网络分组，类似于生活中使用邮政编码划分地址。划分子网可方便地发送有关网络与目录连接的物理信息，而且同一子网中计算机的连接情况通常优于不同网络中计算机的连接情况。

使用站点的意义主要有以下 3 点。

（1）提高验证过程的效率。

（2）平衡复制频率。

（3）可提供有关站点链接的信息。

7. 目录分区

AD DS 数据库在逻辑上分为下面 4 个目录分区（Directory Partition）。

（1）架构目录分区（Schema Directory Partition）。它存储着整个林中所有对象与属性的定义数据，也存储着如何建立新对象与属性的规则。整个林内的所有域共享一个相同的架构目录分区，它会被复制到林中所有域的所有域控制器中。

（2）配置目录分区（Configuration Directory Partition）。其内存储着整个 AD DS 的结构，如有哪些域、哪些站点、哪些域控制器等数据。整个林共享一个相同的配置目录分区，它会被复制到林中所有域的所有域控制器中。

（3）域目录分区（Domain Directory Partition）。其内存储着与域有关的对象，如用户、组与计算机等对象。每一个域各自拥有一个域目录分区，它只会被复制到域内的所有域控制器中，而不会被复制到其他域的域控制器中。

（4）应用程序目录分区（Application Directory Partition）。一般来说，应用程序目录分区是由应用程序建立的，其内存储着与应用程序有关的数据。例如，将 Windows Server 2016 作为 DNS 服务器，若建立的 DNS 区域为 Active Directory 集成区域，它就会在 AD DS 数据库内建立应用程序目录分区，以便存储该区域的数据。应用程序目录分区会被复制到林中特定的域控制器中，而不是所有的域控制器中。

3.1.9 认识活动目录的物理结构

活动目录的物理结构与逻辑结构是彼此独立的两个概念。逻辑结构侧重于网络资源的管理，而物理结构侧重于网络的配置和优化。物理结构的3个重要概念是域控制器、只读域控制器和全局编录服务器。

1. 域控制器

域控制器是指安装了活动目录的 Windows Server 2016 的服务器，它用于保存活动目录信息的副本。域控制器管理目录信息的变化，并把这些变化复制到同一个域中的其他域控制器上，使各域控制器上的目录信息同步。域控制器负责完成用户的登录过程以及其他与域有关的操作，如身份鉴定、目录信息查找等。一个域可以有多台域控制器，规模较小的域可以只有两台域控制器，一个用于实际应用，另一个用于容错性检查，规模较大的域则可以使用多台域控制器。

域控制器没有主次之分，采用多主机复制模式，每一台域控制器都有一份可写入的目录副本，这为目录信息容错带来了很多的好处。尽管在某个时刻，不同的域控制器中的目录信息可能有所不同，但一旦活动目录中的所有域控制器执行同步操作，最新的变化信息就会一致。

2. 只读域控制器

只读域控制器（Read-Only Domain Controller，RODC）的 AD DS 数据库只可以读取，不可以修改，也就是说，用户或应用程序无法直接修改 RODC 的 AD DS 数据库。RODC 的 AD DS 数据库的内容只能够从其他可读写的域控制器中复制。RODC 主要是设计给远程分公司的网络使用的，因为一般来说，远程分公司的网络规模比较小、用户人数比较少，网络的安全措施或许并不如总公司完备，也可能缺乏信息技术（Information Technology，IT）人员，因此采用 RODC 可避免因其 AD DS 数据库被破坏而影响整个 AD DS 环境。

3. 全局编录服务器

尽管活动目录支持多主机复制模式，然而由于复制可能引起通信流量以及网络潜在的冲突，目录信息变化后的复制并不一定能够顺利进行，因此有必要在域控制器中指定全局编录（Global Catalog，GC）服务器以及操作主机。全局编录是一个信息仓库，包含活动目录中所有对象的部分属性，即在查询过程中访问较为频繁的属性。利用这些属性，可以定位任何一个对象。全局编录服务器是一台域控制器，它保存着全局编录的一份副本，并执行对全局编录的查询操作。全局编录服务器可以提高活动目录中大范围内对象检索的性能，例如，在域林中查询所有的打印机操作。如果没有全局编录服务器，那么必须调动域林中每一个域的查询过程。如果域中只有一台域控制器，那么它就是全局编录服务器。如果域中有多台域控制器，那么管理员必须把一台域控制器配置为全局编录服务器。

3.2 项目设计与准备

3.2.1 项目设计

下面通过图 3-3 来说明如何建立第 1 个林中的第 1 个域（根域）。我们将安装一台 Windows Server

2016 的服务器，然后将其升级为域控制器并建立域；还将架设此域的第 2 台域控制器（Windows Server 2016）、第 3 台域控制器（Windows Server 2016）、第 4 台域控制器（Windows Server 2016）和一台加入域的成员服务器（Windows Server 2016）。

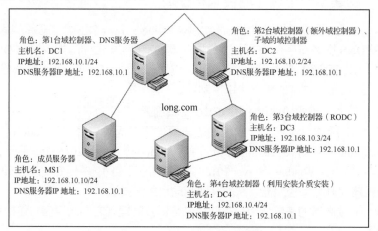

图 3-3　AD DS 网络规划拓扑

> **提示**　建议利用 VMware Workstation 或 Windows Hyper-V Server 2016 等提供虚拟环境的软件来搭建图 3-3 中的网络环境。若复制现有虚拟机，则要执行 c:\windows\system32\sysprep\sysprep 命令，并勾选"通用"复选框，因为新复制的计算机重整后才能正常使用。为了不相互干扰，VMware 的虚拟机的网络连接模式采用"仅主机模式"。

3.2.2　项目准备

将图 3-3 左上角的服务器 DC1 升级为域控制器（安装 Active Directory 域服务），因为它是第一台域控制器，所以完成这个升级操作会同时完成下面的工作。

- 建立第一个新林。
- 建立此新林中的第一个域树。
- 建立此新域树中的第一个域。
- 建立此新域中的第一台域控制器。
- 计算机名 DC1 自动更改为 DC1.long.com。

换句话说，在建立图 3-3 中的第一台域控制器 DC1.long.com 时，会同时建立此域控制器所隶属的域 long.com、域 long.com 所隶属的域树，而域 long.com 也是此域树的根域。由于此域树是第一个域树，因此同时会建立一个新林，林名就是第一个域树的根域的域名 long.com，域 long.com 就是整个林的根域。

我们将通过新建服务器角色的方式，将图 3-3 中左上角的服务器 DC1.long.com 升级为网络中的第一台域控制器。

> **注意**　超过一台计算机参与部署环境时，一定要保证各计算机间的通信畅通，否则无法进行后续的工作。使用 ping 命令测试失败有两种可能的原因：一种是计算机间的配置确实存在问题，如 IP 地址、子网掩码等；另一种是本地计算机间的通信是畅通的，但防火墙等阻挡了 ping 命令的执行，此时可以参考"任务 2-4　配置 Windows Server 2016 网络操作系统"中的"5. 配置防火墙，放行 ping 命令"相关的内容进行相应的处理，或者关闭防火墙。

3.3 项目实施

任务 3-1 创建第一个域（域目录林根域）

微课 3-3 创建
第一个域（域目录
林根域）

由于域控制器使用的活动目录和 DNS 有非常密切的关系，因此网络中要求有 DNS 服务器存在，并且 DNS 服务器要支持动态更新。如果没有 DNS 服务器存在，可以在创建域时一起安装 DNS。这里假设图 3-3 中的 DC1 服务器尚未安装 DNS，并且是域林中的第 1 台域控制器。

1. 安装 Active Directory 域服务

活动目录在整个网络中的重要性不言而喻。经过 Windows Server 2008 和 Windows Server 2012 的不断完善，Windows Server 2016 中的活动目录服务功能更加强大，管理更加方便。在 Windows Server 2016 中安装活动目录时，需要先安装 Active Directory 域服务，然后将此服务器提升为域控制器，从而完成活动目录的安装。

Active Directory 域服务的主要作用是存储目录数据并管理域之间的通信，包括用户登录、身份验证和目录搜索等。

STEP 1 在图 3-3 中左上角的服务器 DC1 上安装 Windows Server 2016，将其计算机名设置为 DC1，IPv4 地址等按图 3-3 所示的信息进行配置（图 3-3 中采用 TCP/IPv4）。注意将计算机名设置为 DC1 即可，等将其升级为域控制器后，DC1 会被自动改为 DC1.long.com。

STEP 2 以管理员身份登录 DC1，依次选择"开始"→"Windows 管理工具"→"服务器管理器"命令（也可以依次选择"开始"→"控制面板"→"系统和安全"→"管理工具"→"服务器管理器"命令），单击"添加角色和功能"按钮，打开图 3-4 所示的"开始之前"界面。

> **提示** 请读者注意图 3-4 所示界面中的"启动'删除角色和功能'向导"超链接。如果安装完活动目录后需要删除该服务角色，则单击"启动'删除角色和功能'向导"超链接，删除 Active Directory 域服务即可。

STEP 3 持续单击"下一步"按钮，直到显示图 3-5 所示的"选择服务器角色"界面时，勾选"Active Directory 域服务"复选框，单击"添加功能"按钮。

图 3-4 "开始之前"界面

图 3-5 "选择服务器角色"界面

STEP 4 持续单击"下一步"按钮，直到显示图 3-6 所示的"确认安装所选内容"界面。

STEP 5 单击"安装"按钮即可开始安装。安装完成后显示图 3-7 所示的安装结果，提示 Active Directory 域服务已经安装成功。

图 3-6 "确认安装所选内容"界面　　　　图 3-7　Active Directory 域服务安装成功

提示　如果在图 3-7 所示的界面中直接单击"关闭"按钮，则之后要将其提升为域控制器，请单击图 3-8 所示的"服务器管理器"窗口右上方的旗帜按钮，再选择"将此服务器提升为域控制器"选项。

2. 安装活动目录

STEP 1　在图 3-7 所示的界面中单击"将此服务器提升为域控制器"超链接或在图 3-8 所示的窗口中选择"将此服务器提升为域控制器"选项，显示图 3-9 所示的"部署配置"界面，选中"添加新林"单选按钮，设置根域名（本例为 long.com），创建一台全新的域控制器。如果网络中已经存在其他域控制器或林，则可以选中"将新域添加到现有林"单选按钮，在现有林中安装域控制器。

图 3-8 "服务器管理器"窗口

图 3-9 "部署配置"界面

"选择部署操作"选项组中 3 个单选按钮的具体含义如下。

- 将域控制器添加到现有域：可以向现有域中添加第 2 台或更多台域控制器。
- 将新域添加到现有林：在现有林中创建现有域的子域。
- 添加新林：创建全新的域。

> **提示** 网络中既可以配置一台域控制器，又可以配置多台域控制器，以分担用户的登录和访问负载。多台域控制器可以一起工作，并会自动备份用户账户和活动目录数据，即使部分域控制器"瘫痪"，网络访问也不受影响，从而提高网络的安全性和稳定性。

STEP 2 单击"下一步"按钮，显示图 3-10 所示的"域控制器选项"界面。

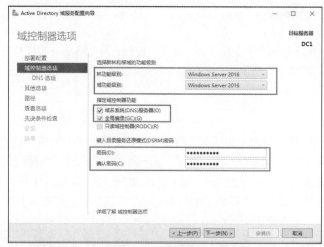

图 3-10 "域控制器选项"界面

① 设置林功能级别和域功能级别。不同的林功能级别可以向下兼容不同平台的 Active Directory 域服务功能。选择"Windows Server 2008"选项可以提供 Windows Server 2008 网络操作系统平台以上的所有 Active Directory 功能；选择"Windows Server 2016"选项可提供 Windows Server 2016 网络操作系统平台以上的所有 Active Directory 功能。用户可以根据实际的网络环境选择合适的功能级别。设置不同的域功能级别主要是为了兼容不同平台的网络用户和子域控制器，在此只能选择"Windows Server 2016"选项。

② 设置目录服务还原模式密码。由于有时需要备份和还原活动目录，且还原时（启动系统时按 F8 键）必须进入目录服务还原模式，所以此处要求输入目录服务还原模式密码。由于该密码和管理员密码可能不同，所以一定要牢记该密码。

③ 指定域控制器功能。因为默认在此服务器上直接安装 DNS 服务器，所以将自动创建 DNS 区域委派。无论 DNS 是否与 AD DS 集成，都必须将其安装在部署的域目录林根域的第一台控制器上。

④ 第一台域控制器需要扮演全局编录服务器的角色。

⑤ 第一台域控制器不可以是 RODC。

> **提示** 安装后若要设置林功能级别，登录域控制器，打开"Active Directory 域和信任关系"窗口，用鼠标右键单击"Active Directory 域和信任关系"选项，在弹出的快捷菜单中选择"提升林功能级别"命令，并选择相应的林功能级别即可。

STEP 3 单击"下一步"按钮，显示图 3-11 所示的警告信息，目前不必理会它，直接单击"下一步"按钮。

STEP 4 在图 3-12 所示的界面中会自动为此域设置一个 NetBIOS 名称，可以更改此名称。如果此名称已被占用，安装程序会自动指定一个建议名称。完成后单击"下一步"按钮。

图 3-11 警告信息

图 3-12 "其他选项"界面

STEP 5 显示图 3-13 所示的"路径"界面，可以单击"浏览"按钮 更改相关路径。其中，"数据库文件夹"用来存储活动目录数据库，"日志文件文件夹"用来存储活动目录的变化日志，以便于日常管理和维护。需要注意的是，"SYSVOL 文件夹"必须保存在 NTFS 格式的分区中。完成后单击"下一步"按钮。

STEP 6 出现"查看选项"界面，单击"下一步"按钮。

STEP 7 在图 3-14 所示的"先决条件检查"界面中，如果顺利通过检查，就直接单击"安装"按钮，否则要先按提示排除问题。安装完成后会自动重新启动计算机。

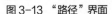

图 3-13 "路径"界面

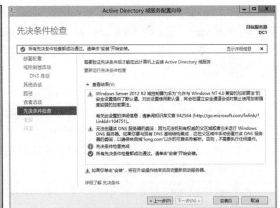

图 3-14 "先决条件检查"界面

STEP 8 计算机重新启动后，DC1 升级为 Active Directory 域控制器，必须使用域用户账户登录，格式为"域名\用户账户"，SamAccountName 登录界面如图 3-15（a）所示。选择左下角的其他用户可以更换登录用户，UPN 登录界面如图 3-15（b）所示。

- SamAccountName 登录。用户可以利用 SamAccountName 方式（如 LONG\Administrator）来登录。其中 LONG 是 NetBIOS 名。同一个域中，此名称必须是唯一的。Windows NT、Windows

98 等旧版操作系统不支持用户主体名称（User Principal Name，UPN），因此在这些计算机上登录时，只能使用此名称。图 3-15（a）所示即为此种登录界面。

（a）SamAccountName 登录界面 　　　　　　（b）UPN 登录界面

图 3-15　登录界面

- UPN 登录。用户可以利用与电子邮箱格式相同的名称（如 administrator@long.com）来登录域，此名称被称为 UPN。此名称在林中是唯一的。图 3-15（b）所示即为此种登录界面。

3. 验证 Active Directory 域服务的安装

活动目录安装完成后，在 DC1 上可以从各方面进行验证。

（1）查看计算机名。

用鼠标右键单击"开始"菜单，在弹出的快捷菜单中选择"控制面板"→"系统和安全"→"系统"→"高级系统设置"命令，打开"系统属性"对话框，再单击"计算机名"选项卡，可以看到计算机已经由工作组成员变成了域成员，而且它是域控制器。计算机名已经变为"DC1.long.com"了。

（2）查看管理工具。

活动目录安装完成后，会添加一系列的活动目录管理工具，包括"Active Directory 用户和计算机""Active Directory 站点和服务""Active Directory 域和信任关系"等。选择"开始"→"Windows 管理工具"命令，可以找到这些管理工具的快捷方式。在"服务器管理器"窗口的"工具"菜单中也会增加这些管理工具对应的命令。

（3）查看活动目录对象。

选择"开始"→"Windows 管理工具"→"Active Directory 用户和计算机"命令，或者选择"服务器管理器"→"工具"命令，打开"Active Directory 用户和计算机"窗口，可以看到企业的域名为 long.com。单击该域，窗口右侧的详细信息窗格中会显示域中的各个容器，其中包括一些内置容器，主要有以下几种。

- built-in：存放活动目录域中的内置组账户。
- computers：存放活动目录域中的计算机账户。
- users：存放活动目录域中的一部分用户和组账户。
- Domain Controllers：存放域控制器的计算机账户。

（4）查看 Active Directory 数据库。

Active Directory 数据库文件保存在%SystemRoot%\Ntds（本例为 C:\windows\ntds）文件夹中，主要的文件如下。

- Ntds.dit：数据库文件。
- Edb.chk：检查点文件。
- Temp.edb：临时文件。

（5）查看 DNS 记录。

为了让活动目录正常工作，需要 DNS 服务器的支持。活动目录安装完成后，重新启动 DC1 时会向指定的 DNS 服务器注册服务记录（Service Record，SRV）。

依次选择"开始"→"Windows 管理工具"→"DNS"命令，或者在"服务器管理器"窗口中选择右上方的"工具"→"DNS"命令，打开"DNS 管理器"窗口。一个注册了 SRV 记录的 DNS 服务器如图 3-16 所示。

如果因为域成员本身的设置有误或者网络问题，造成它们无法将数据注册到 DNS 服务器，则可以在问题解决后重新启动计算机或利用以下方法来手动注册。

图 3-16　一个注册了 SRV 记录的 DNS 服务器

- 如果某域成员计算机的主机名与 IP 地址没有正确注册到 DNS 服务器，可在此计算机上执行 ipconfig /registerdns 命令来手动注册，完成后在 DNS 服务器上检查是否已有正确记录。例如，域成员计算机的主机名为 DC1.long.com，IP 地址为 192.168.10.1，则检查区域 long.com 内是否有 DC1 的主机记录，以及其 IP 地址是否为 192.168.10.1。
- 如果发现域控制器并没有将其扮演的角色注册到 DNS 服务器内，也就是并没有类似图 3-16 所示的_tcp 等文件夹与相关记录，可在此域控制器上选择"开始"→"Windows 管理工具"→"服务"命令，打开图 3-17 所示的"服务"窗口，选择"Netlogon"选项，并单击鼠标右键，在弹出的快捷菜单中选择"重新启动"命令来注册。也可以使用以下命令来注册。

```
net stop netlogon
net start netlogon
```

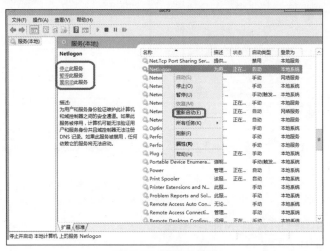

图 3-17　"服务"窗口

试一试　SRV 记录手动添加无效。将注册成功的 DNS 服务器中的域 long.com 下面的 SRV 记录删除一些，试着在域控制器上使用上面的命令恢复 DNS 服务器中被删除的内容（使用上面的命令后，单击鼠标右键，在弹出的快捷菜单中选择"刷新"命令即可）。成功了吗？

提示　"服务器管理器"窗口的"工具"菜单中包含所有管理工具的相关命令，因此，一般情况下，凡是集成在"管理工具"的工具都能在"服务器管理器"窗口的"工具"菜单中找到。为了描述方便，后续项目中在提到工具时会采用其中一种且会简略表述。请读者从此刻开始，对如何打开"管理工具"和"服务器管理器"要熟练掌握、了然于心。

任务 3-2　将 MS1 加入域 long.com

下面将 MS1（IP 地址：192.168.10.10/24）独立服务器加入域 long.com，将 MS1 提升为 long.com 的成员服务器。MS1 与 DC1 的虚拟机网络连接模式都是"仅主机模式"，步骤如下。

STEP 1　在 MS1 服务器上，确认"本地连接"属性中的 TCP/IP 首选 DNS 服务器指向了域 long.com 的 DNS 服务器，即 192.168.10.1。

STEP 2　用鼠标右键单击"开始"菜单，在弹出的快捷菜单选择"控制面板"→"系统和安全"→"系统"→"高级系统设置"命令，弹出"系统属性"对话框，单击"计算机名"选项卡，单击"更改"按钮，弹出"计算机名/域更改"对话框，在"隶属于"选项组中选中"域"单选按钮，并输入要加入的域的名称 long.com，单击"确定"按钮。

STEP 3　输入有权限加入该域的账户名称和密码，单击"确定"按钮，重新启动计算机即可。例如，输入域控制器 DC1.long.com 的管理员账户和密码，如图 3-18 所示。

STEP 4　加入域后，其完整计算机名后就会附上域名，即图 3-19 所示的 MS1.long.com。单击"关闭"按钮，按照界面提示重新启动计算机。

图 3-18　将 MS1 加入域 long.com

图 3-19　加入域 long.com 后的计算机全名

提示　（1）Windows 10 操作系统的计算机加入域中的步骤和 Windows Server 2016 网络操作系统加入域中的步骤相同。
（2）这些被加入域中的计算机，其计算机账户会被创建在 Computers 窗口内。

任务 3-3　利用已加入域的账户登录

除了利用本地账户登录外，也可以在已经加入域的计算机上利用域用户账户登录。

1. 利用本地用户账户登录

在 MS1 登录界面中按 Ctrl+Alt+Del 组合键后，出现图 3-20 所示的界面，默认让用户利用本地系统管理员 Administrator 的身份登录，因此只要输入 Administrator 的密码就可以登录。

此时，系统会利用本地安全性数据库来检查账户与密码是否正确，如果正确，就可以成功登录，也可以访问计算机内的资源（若有权限），但无法访问域内其他计算机的资源，除非在连接其他计算机时输入有权限的用户名与密码。

2. 利用域用户账户登录

如果要利用域系统管理员 Administrator 的身份登录，则选择图 3-20 所示的左下角的"其他用户"

选项，打开图 3-21 所示的域用户账户登录界面，输入域系统管理员的账户（long\administrator）与密码，单击"登录"按钮 → 进行登录。

图 3-20　本地用户账户登录界面　　　　　图 3-21　域用户账户登录界面

注意　账户名前面要附加域名，如 long.com\administrator 或 long\administrator，此时账户与密码会被发送给域控制器，并利用 Active Directory 数据库来检查账户与密码是否正确，如果正确，就可以成功登录，并且可以直接连接域内任何一台计算机并访问其中的资源（如果有权限），不需要手动输入用户名与密码。当然，也可以用 UPN 登录，形如 administrator@long.com。
在图 3-21 中，如何利用本地用户登录？输入用户名"MS1\administrator"及相应密码可以吗？

任务 3-4　安装额外域控制器与 RODC

一个域内若有多台域控制器，便可以拥有下面的优势。

- 改善用户登录的效率。若同时有多台域控制器来为客户端提供服务，就可以分担用户身份（账户与密码）验证的负担，提高用户登录的效率。
- 具有容错功能。若有域控制器故障，仍然可以由其他正常的域控制器来继续提供服务，因此对用户的服务并不会停止。

在安装额外域控制器（Additional Domain Controller）时，需要将 AD DS 数据库由现有的域控制器复制到这台新的域控制器。然而若数据库的数据量非常庞大，则这个复制操作势必会增加网络的负担，尤其是这台新域控制器位于远程网络时。系统提供了两种复制 AD DS 数据库的方式。

- 通过网络直接复制。若 AD DS 数据库的数据量庞大，此方法会增加网络的负担、影响网络的效率。
- 通过安装介质。需要事先在一台域控制器内制作安装介质（Installation Media），其中包含 AD DS 数据库；然后将安装介质复制到 U 盘、CD、DVD 等媒体或共享文件夹内；接着在安装额外域控制器时，要求安装向导在这个媒体或共享文件夹内读取安装介质内的 AD DS 数据库。使用这种方式可以大幅减轻网络的负担。若在安装介质制作完成之后，现有域控制器的 AD DS 数据库内有新变动数据，则这些少量数据会在完成额外域控制器的安装后，通过网络自动复制过来。

下面说明如何将图 3-22 中右上角的 DC2 升级为常规额外域控制器（可写域控制器），将右下角的 DC3 升级为 RODC。其中 DC2 为域 long.com 的成员服务器，DC3 为独立服务器。

1. 利用网络直接复制安装额外控制器

DC1、DC2 和 DC3 的网络连接模式都是"仅主机模式"，先要保证 3 台服务器通信畅通。

STEP 1　先在图 3-22 所示的服务器 DC2 与 DC3 上安装 Windows Server 2016，IPv4 地址等按照图 3-22 所示的信息来设置（图 3-22 中采用 TCP/IPv4），同时将 DC2 加入域 long.com。

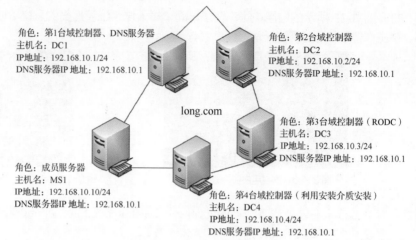

角色：第1台域控制器、DNS服务器
主机名：DC1
IP地址：192.168.10.1/24
DNS服务器IP地址：192.168.10.1

角色：第2台域控制器
主机名：DC2
IP地址：192.168.10.2/24
DNS服务器IP地址：192.168.10.1

角色：第3台域控制器（RODC）
主机名：DC3
IP地址：192.168.10.3/24
DNS服务器IP地址：192.168.10.1

角色：成员服务器
主机名：MS1
IP地址：192.168.10.10/24
DNS服务器IP地址：192.168.10.1

角色：第4台域控制器（利用安装介质安装）
主机名：DC4
IP地址：192.168.10.4/24
DNS服务器IP地址：192.168.10.1

long.com

微课3-5 安装额外域控制器与 RODC（一）

图 3-22 long.com 域的拓扑

注意将计算机名分别设置为 DC2 与 DC3 即可，等将其升级为域控制器后，DC1 和 DC2 会自动被分别改为 DC2.long.com 与 DC3.long.com。

STEP 2 在 DC2 上安装 Active Directory 域服务。其操作方法与安装第 1 台域控制器的方法完全相同。安装完 Active Directory 域服务后，单击"将此服务器提升为域控制器"超链接，开始活动目录的安装。

STEP 3 当显示"部署配置"界面时，选中"将域控制器添加到现有域"单选按钮，在"域"文本框中直接输入"long.com"，或者单击"选择"按钮进行"域"的选择。单击"更改"按钮，弹出"Windows 安全性"对话框，指定可以通过相应主域控制器验证的用户账户凭据，该用户账户必须属于 Domain Admins 组，拥有域系统管理员权限。例如，根域控制器的管理员账户 long\administrator，如图 3-23 所示。

> **注意** 只有 Enterprise Admins 或 Domain Admins 组内的用户有权建立其他域控制器。若现在登录的账户不属于这两个组（例如，现在登录的账户为本机 Administrator），则需另外指定有权限的用户账户，如图 3-23 所示。

STEP 4 单击"下一步"按钮，显示图 3-24 所示的"域控制器选项"界面。

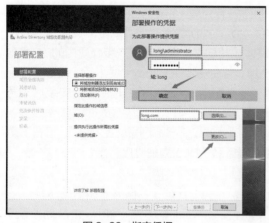

图 3-23 指定凭据

图 3-24 "域控制器选项"界面

① 选择是否在服务器上安装 DNS 服务器（默认会），本例选择在 DC2 上安装 DNS 服务器。

② 选择是否将 DC2 设置为全局编录服务器（默认会）。

③ 选择是否将 DC2 设置为只读域控制器（默认不会）。

④ 设置目录服务还原模式密码。

STEP 5 单击"下一步"按钮，出现图 3-25 所示的界面，不勾选"更新 DNS 委派"复选框。注意，如果不存在 DNS 委派却勾选了此复选框，则后面将会报错。

STEP 6 单击"下一步"按钮，出现图 3-26 所示的界面，继续单击"下一步"按钮，直接从其他任何一台域控制器中复制 AD DS 数据库。

图 3-25 "DNS 选项"界面

图 3-26 "其他选项"界面

STEP 7 在图 3-27 所示的界面中可直接单击"下一步"按钮。

- 数据库文件夹：用来存储 AD DS 数据库。
- 日志文件文件夹：用来存储 AD DS 数据库的变更日志，此日志文件可用来修复 AD DS 数据库。
- SYSVOL 文件夹：用来存储域共享文件（如与组策略相关的文件）。

STEP 8 在"查看选项"界面中单击"下一步"按钮。

STEP 9 在图 3-28 所示的界面中，若显示顺利通过检查，就直接单击"安装"按钮，否则请根据界面提示先排除问题。

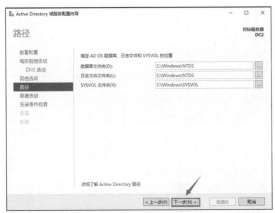

图 3-27 "路径"界面

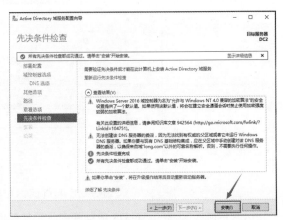

图 3-28 "先决条件检查"界面

微课 3-6　安装
额外域控制器与
RODC（二）

STEP 10 安装完成后会自动重新启动计算机，请重新登录。

2. 利用网络直接复制安装 RODC

在 DC3 上安装 RODC，DC3 为独立服务器。DC2 和 DC3 的网络连接模式都是"仅主机模式"，先要保证两台服务器通信畅通。

STEP 1 在 DC3 上安装 Active Directory 域服务。其操作方法与安装第 1 台域控制器的方法完全相同。安装完 Active Directory 域服务后，单击"将此服务器提升为域控制器"超链接，开始活动目录的安装。

STEP 2 当显示"部署配置"界面时，选中"将域控制器添加到现有域"单选按钮，在"域"文本框中直接输入"long.com"，或者单击"选择"按钮进行"域"的选择。单击"更改"按钮，弹出"Windows 安全性"对话框，指定可以通过相应主域控制器验证的用户账户凭据，该用户账户必须属于 Domain Admins 组，拥有域管理员权限。例如，根域控制器的管理员账户 long\administrator，如图 3-29 所示。

STEP 3 单击"下一步"按钮，显示图 3-30 所示的"域控制器选项"界面，勾选"只读域控制器(RODC)"复选框，单击"下一步"按钮，直到安装成功，自动重新启动计算机。

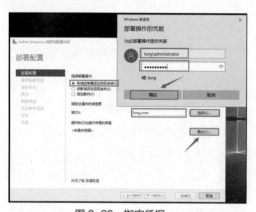

图 3-29　指定凭据

图 3-30　"域控制器选项"界面

STEP 4 依次选择"开始"→"Windows 管理工具"→"DNS"命令，打开"DNS 管理器"窗口，检查 DC1 上的 DNS 服务器内是否有域控制器 DC2.long.com 与 DC3.long.com 的相关记录，如图 3-31 所示，DC2、DC3 上的 DNS 服务器的检查操作类似。

图 3-31　检查 DNS 服务器内是否有相关记录

这两台域控制器的 AD DS 数据库内容是从其他域控制器中复制过来的，而原本这两台计算机内的本地用户账户会被删除。

> **注意** 在服务器 DC1（第一台域控制器）升级成为域控制器之前，原本位于本地安全性数据库的本地账户会在升级后被转移到 Active Directory 数据库内，而且被放置到 Users 容器内，并且这台域控制器的计算机账户会被放置到 Domain Controllers 组织单位内，其他加入域的计算机账户默认会被放置到 Computers 容器内。
>
> 只有在创建域内的第一台域控制器时，该服务器原来的本地账户才会被转移到 Active Directory 数据库，其他域控制器（如本例中的 DC2、DC3）原来的本地账户并不会被转移到 Active Directory 数据库，而是被删除。

STEP 5 依次选择"开始"→"Windows 管理工具"→"Active Directory 用户和计算机"命令，打开"Active Directory 用户和计算机"窗口，检查 Domain Controllers 容器里是否存在 DC1、DC2、DC3（只读）等域控制器，如图 3-32 所示（DC2、DC3 上的情况类似）。

图 3-32　检查容器里是否存在域控制器

3. 利用安装介质安装额外域控制器

先在一台域控制器上制作安装介质，也就是将 AD DS 数据库存储到安装介质内，并将安装介质复制到 U 盘或共享文件夹内。然后在安装额外域控制器时，要求安装向导从安装介质中读取 AD DS 数据库，使用这种方式可以大幅减轻网络的负担。

微课 3-7　安装额外域控制器与 RODC（三）

（1）制作安装介质。

请在现有的域控制器上执行 ntdsutil 命令来制作安装介质。

- 若此安装介质是要给可写域控制器使用的，则需到现有的可写域控制器上执行 ntdsutil 命令。
- 若此安装介质是要给 RODC 使用的，则可以到现有的可写域控制器或 RODC 上执行 ntdsutil 命令。

STEP 1 在域控制器 DC1 上利用域系统管理员的身份登录。

STEP 2 选择左下角的"开始"菜单，单击鼠标右键，在弹出的快捷菜单中选择"命令提示符"命令。

STEP 3 输入以下命令后按 Enter 键（界面可参考图 3-33）。

```
ntdsutil
```

STEP 4 在 ntdsutil 提示符后，执行以下命令。

```
activate   instance ntds
```

它会将域控制器的 AD DS 数据库设置为使用中。

STEP 5 在 ntdsutil 提示符后，执行以下命令。

```
ifm
```

STEP 6 在 ifm 提示符后，执行以下命令。

```
create  sysvol  full  c:\InstallationMedia
```

注意 此命令假设将安装介质的内容存储到 C:\InstallationMedia 文件夹内。其中，sysvol 表示要制作包含 ntds.dit 与 SYSVOL 的安装介质；full 表示要制作供可写域控制器使用的安装介质。若要制作供 RODC 使用的安装介质，则将 full 改为 RODC。

STEP 7 连续执行两次 quit 命令来结束 ntdsutil 的运行。图 3-33 所示为制作安装介质的部分界面。

图 3-33　制作安装介质的部分界面

STEP 8 将整个 C:\InstallationMedia 文件夹内的所有数据复制到 U 盘或共享文件夹内。

（2）安装额外域控制器。

STEP 1 将包含安装介质的 U 盘插入即将扮演额外域控制器角色的计算机 DC4（还记得任务 2-5 吗？通过克隆功能生成了 DC4）上，或将安装介质复制到可以访问的共享文件夹内。本例放到 DC4 的 C:\InstallationMedia 文件夹内。设置 DC4 的计算机名为 DC4，IP 地址为 192.168.10.4/24，DNS 服务器的 IP 地址为 192.168.10.1。

STEP 2 安装额外域控制器的方法与前面的大致相同，因此下面仅列出不同之处。下面假设安装介质被复制到即将升级为额外域控制器的服务器 DC4 的 C:\InstallationMedia 文件夹内，在图 3-34 所示的界面中改为勾选"从介质安装"复选框，并在"路径"文本框中指定存储安装介质的文件夹 C:\InstallationMedia。

图 3-34　"其他选项"界面

在安装过程中会从安装介质所在的文件夹 C:\InstallationMedia 中复制 AD DS 数据库。若在安装介质制作完成之后，现有域控制器的 AD DS 数据库更新了数据，则这些少量数据会在完成额外域控制器安装后通过网络自动复制过来。

4. 修改密码复制策略与 RODC 的委派设置

若要修改密码复制策略设置或 RODC 系统管理工作的委派设置，则在打开图 3-35 所示的"Active

Directory 用户和计算机"窗口后,单击"Domain Controllers"中扮演 RODC 角色的域控制器,单击上方的属性图标⬚,通过图 3-36 所示的"密码复制策略"与"管理者"选项卡来设置。

图 3-35 "Active Directory 用户和计算机"窗口

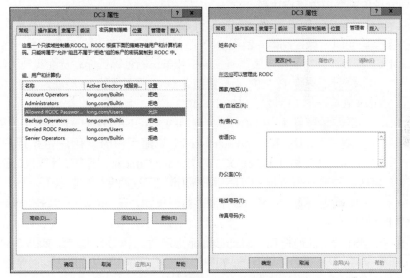

图 3-36 "密码复制策略"与"管理者"选项卡

也可以依次选择"开始"→"Windows 管理工具"→"Active Directory 管理中心"命令,通过"Active Directory 管理中心"窗口来修改上述设置:打开"Active Directory 管理中心"窗口,如图 3-37 所示,单击界面中间扮演 RODC 角色的域控制器,选择右方的"属性"选项,通过图 3-38 所示的"管理者"选项与"扩展"选项中的"密码复制策略"选项卡来设置。

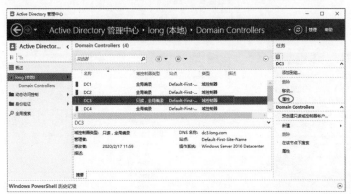

图 3-37 "Active Directory 管理中心"窗口

图 3-38 "密码复制策略"选项卡

5. 验证额外域控制器运行是否正常

DC1 是第一台域控制器，DC2 服务器已经提升为额外域控制器，现在可以将成员服务器 MS1 的首选 DNS 服务器指向 DC1 域控制器，备用 DNS 服务器指向 DC2 额外域控制器，当 DC1 域控制器发生故障时，DC2 额外域控制器可以负责域名解析和身份验证等工作，从而实现不间断服务。

微课 3-8　安装额外域控制器与 RODC（四）

STEP 1 在 MS1 上配置首选 DNS 服务器的 IP 地址为 192.168.10.1，备用 DNS 服务器的 IP 地址为 192.168.10.2。

STEP 2 利用 DC1 域控制器的"Active Directory 用户和计算机"窗口建立供测试用的域用户 domainuser1（新建用户时，用户名和用户登录名都是 domainuser1）。刷新 DC2、DC3 的"Active Directory 用户和计算机"窗口中的 Users 容器，发现 domainuser1 几乎同时同步到了这两台域控制器上。

STEP 3 将 DC1 域控制器暂时关闭，在 VMware Workstation 中也可以将 DC1 域控制器暂时挂起。

STEP 4 在 MS1 上，注销原来的 administrator 账户后，用域账户登录，如图 3-39 所示。使用 long\domainuser1 登录域，观察是否能够登录，如果登录成功，说明可以提供活动目录的不间断服务，也验证了额外域控制器安装成功。

STEP 5 选择"DC2"→"服务器管理器"→"工具"命令，打开"Active Directory 站点和服务"窗口，如图 3-40 所示，依次选择"Sites"→"Default-First-Site-Name"→"Servers"→"DC2"→"NTDS Settings"选项，单击鼠标右键，在弹出的快捷菜单中选择"属性"命令。

图 3-39　在 MS1 上使用域账户登录

图 3-40　"Active Directory 站点和服务"窗口

STEP 6 在弹出的对话框中取消勾选"全局编录"复选框，如图 3-41 所示。

STEP 7 在"服务器管理器"主窗口中选择"工具"命令，打开"Active Directory 用户和计算机"窗口，选择"Domain Controllers"选项，可以看到 DC2 的"DC 类型"由之前的 GC 变为现在的 DC，如图 3-42 所示。

图 3-41 取消勾选"全局编录"复选框

图 3-42 查看"DC 类型"

任务 3-5 转换服务器角色

Windows Server 2016 网络操作系统的服务器在域中可以有 3 种角色：域控制器、成员服务器和独立服务器。当一台 Windows Server 2016 网络操作系统的成员服务器安装了活动目录后，就成为域控制器，域控制器可以对用户的登录等进行验证。Windows Server 2016 网络操作系统的服务器还可以仅加入域，而不安装活动目录，这时其主要作用是提供网络资源，这样的服务器称为成员服务器。严格说来，独立服务器和域没有什么关系，如果服务器不加入域，也不安装活动目录，就称为独立服务器。服务器的这 3 种角色的转换如图 3-43 所示。

图 3-43 服务器角色的转换

1. 域控制器降级为成员服务器

在域控制器上把活动目录删除，服务器就降级为成员服务器。下面以图 3-3 中的 DC2 降级为例进行介绍。

（1）删除活动目录的注意要点。

删除活动目录也就是将域控制器降级为成员服务器。降级时要注意以下 3 点。

① 如果该域内还有其他域控制器，则该域会被降级为该域的成员服务器。

② 如果这台域控制器是域的最后一台域控制器，则它被降级后，该域内将不存在任何域控制器。因此，该域控制器被删除，而该计算机被降级为独立服务器。

③ 如果这台域控制器是全局编录服务器，则将其降级后，它将不再扮演全局编录服务器的角色，因此要先确定网络上是否还有其他用作全局编录服务器的域控制器。如果没有，则要先指派一台域控制器来扮演全局编录服务器的角色，否则将影响用户的登录操作。

微课 3-9 转换服务器角色

> **提示**　指派扮演全局编录服务器角色的域控制器时，可以选择"开始"→"Windows 管理工具"→
> "Active Directory 站点和服务"→"Sites"→"Default-First-Site-Name"→"Servers"命令，
> 展开要扮演全局编录服务器角色的域控制器的名称，用鼠标右键单击"NTDS Settings"选项，
> 在弹出的快捷菜单中选择"属性"命令，在显示的"NTDS Settings 属性"对话框中勾选"全
> 局编录"复选框。

（2）删除活动目录。

STEP 1　以管理员身份登录 DC2，单击左下角的服务器管理器图标，在图 3-44 所示的窗口中选择右上方的"管理"→"删除角色和功能"命令。

STEP 2　在图 3-45 所示的界面中取消勾选"Active Directory 域服务"复选框，单击"删除功能"按钮。

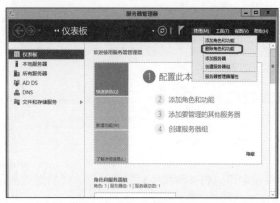

图 3-44　"服务器管理器"窗口

图 3-45　"删除服务器角色"界面

STEP 3　出现图 3-46 所示的界面时，单击"将此域控制器降级"超链接，即将此域控制器降级。

STEP 4　如果在图 3-47 所示的界面中，当前的用户有权删除此域控制器，则单击"下一步"按钮，否则单击"更改"按钮来输入新的账户与密码。

图 3-46　"验证结果"界面

图 3-47　"凭据"界面

> **提示**　如果因故无法删除此域控制器（例如，在删除域控制器时，需要能够先连接其他域控制器，但是却一直无法连接），或者是最后一台域控制器，此时勾选图 3-47 所示的"强制删除此域控制器"复选框，一般情况下保持默认设置，不勾选此复选框。

STEP 5　在图 3-48 所示的界面中勾选"继续删除"复选框后，单击"下一步"按钮。

STEP 6　在图 3-49 所示的界面中为这台即将被降级为独立或成员服务器的计算机设置本地管理员的新密码后，单击"下一步"按钮。

图 3-48　"警告"界面

图 3-49　"新管理员密码"界面

STEP 7　在"查看选项"界面中单击"降级"按钮。

STEP 8　完成后会自动重新启动计算机，请以域管理员身份重新登录，图 3-49 所示的界面中设置的是降级后的计算机 DC2 的本地管理员密码。

> **注意**　虽然这台服务器已经不再是域控制器了，但此时其 Active Directory 域服务组件仍然存在，并没有被删除。因此，也可以直接将其升级为域控制器。

STEP 9　在"服务器管理器"窗口中选择"管理"→"删除角色和功能"命令。

STEP 10　出现"开始之前"界面，单击"下一步"按钮。

STEP 11　确认选择的服务器无误后单击"下一步"按钮。

STEP 12　在图 3-50 所示的界面中取消勾选"Active Directory 域服务"复选框，单击"删除功能"按钮。

STEP 13　回到"删除服务器角色"界面时，确认"Active Directory 域服务"复选框已经被取消勾选（也可以一起取消勾选"DNS 服务器"复选框）后，单击"下一步"按钮。

STEP 14　出现"删除功能"界面时，单击"下一步"按钮。

STEP 15　在确认删除选择界面中单击"删除"按钮。

STEP 16　完成后，重新启动计算机。

图 3-50　"删除服务器角色"界面

2. 成员服务器降级为独立服务器

在删除 Active Directory 域服务后，DC2 降级为域 long.com 的成员服务器。现在将该成员服务器继续降级为独立服务器。

在 DC2 上以域管理员（long\administrator）或本地管理员（DC2\administrator）身份登录。登录成功后，用鼠标右键单击"开始"菜单，选择"控制面板"→"系统和安全"→"系统"→"高级系统设置"命令，弹出"系统属性"对话框，单击"计算机名"选项卡，单击"更改"按钮，弹出"计算机名/域更改"对话框；在"隶属于"选项组中选中"工作组"单选按钮，并输入从域中脱离后要加入的工作组的名称（本例中为 WORKGROUP），单击"确定"按钮；输入有权限脱离该域的账户的名称和密码，确定后重新启动计算机即可。

至此 DC2 降级为一台独立服务器。

任务 3-6　创建子域

微课 3-10　创建
子域

本任务要求创建 long.com 的子域 china.long.com。创建子域之前，读者需要先了解本任务实例部署的需求和环境。

1. 部署需求

在向现有域中添加域控制器之前要满足以下需求。

● 设置域中父域控制器和子域控制器的 TCP/IP 属性，手动指定 IP 地址、子网掩码、默认网关和 DNS 服务器的 IP 地址等。

● 部署域环境，父域域名为 long.com，子域域名为 china.long.com。

2. 部署环境

本任务的所有实例都部署在域环境中，父域域名为 long.com，子域域名为 china.long.com。其中父域的域控制器主机名为 DC1，其本身也是 DNS 服务器，其 IP 地址为 192.168.10.1。子域的域控制器主机名为 DC2（在任务 3-5 中，DC2 通过降级已经变成独立服务器，使用任务 3-5 中的服务器可以提高实训效率），其本身也是 DNS 服务器，其 IP 地址为 192.168.10.2。创建子域拓扑如图 3-51 所示。

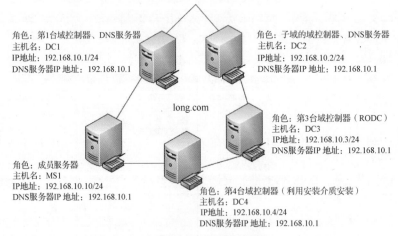

图 3-51　创建子域拓扑

提示　本任务中仅用到 DC1 和 DC2，DC2 在前几个任务中是额外域控制器，降级后成为独立服务器。下面会将 DC2 升级为子域 china.long.com 的域控制器。

3. 创建子域

在计算机 DC2 上安装 Active Directory 域服务，使其成为子域 china.long.com 中的域控制器，具体步骤如下。

STEP 1 在 DC2 上用管理员账户登录，打开"Internet 协议版本 4(TCP/IPv4)属性"对话框，按图 3-51 所示的信息配置 DC2 计算机的 IP 地址、子网掩码、默认网关以及 DNS 服务器的 IP 地址，其中 DNS 服务器一定要设置为自身的 IP 地址和其父域的域控制器的 IP 地址。

STEP 2 添加 Active Directory 域服务角色和功能的过程，参见任务 3-1 中的"1. 安装 Active Directory 域服务"，这里不赘述。

STEP 3 启动 Active Directory 域服务配置向导（启动方法参见任务 3-1 中的"2. 安装活动目录"），当显示"部署配置"界面时，选中"将新域添加到现有林"单选按钮，单击"<未提供凭据>"后面的"更改"按钮，出现"Windows 安全"对话框，输入有权限的用户 long\administrator 及其密码，如图 3-52 所示，单击"确定"按钮。

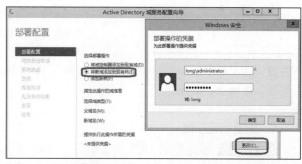

图 3-52　"部署配置"界面及"Windows 安全"对话框相关设置

STEP 4 提供凭据后的"部署配置"界面如图 3-53 所示。选择或输入父域名 long，输入新域名 china（注意，不是 china.long.com）。

STEP 5 单击"下一步"按钮，显示"域控制器选项"界面，如图 3-54 所示。勾选"域名系统(DNS)服务器"复选框。

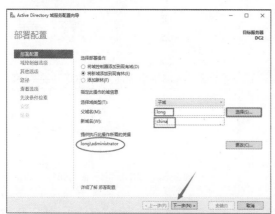

图 3-53　提供凭据后的"部署配置"界面

图 3-54　"域控制器选项"界面

STEP 6 单击"下一步"按钮，显示"DNS 选项"界面，如图 3-55 所示，默认勾选"创建 DNS 委派"复选框。注意：前面的例子中若勾选"创建 DNS 委派"复选框则会出错，请读者思考原因。

STEP 7 单击"下一步"按钮，设置 NetBIOS 的名称。持续单击"下一步"按钮，在"先决条件检查"界面中，如果显示顺利通过检查，就直接单击"安装"按钮，否则要按提示先排除问题。安装完成后会自动重新启动计算机。

STEP 8 计算机重新启动后，DC2 升级为 Active Directory 域控制器，必须使用域用户账户登录，格式为"域名\用户账户"，界面如图 3-15（a）所示，选择"其他用户"选项可以更换登录用户。

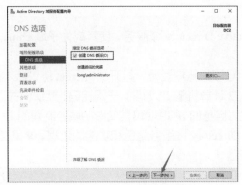

图 3-55 "DNS 选项"界面

> **注意** 这里的 China\Administrator 域用户是 DC2 子域控制器中的管理员账户，不是 DC1 的，请读者务必注意。

4. 创建验证子域

STEP 1 重新启动 DC2 计算机后，用管理员身份登录子域。选择"服务器管理器"→"工具"→"Active Directory 用户和计算机"命令，打开"Active Directory 用户和计算机"窗口，如图 3-56 所示，可以看到 china.long.com 子域。

STEP 2 在 DC2 上选择"开始"→"Windows 管理工具"→"DNS"命令，打开"DNS 管理器"窗口，如图 3-57 所示，依次展开相应选项，可以看到"china.long.com"。

图 3-56 "Active Directory 用户和计算机"窗口

图 3-57 "DNS 管理器"窗口

> **思考** 请打开 DC1 的 DNS 服务器的"DNS 管理器"窗口，观察 china 区域下面有何记录。图 3-58 所示的是父域域控制器的"DNS 管理器"窗口。

图 3-58 父域域控制器的"DNS 管理器"窗口

试一试 在 VMware 中再新建一台 Windows Server 2016 的虚拟机，计算机名为 MS2，IP 地址为 192.168.10.20，子网掩码为 255.255.255.0，DNS 服务器的 IP 地址在第 1 种情况下设置为 192.168.10.1，在第 2 种情况下设置为 192.168.10.2。将 DNS 服务器分两种情况分别加入 china.long.com，都能成功吗？能否设置其为主、辅 DNS 服务器？完成操作后请认真思考。

5. 验证父子信任关系

通过前面的任务，我们构建了 long.com 及其子域 china.long.com，而子域和父域的双向、可传递的信任关系是在安装域控制器时就自动建立的，同时由于域林中的信任关系是可传递的，因此同一域林中的所有域都显式或者隐式地相互信任。

STEP 1 在 DC1 上以域管理员身份登录，选择"服务器管理器"→"工具"→"Active Directory 域和信任关系"命令，弹出"Active Directory 域和信任关系"窗口，如图 3-59 所示，可以对域之间的信任关系进行管理。

图 3-59 "Active Directory 域和信任关系"窗口

STEP 2 在窗口左侧用鼠标右键单击"long.com"选项，在弹出的快捷菜单中选择"属性"命令，打开"long.com 属性"对话框，单击"信任"选项卡，可以看到 long.com 和其他域的信任关系，如图 3-60 所示。对话框上部列出的是 long.com 所信任的域，表明 long.com 信任其子域 china.long.com；下部列出的是信任 long.com 的域，表明其子域 china.long.com 信任其父域 long.com。也就是说，long.com 和 china.long.com 有双向信任关系。

STEP 3 在图 3-59 所示的窗口中，用鼠标右键单击"china.long.com"选项，在弹出的快捷菜单中选择"属性"命令，查看其信任关系，如图 3-61 所示。可以发现，该域只是显式地信任其父域 long.com，而和另一域树中的根域 smile.com 并无显式的信任关系。可以直接创建它们之间的信任关系，以减少信任的路径。

图 3-60 long.com 和其他域的信任关系

图 3-61 china.long.com 的信任关系

任务 3-7　熟悉多台域控制器的情况

微课 3-11　熟悉
多台域控制器的
情况

1. 更改 PDC 操作主机

如果域内有多台域控制器，则所设置的安全设置值是先被存储到扮演主域控制器（Primary Domain Controller，PDC）操作主机角色的域控制器内的，而它默认由域内的第 1 台域控制器扮演，可以选择 DC1 的"服务器管理器"→"工具"→"Active Directory 用户和计算机"命令，在弹出的窗口中选择"long.com"选项，并单击鼠标右键，在弹出的快捷菜单中选择"操作主机"命令，打开"操作主机"对话框，单击"PDC"选项卡来得知 PDC 操作主机是哪一台域控制器，例如，图 3-62 所示的操作主机为 DC1.long.com。

图 3-62　操作主机

2. 更改域控制器

如果使用 Active Directory 用户和计算机，则可以在图 3-63 所示的窗口中更改所连接的域控制器为 DNS1.long.com。

图 3-63　"Active Directory 用户和计算机"窗口

如果要更改连接到其他域控制器，可在图 3-63 所示的"Active Directory 用户和计算机"窗口中，用鼠标右键单击"long.com"选项，在弹出的快捷菜单中选择"更改域控制器"命令。

3. 登录疑难问题排除

当在DC1 域控制器上利用普通用户账户 long\domainuser1
登录时，如果出现图 3-64 所示的警告界面，表示此用户账
户在这台域控制器上没有允许本地登录的权限，原因可能
是此用户尚未被赋予此权限、策略设置值尚未被复制到此
域控制器或尚未应用。解决问题的方法如下。

除了域 Administrators 等少数组内的成员外，其他一般
域用户账户默认无法在域控制器上登录，除非另外授予权限。

图 3-64　警告界面

一般用户必须在域控制器上拥有允许本地登录的权限，才可以在域控制器上登录。此权限可以
通过组策略来授予：可在任何一台域控制器上（如 DC1）进行如下操作。

STEP 1 以域管理员身份登录 DC1，选择"服务器管理器"→"工具"→"组策略管理"→
"林：long.com"→"域"→"long.com"→"Domain Controllers"命令。选择"Default Domain Controllers
Policy"选项，并单击鼠标右键，在弹出的快捷菜单中选择"编辑"命令，如图 3-65 所示。

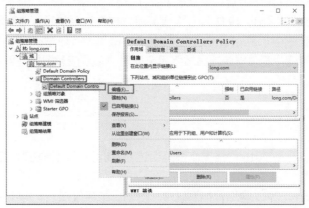

图 3-65　选择"编辑"命令

STEP 2 在图 3-66 所示的窗口中双击"计算机配置"的"策略"选项，展开"Windows 设
置"→"安全设置"→"本地策略"→"用户权限分配"选项，然后双击右侧的"允许本地登录"
选项，接着单击"添加用户和组"按钮，将用户或组加入列表框内。本例将 domainuser1 添加进来。
在这里特别注意，由于 administrators 组默认不在此列表框中，所以必须将其一起添加起来。

图 3-66　"组策略管理编辑器"窗口

STEP 3 设置值被应用到域控制器后才有效，应用的方法有以下 3 种。

- 将域控制器重新启动。
- 等域控制器自动应用新策略设置，可能需要等待 5 分钟或更久。
- 手动应用：在域控制器上运行 gpupdate 或 gpupdate/force。

STEP 4 可以在已经完成应用的域控制器上，利用前面创建的新用户账户来测试是否能正常登录。本例可使用 domainuser1@long.com 在 DC1 上进行登录测试。

3.4 拓展阅读 中国计算机的主奠基者

在我国计算机发展的历史长河中，有一位做出突出贡献的科学家，他也是中国计算机的主奠基者，你知道他是谁吗？

他就是华罗庚教授——我国计算技术的奠基人和最主要的开拓者之一。华罗庚教授在数学上的造诣和成就深受世界科学家的赞赏。在美国普林斯顿大学高级研究院任访问研究员时，华罗庚教授的心里就已经开始勾画我国电子计算机事业的蓝图了。

华罗庚教授于 1950 年回国，1952 年在全国高等学校院系调整时，在清华大学电机系物色了闵乃大、夏培肃和王传英三位科研人员，在他任所长的中国科学院数学研究所内建立了中国第一个计算机科研组。1956 年筹建中国科学院计算技术研究所时，华罗庚教授担任筹备委员会主任。

3.5 习题

一、填空题

1. 通过 Windows Server 2016 网络操作系统组建客户机/服务器模式的网络时，应该将网络配置为_____。

2. 在 Windows Server 2016 网络操作系统中，活动目录存放在_____中。

3. 在 Windows Server 2016 网络操作系统中安装_____后，计算机成为一台域控制器。

4. 同一个域中的域控制器的地位是_____。在域树中，子域和父域的信任关系是_____。独立服务器上安装了_____就会升级为域控制器。

5. Windows Server 2016 网络操作系统的服务器的 3 种角色是_____、_____、_____。

6. 活动目录的逻辑结构包括_____、_____、_____和_____。

7. 物理结构的 3 个重要概念是_____、_____和_____。

8. 无论 DNS 是否与 AD DS 集成，都必须将其安装在部署的 AD DS 域目录林根域的第_____台域控制器上。

9. Active Directory 数据库文件保存在_____中。

10. 解决在 DNS 服务器中未能正常注册 SRV 记录的问题，需要重新启动_____服务。

二、判断题

1. 在一台 Windows Server 2016 网络操作系统的计算机上安装活动目录后，计算机就成为了域控制器。 （   ）

2. 在客户机加入域时，需要正确设置首选 DNS 服务器的 IP 地址，否则无法加入。 （   ）

3. 在一个域中，至少有一台域控制器（服务器），也可以有多台域控制器。 （   ）

4. 管理员只能在服务器上对整个网络实施管理。 （   ）

5. 域中的所有账户信息都存储于域控制器。 （   ）

6. 组织单元是应用组策略和委派责任的最小单位。 （　　）
7. 一个组织单元只能指定一个受委派管理员，不能为一个组织单元指定多个管理员。（　　）
8. 同一域林中的所有域都显式或者隐式地相互信任。 （　　）
9. 一个域目录树不能称为域目录林。 （　　）

三、简答题

1. 什么时候需要安装多个域树？
2. 简述什么是活动目录、域、活动域目录树和活动域目录林。
3. 简述什么是信任关系。
4. 为什么在域中常常需要 DNS 服务器？
5. 活动目录中存放了什么信息？

3.6　项目实训　部署与管理 Active Directory 域服务

一、项目实训目的

- 掌握规划和安装局域网中的活动目录的方法与技巧。
- 掌握创建域目录林根域的方法与技巧。
- 掌握安装额外域控制器的方法和技巧。
- 掌握创建子域的方法和技巧。
- 掌握创建双向、可传递的林信任关系的方法和技巧。
- 掌握备份与恢复活动目录的方法与技巧。
- 掌握将服务器 3 种角色相互转换的方法和技巧。

二、项目实训环境

　　随着公司的发展壮大，已有的工作组模式的网络已经不能满足公司的业务需要。经过多方论证，确定了公司的服务器的拓扑，如图 3-67 所示。服务器操作系统选择 Windows Server 2016。

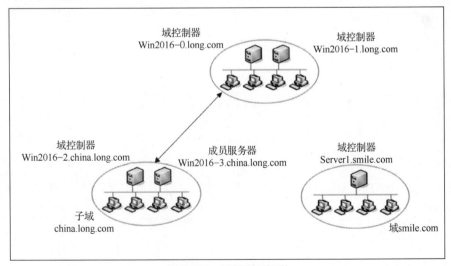

图 3-67　本项目实训拓扑

三、项目实训要求

　　根据图 3-67 所示的拓扑，构建满足公司需要的域环境。具体要求如下。

① 创建域 long.com，域控制器的计算机名为 Win2016-0。

② 检查创建的域控制器。

③ 创建域 long.com 的额外域控制器，域控制器的计算机名为 Win2016-1。

④ 创建子域 china.long.com，其域控制器的计算机名为 Win2016-2，成员服务器的计算机名为 Win2016-3。

⑤ 创建域 smile.com，域控制器的计算机名为 Server1。

⑥ 创建 long.com 和 smile.com 双向、可传递的林信任关系。

⑦ 备份域 smile.com 中的活动目录，并删除该活动目录后利用备份进行恢复。

⑧ 建立组织单位 sales，在其下建立用户 testdomain，并委派对组织单元的管理。

四、做一做

独立完成项目实训，检查学习效果。

项目4
管理用户账户和组

安装完网络操作系统，并完成网络操作系统的环境配置后，管理员应规划一个安全的网络环境，为用户提供有效的资源访问服务。Windows Server 2016 通过建立账户（包括用户账户和组账户）并赋予账户合适的权限，保证该账户使用网络和计算机资源的合法性，以确保数据访问、存储和交换满足安全需要。

如果是工作组模式的网络，需要使用"计算机管理"窗口来管理本地用户和组；如果是域模式的网络，则需要通过"Active Directory 管理中心"和"Active Directory 用户和计算机"窗口管理整个域环境中的用户和组。

学习要点

- 理解管理用户账户的方法。
- 掌握管理本地用户账户和组的方法。
- 掌握一次同时添加多个用户账户的方法。

- 掌握管理域组账户的方法。
- 掌握组的使用原则。

素质要点

- 了解中国国家顶级域名.CN，了解中国互联网发展中的大事，激发学生的自豪感。

- "古之立大事者，不惟有超世之才，亦必有坚忍不拔之志"，鞭策学生努力学习。

4.1 项目基础知识

域系统管理员需要为每一个域用户分别建立一个用户账户，让他们可以利用这个账户来登录域、访问网络上的资源。域系统管理员同时需要了解如何有效利用组，以便高效地管理资源的访问。

域系统管理员可以利用"Active Directory 管理中心"或"Active Directory 用户和计算机"窗口来建立与管理域用户账户。当用户利用域用户账户登录域后，便可以直接连接域内的所有成员计算机，访问其有权访问的资源。换句话说，域用户在一台域成员计算机上成功登录后，要连接域内的其他成员计算机时，并不需要再登录被访问的计算机，这个功能称为单点登录。

微课 4-1　管理用户账户和组

> **提示** 本地用户账户并不具备单点登录的功能，也就是说，利用本地用户账户登录后，再连接其他计算机时，需要再次登录被访问的计算机。

在服务器升级为域控制器之前，位于其本地安全数据库的本地账户在服务器升级为域控制器后被转移到 AD DS 数据库内，并且被放置到 Users 容器内，可以通过"Active Directory 管理中心"窗口来查看原本地账户的变化情况，如图 4-1 所示（可先单击树视图图标，图中用圆圈标注），同时这台服务器的计算机账户会被放置到图 4-1 所示窗口的组织单位（Domain Controllers）内。其他加入域的计算机账户默认会被放置到图 4-1 所示窗口的容器（Computers）内。

在服务器升级为域控制器后，也可以通过"Active Directory 用户和计算机"窗口，如图 4-2 所示，来查看本地账户的变化情况。

图 4-1 "Active Directory 管理中心"窗口

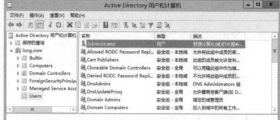

图 4-2 "Active Directory 用户和计算机"窗口

只有在建立域内的第 1 台域控制器时，该服务器原来的本地账户才会被转移到 AD DS 数据库内，其他域控制器原有的本地账户并不会被转移到 AD DS 数据库内，而是会被删除。

4.1.1 规划新的用户账户

Windows Server 2016 支持两种用户账户：域账户和本地账户。域账户可以登录域，并获得访问该网络中资源的权限；本地账户则只能登录一台特定的计算机，并访问其资源。

遵循以下命名约定和密码原则可以简化账户创建后的管理工作。

1. 命名约定

命名约定如下。

- 账户名必须唯一：本地账户在本地计算机上必须是唯一的。
- 账户名不能包含以下字符：*、;、?、/、\、[、]、:、|、=、,、+、<、>、"。
- 账户名不能超过 20 个字符。

2. 密码原则

密码原则如下。

- 一定要给 Administrator 账户指定一个密码，以防止他人随便使用该账户。
- 确定是管理员还是用户拥有密码的控制权限。用户可以给每个用户账户指定一个唯一的密码，并防止其他用户对其进行更改，也可以允许用户在第一次登录时输入自己的密码。一般情况下，用户应可以控制自己的密码。

- 密码不能设置得太简单，不能让他人随意猜出。
- 密码最多可由 128 个字符组成，推荐其最小长度为 8 个字符。
- 密码应由大小写字母、数字以及合法的非字母数字字符混合组成，如"P@$$word"。

4.1.2 本地用户账户

本地用户账户仅允许用户登录并访问创建该账户的计算机。当创建本地用户账户时，Windows Server 2016 仅在%Systemroot%\system32\config 文件夹下的安全账户管理器（Security Account Manager，SAM）数据库中创建该账户，如 C:\Windows\system32\config\sam。

Windows Server 2016 默认只有 Administrator 账户和 Guest 账户。Administrator 账户可以执行计算机管理的所有操作；而 Guest 账户是为临时访问用户设置的，默认是禁用的。

Windows Server 2016 为每个账户提供了名称，如 Administrator、Guest 等，这些名称方便用户记忆、输入和使用。本地计算机中的用户账户是不允许相同的。而系统内部则使用 SID 来识别用户身份，每个用户账户都对应一个唯一的 SID，这个 SID 在用户创建时由系统自动产生。系统指派权力、授予资源访问权限等都需要使用 SID。当删除一个用户账户后，重新创建名称相同的账户并不能获得先前账户的权限。用户登录后，可以在命令提示符窗口中执行 whoami /logonid 命令来查询当前用户账户的 SID。

4.1.3 本地组

对用户进行分组管理可以更加有效并且灵活地设置权限，以方便管理员对 Windows Server 2016 进行具体的管理。如果 Windows Server 2016 计算机被安装为成员服务器（而不是域控制器），将自动创建一些本地组。如果将特定角色添加到计算机中，还将创建额外的组，用户可以执行与该组角色相对应的任务。例如，计算机被配置成 DHCP 服务器，将创建管理和使用 DHCP 服务的本地组。

可以在"服务器管理器"→"工具"→"计算机管理"→"本地用户和组"→"组"中查看默认组。常用的默认组包括以下几种：Administrators、Backup Operators、Guests、ower Users、Print Operators、Remote Desktop Users、Users。

除了上述常用的默认组以及管理员自己创建的组外，系统中还有一些具有特殊身份的组：Anonymous Logon、Everyone、Network、Interactive。

4.1.4 创建组织单位与域用户账户

可以将用户账户创建到任何一个容器或组织单位内。下面先创建名称为"网络部"的组织单位，然后在其内建立域用户账户 Rose、Jhon、Mike、Bob、Alice。

创建组织单位"网络部"的方法为：选择"服务器管理器"→"工具"→"Active Directory 管理中心"命令，打开"Active Directory 管理中心"窗口，用鼠标右键单击"域名"选项，在弹出的快捷菜单中选择"新建"→"组织单位"命令，打开图 4-3 所示的"创建 组织单位:网络部"窗口，输入组织单位名称"网络部"，然后单击"确定"按钮。

图 4-3 "创建 组织单位:网络部"窗口

> **注意** 图 4-3 所示的窗口中默认已经勾选了"防止意外删除"复选框，因此无法将此组织单位
> 删除，除非取消勾选此复选框。若是使用"Active Directory 用户和计算机"窗口，则选
> 择"查看"→"高级功能"命令，选中此组织单位并单击鼠标右键，在弹出的快捷菜单
> 中选择"属性"命令，取消勾选"对象"选项卡中的"防止对象被意外删除"复选框，
> 如图 4-4 所示。

图 4-4　取消勾选"防止对象被意外删除"复选框

在组织单位"网络部"内建立域用户账户 Jhon
的方法为：选择组织单位"网络部"并单击鼠标右键，
在弹出的快捷菜单中选择"新建用户"命令，在打开
的窗口中创建账户，如图 4-5 所示。注意，域用户账
户的密码默认需要至少 7 个字符，且不可以包含用户
账户名称（指用户 SamAccountName）或全名，至少
要包含 A～Z、a～z、0～9、非字母数字字符（如！、
$、≠、%等）4 组字符中的 3 组。例如，P@ssw0rd
是有效的密码，而 ABCDEF 是无效的密码。若要修
改此默认值，请参考后面相关内容的介绍。以此类
推，在该组织单位内创建 Rose、Mike、Bob、Alice
这 4 个账户（如果 Mike 账户已经存在，请将其移动
到"网络部"组织单位中）。

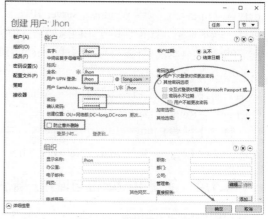

图 4-5　创建用户 Jhon

4.1.5　用户登录账户

域用户可以在域成员计算机（域控制器除外）上利用两种账户来登录域，它们分别是图 4-6 所
示的用户 UPN 登录与用户 SamAccountName 登录。一般的域用户默认是无法在域控制器上登录的
（Alice 用户是在"Active Directory 管理中心"窗口中打开的）。

- 用户 UPN 登录。UPN 的格式与电子邮件账户的格式相同，例如，Alice@long.com 这个
  名称只能在隶属域的计算机上登录域时使用，如图 4-7 所示。在整个林内，这个名称必
  须是唯一的。

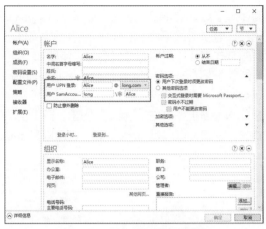

图 4-6　Alice 域用户账户属性

UPN 并不会随着账户被移动到其他域而改变，例如，用户 Alice 的用户账户位于域 long.com，其默认的 UPN 为 Alice@long.com，之后即使此账户被移动到域目录林中的另一个域内，如域 smile.com，其 UPN 仍然是 Alice@long.com，并没有被改变，因此 Alice 仍然可以继续使用原来的 UPN 登录。

- 用户 SamAccountName 登录。long\Alice 是旧格式的登录账户。Windows Server 2000 之前版本的旧客户端需要使用这种格式的名称来登录域。在隶属域的 Windows Server 2000（含）之后的计算机上也可以采用这种名称来登录域，如图 4-8 所示。在同一个域内，这个名称必须是唯一的。

图 4-7　用户 UPN 登录

图 4-8　用户 SamAccountName 登录

4.1.6　创建 UPN 后缀

用户账户的 UPN 后缀默认是账户所在域的域名。例如，用户账户被建立在域 long.com 内，则其 UPN 后缀为 long.com。在下面这些情况下，用户可能希望能够改用其他替代 UPN 后缀。

- 因 UPN 的格式与电子邮件账户的格式相同，故用户可能希望其 UPN 可以与电子邮件账户相同，以便让其无论是登录域还是收发电子邮件，都可使用一致的名称。

- 若域的树形目录内有多层子域，则域名会太长，如 network.jinan.long.com，故 UPN 后缀也会太长，这将造成用户在登录时的不便。

可以通过新建 UPN 后缀的方式来让用户拥有替代后缀，步骤如下。

STEP 1 选择"服务器管理器"→"工具"→"Active Directory 域和信任关系"命令，单击属性图标，如图4-9所示。

STEP 2 输入替代的 UPN 后缀后，单击"添加"按钮，再单击"确定"按钮，如图4-10所示。后缀不一定是 DNS 格式的，例如，可以是 smile.com，也可以是 smile。

图4-9　单击属性图标

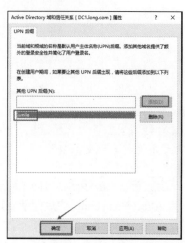

图4-10　添加 UPN 后缀

STEP 3 完成后，就可以通过"Active Directory 管理中心"（或"Active Directory 用户和计算机"）窗口来修改用户的 UPN 后缀，此例中修改其为 smile，如图4-11所示。请在成员服务器 MS1 上以 Alice@smile 登录域，看是否能登录成功。

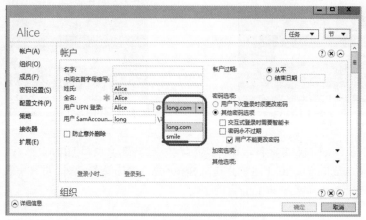

图4-11　修改用户的 UPN 后缀

4.1.7　域用户账户的一般管理

一般管理是指重设密码、禁用或启用账户、移动账户、删除账户、重命名与解除锁定的账户等。可以单击想要管理的用户账户（见图4-12所示窗口中的 Alice），然后通过右侧的选项来设置。

图 4-12 "Active Directory 管理中心"窗口

- 重设密码。当用户忘记密码或密码使用期限到期时,系统管理员可以为用户设置一个新的密码。
- 禁用或启用账户。若某位员工因故在一段时间内无法来上班,就可以先将该员工的账户禁用,待该员工回来上班后,将其重新启用。若用户账户已被禁用,则该用户账户图形上会有一个向下的箭头符号。
- 移动账户。可以将账户移动到同一个域内的其他组织单位或容器中。
- 删除账户。若这个账户以后再也用不到,就可以将此账户删除。将账户删除后,即使再新建一个相同名称的用户账户,此新账户也不会继承原账户的权限与组关系。因为系统会给予这个新账户一个新的 SID,而系统是利用 SID 来记录用户的权限与组关系的,不是利用账户名称,所以对于系统来说,这是两个不同的账户,当然新账户就不会继承原账户的权限与组关系。
- 重命名。重命名(可通过选择用户账户并单击鼠标右键,在弹出的快捷菜单中选择"属性"命令的方法来重命名)以后,该用户原来所拥有的权限与组关系都不会受到影响。例如,当某员工离职时,可以暂时先将其用户账户禁用,等到新员工来接替他的工作时,再将此账户名称改为新员工账户的名称,重新设置密码,更改登录名称,修改其他相关个人信息,然后重新启用此账户。

> **说明** (1)在每一个用户账户创建完成之后,系统都会为其建立一个唯一的 SID,而系统是利用这个 SID 来代表该用户的,同时权限设置等都是通过 SID 来记录的,并不是通过用户名称来记录的。例如,在某个文件的权限列表内,会记录哪些 SID 具备哪些权限,而不是哪些用户名称拥有哪些权限。(2)由于用户账户名称或登录名称更改后,其 SID 并没有被改变,因此用户的权限与组关系都不变。(3)可以双击用户账户或选择"属性"选项来更改用户账户名称与登录名称等相关设置。

- 解除锁定的账户。可以通过组策略管理器的账户策略来设置用户输入密码失败多少次后,就将账户锁定,系统管理员可以利用下面的方法来解除锁定:双击该用户账户,然后单击图 4-13 所示的"解锁账户"按钮(只有账户被锁定后才会有此按钮)。

> **提示** 设置账户策略的参考步骤如下:在组策略管理器中用鼠标右键单击"Default Domain Policy GPO"(或其他域级别的 GPO)选项,在弹出的快捷菜单中选择"编辑"→"计算机配置"→"策略"→"Windows 设置"→"安全设置"→"账户策略"→"账户锁定策略"命令。

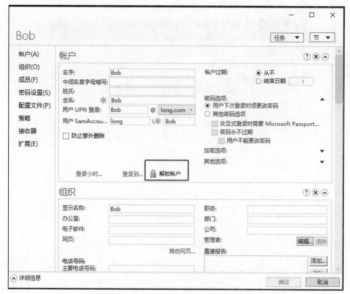

图4-13　单击"解锁账户"按钮

4.1.8　设置域用户账户的属性

每一个域用户账户内都有一些相关的属性信息，如地址、电话号码与电子邮件等，域用户可以通过这些属性来查找 AD DS 数据库内的用户。例如，通过电话号码来查找用户。因此，为了更容易地找到所需的用户账户，这些属性信息越完整越好。下面通过"Active Directory 管理中心"窗口来介绍用户账户的部分属性，先双击要设置的用户账户 Alice。

1. 设置组织信息

组织信息就是指显示名称、职务、部门、地址、电话号码、电子邮件、网页等，如图 4-14 所示，这部分的内容都很简单。

图4-14　组织信息

2. 设置账户过期

在"账户"选项内的"账户过期"选项组中设置账户过期相关选项，默认为"从不"，要设置过期时间，可选中"结束日期"单选按钮，然后输入格式为 yyyy/mm/dd 的过期日期即可，如图 4-15 所示。

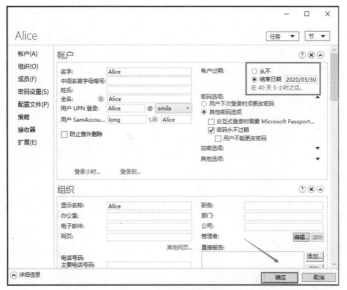

图 4-15　设置账户过期

3. 设置登录时段

登录时段用来指定用户可以登录域的时间段，默认是任何时间段都可以登录域，若要改变设置，请单击图 4-16 所示的"登录小时"超链接，然后在"登录小时数"对话框中设置。"登录小时数"对话框中横轴的每一方块代表一小时，纵轴的每一方块代表一天，填满的方块与空白方块分别代表允许与不允许登录的时间段，默认开放所有时间段。选好时段后，选中"允许登录"或"拒绝登录"单选按钮来允许或拒绝用户在上述时间段登录。图 4-16 中的设置允许 Alice 在工作时间星期一 —星期五每天 8:00—18:00 登录。

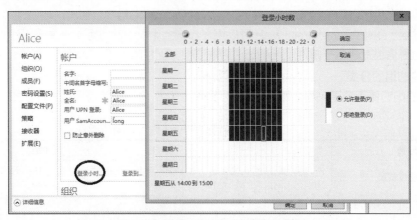

图 4-16　允许 Alice 在工作时间内登录

4. 限制用户只能够通过某些计算机登录

一般域用户默认可以利用任何一台域成员计算机（域控制器除外）来登录域，不过也可以通过下面的方法来限制用户只可以利用某些特定计算机来登录域：单击图 4-17 中的"登录到"按钮，在"登录到"对话框中选中"下列计算机"单选按钮，输入计算机名后单击"添加"按钮，计算机名可为 NetBIOS 名称（如 MS1）或 DNS 名称（如 MS1.long.com）。这样配置后，只有在 MS1 计算机上才能使用 Alice 账户登录域 long.com。

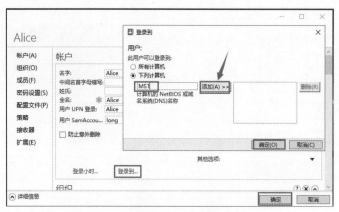

图 4-17　限制 Alice 只能在 MS1 上登录

4.1.9　域组账户

如果能够使用组(Group)来管理用户账户,就必定能够减轻许多网络管理负担。例如,针对网络部组设置权限后,此组内的所有用户都会自动拥有相应权限,因此就不需要设置每一个用户。

> **注意** 域组账户也都有唯一的 SID。命令 whoami/users 用于显示当前用户的信息和 SID;命令 whoami/groups 用于显示当前用户的组成员信息、账户类型、SID 和属性;命令 whoami/? 用于显示该命令的常见用法。

1. 域内的组类型

AD DS 的域组分为下面两种类型,且它们之间可以相互转换。

- 安全组(Security Group)。它可以用来分配权限,例如,可以指定安全组对文件具备读取的权限。它也可以用在与安全无关的工作上,例如,可以给安全组发送电子邮件。
- 分发组(Distribution Group)。它可以用在与安全(权限设置等)无关的工作上,例如,可以给通信组发送电子邮件,但是无法为通信组分配权限。

2. 域内的组的分类

从域内的组的使用范围来看,域内的组分为本地域组、全局组和通用组 3 种,如表 4-1 所示。

表 4-1　域内组的分类

分类	本地域组	全局组	通用组
可包含的成员	所有域内的用户、全局组、通用组;相同域内的本地域组	相同域内的用户与全局组	所有域内的用户、全局组、通用组
可以在哪一个域内被分配权限	同一个域	所有域	所有域
组转换	可以转换成通用组(只要原组内的成员不包含本地域组即可)	可以转换成通用组(只要原组不隶属任何一个全局组即可)	可以转换成本地域组;也可以转换成全局组(只要原组内的成员不包含通用组即可)

(1)本地域组。

本地域组主要用来分配其所属域内的访问权限,以便访问该域内的资源。

- 本地域组的成员可以包含任何一个域内的用户、全局组、通用组;也可以包含相同域内的本地域组;但无法包含其他域内的本地域组。

- 本地域组只能够访问其所属域内的资源，无法访问其他不同域内的资源。换句话说，在设置权限时，只可以设置相同域内的本地域组的权限，无法设置其他不同域内的本地域组的权限。

（2）全局组。

全局组主要用来组织用户，也就是可以将多个即将被赋予相同权限的用户账户加入同一个全局组内。

- 全局组内的成员只可以包含相同域内的用户与全局组。
- 全局组可以访问任何一个域内的资源，也就是说，可以在任何一个域内设置全局组（这个全局组可以位于任何一个域）的权限，以便让此全局组具备权限来访问该域内的资源。

（3）通用组。

- 通用组可以在所有域内为通用组分配访问权限，以便访问所有域内的资源。
- 通用组具备万用领域的特性，其成员可以包含林中任何一个域内的用户、全局组、通用组，但是它无法包含任何一个域内的本地域组。
- 通用组可以访问任何一个域内的资源，也就是说，可以在任何一个域内设置通用组（这个通用组可以位于任何一个域）的权限，以便让此通用组具备权限来访问该域内的资源。

4.1.10　建立与管理域组账户

1．组的新建、删除

要创建域组时，可选择"服务器管理器"→"工具"→"Active Directory 管理中心"命令，打开"Active Directory 管理中心"窗口，展开域名，单击容器或组织单位（如网络部），选择右侧窗格的"新建"→"组"选项，然后在图 4-18 所示的窗口中输入组名、供旧版网络操作系统访问的组名，选择组类型与组范围等。若要删除组，则选中组账户并单击鼠标右键，在弹出的快捷菜单中选择"删除"命令即可。

图 4-18　"创建 组:东北组"窗口

2．添加组成员

将用户、组等加入组内的方法为：在图 4-19 所示的窗口中单击"成员"→"添加"→"高级"→"立即查找"按钮，选取要加入的成员（按 Shift 键或 Ctrl 键可同时选择多个账户），单击"确定"按钮。本例中将 Alice、Bob、Jhon 加入东北组内。

图 4-19　"东北组"窗口

3．AD DS 内置的组

AD DS 有许多内置组，它们分别隶属本地域组、全局组、通用组与特殊组。

（1）内置的本地域组。

这些本地域组本身已被授予了一些权限，以便让其具备管理 AD DS 的能力。只要将用户或组账户加入这些组内，这些账户就会自动具备相同的权限。下面是 Builtin 容器内常用的本地域组。

- Account Operators。其成员默认可在容器与组织单位内添加、删除或修改用户、组与计算机账户。不过部分内置的容器例外，如 Builtin 容器与 Domain Controllers 组织单位，同时也不允许在部分内置的容器内添加计算机账户，如 Users；它们也无法更改大部分组的成员，如 Administrators 等。
- Administrators。其成员具备系统管理员权限，对所有域控制器拥有最大控制权，可以执行 AD DS 管理工作。内置系统管理员 Administrator 就是此组的成员，而且无法将其从此组内删除。此组默认的成员包括 Administrator、全局组 Domain Admins、通用组 Enterprise Admins 等。
- Backup Operators。其成员可以通过 Windows Server Backup 工具来备份与还原域控制器内的文件，不管它们是否有权限访问这些文件。其成员也可以对域控制器执行关机操作。
- Guests。其成员无法永久改变其桌面环境，当它们登录时，系统会为它们建立一个临时的用户配置文件，而注销时，此配置文件就会被删除。此组默认的成员为用户账户 Guest 与全局组 Domain Guests。
- Network Configuration Operators。其成员可在域控制器上执行常规网络配置工作，如变更 IP 地址，但不可以安装、删除驱动程序与服务，也不可以执行与网络服务器配置有关的工作，如 DNS 与 DHCP 服务器的设置。
- Performance Monitor Users。其成员可监视域控制器的运行情况。
- Pre-Windows 2000 Compatible Access。此组主要是为了与 Windows NT Server 4.0（或更旧的网络操作系统）兼容。其成员可以读取 AD DS 域内的所有用户与组账户。其默认的成员为特殊组 Authenticated Users。只有在用户的计算机使用的是 Windows NT Server 4.0 或更早版本的系统时，才将用户加入此组内。
- Print Operators。其成员可以管理域控制器上的打印机，也可以将域控制器关闭。
- Remote Desktop Users。其成员可在远程计算机上通过远程桌面来登录。
- Server Operators。其成员可以备份与还原域控制器内的文件、锁定与解锁域控制器、将域控制器上的硬盘格式化、更改域控制器的系统时间、将域控制器关闭等。
- Users。其成员仅拥有一些基本权限，如执行应用程序，但不能修改操作系统的设置，不能修改其他用户的数据，不能将服务器关闭。此组默认的成员为全局组 Domain Users。

（2）内置的全局组。

AD DS 内置的全局组本身并没有任何权限，但是可以将其加入具备权限的本地域组内，或另外直接分配权限给此全局组。这些内置全局组位于 Users 容器。下面列出了常用的全局组。

- Domain Admins。域成员计算机会自动将此组加入其本地域组 Administrators 内，因此 Domain Admins 组内的每一个成员，在域内的每一台计算机上都具备系统管理员权限。此组默认的成员为域用户 Administrator。
- Domain Computers。所有的域成员计算机（域控制器除外）都会被自动加入此组内。我们会发现 MS1 就是该组的成员。
- Domain Controllers。域内的所有域控制器都会被自动加入此组内。
- Domain Users。域成员计算机会自动将此组加入其本地组 Users 内，因此 Domain Users 内的用户将享有本地组 Users 拥有的权限，如拥有允许本机登录的权限。此组默认的成员为域用户 Administrator，而以后新建的域用户账户都自动隶属此组。

- Domain Guests。域成员计算机会自动将此组加入其本地组 Guests 内。此组默认的成员为域用户账户 Guest。

（3）内置的通用组。

- Enterprise Admins。此组只存在于林根域，其成员有权管理林内的所有域。此组默认的成员为林根域内的用户 Administrator。
- Schema Admins。此组只存在于林根域，其成员拥有管理架构的权限。此组默认的成员为林根域内的用户 Administrator。

（4）内置的特殊组。

除了前面介绍的组之外，还有一些特殊组，用户无法更改这些特殊组的成员。下面列出了几个经常使用的特殊组。

- Everyone。任何一位用户都属于这个组。若 Guest 账户被启用，则在分配权限给 Everyone 时需小心，因为若某位在计算机内没有账户的用户通过网络来登录这台计算机，他就会被自动允许利用 Guest 账户来登录，此时因为 Guest 也隶属 Everyone 组，所以它将具备 Everyone 拥有的权限。
- Authenticated Users。任何利用有效用户账户来登录计算机的用户都隶属此组。
- Interactive。任何在本机登录（按 Ctrl+Alt+Del 组合键登录）的用户都隶属此组。
- Network。任何通过网络来登录计算机的用户都隶属此组。
- Anonymous Logon。任何未利用有效的普通用户账户来登录的用户都隶属此组。Anonymous Logon 默认并不隶属 Everyone。
- Dialup。任何利用拨号方式连接的用户都隶属此组。

4.1.11 掌握组的使用原则

为了让网络管理更为容易，同时为了减轻以后维护的负担，在利用组来管理网络资源时，建议尽量采用下面的原则，尤其是在管理大型网络资源时。

- A、G、DL、P 原则。
- A、G、G、DL、P 原则。
- A、G、U、DL、P 原则。
- A、G、G、U、DL、P 原则。

其中，A 代表用户账户（User Account），G 代表全局组（Global Group），DL 代表本地域组（Domain Local Group），U 代表通用组（Universal Group），P 代表权限（Permission）。

1. A、G、DL、P 原则

A、G、DL、P 原则就是指先将用户账户（A）加入全局组（G）内，然后将全局组加入本地域组（DL）内，再设置本地域组的权限（P），如图 4-20 所示。例如，只要针对图 4-20 所示的本地域组设置权限，则隶属该本地域组的全局组内的所有用户都自动具备该权限。

例如，甲域内的用户需要访问乙域内的资源，则由甲域的系统管理员负责在甲域中建立全局组，将甲域用户账户加入此组内；而乙域的系统管理员则负责在乙域中建立本地域组，设置此组的权限，然后将甲域的全局组加入此组内；之后由甲域的系统管理员负责维护全局组内的成员，而乙域的系统管理员则负责维护权限的设置，从而将管理的负担分散。

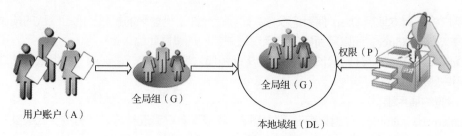

图4-20　A、G、DL、P 原则

2. A、G、G、DL、P 原则

A、G、G、DL、P 原则就是指先将用户账户（A）加入全局组（G）内，然后将此全局组加入另一个全局组（G）内，再将此全局组加入本地域组（DL）内，最后设置本地域组的权限（P），如图 4-21 所示。图 4-21 所示的全局组（G3）内包含两个全局组（G1 与 G2），它们必须是同一个域内的全局组，因为全局组内只能够包含位于同一个域的用户账户与全局组。

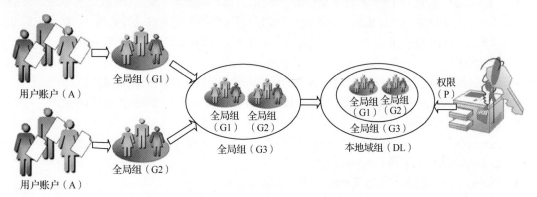

图4-21　A、G、G、DL、P 原则

3. A、G、U、DL、P 原则

图 4-21 所示的全局组 G1 与 G2 若不是与 G3 在同一个域内，则无法采用 A、G、G、DL、P 原则，因为全局组（G3）内无法包含位于另外一个域的全局组，此时需将全局组 G3 改为通用组（U），也就是需要改用 A、G、U、DL、P 原则（见图 4-22）。此原则是指先将用户账户（A）加入全局组（G）内，然后将此全局组加入通用组（U）内，再将此通用组加入本地域组（DL）内，最后设置本地域组的权限（P）。

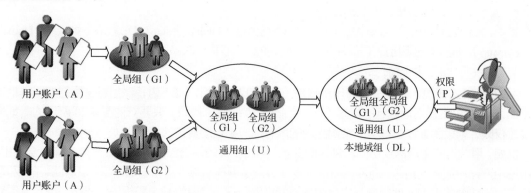

图4-22　A、G、U、DL、P 原则

4. A、G、G、U、DL、P 原则

A、G、G、U、DL、P 原则与前面两种原则类似，在此不重复说明。

也可以不遵循以上的原则来使用组，不过这样做会有一些缺点。例如，可以执行以下操作。

- 直接将用户账户加入一个本地域组内，然后设置此组的权限。它的缺点是无法在其他域内设置此本地域组的权限，因为本地域组只能够访问其所属域内的资源。
- 直接将用户账户加入一个全局组内，然后设置此组的权限。它的缺点是，如果网络内包含多个域，而每个域内都有一些全局组需要对某资源具备相同的权限，则需要分别为每一个全局组设置权限，这种方法比较浪费时间，会增加网络管理的负担。

4.2 项目设计与准备

本项目拓扑如图 4-23 所示。任务 4-1 将使用 MS1 计算机，任务 4-2 将使用 DC1、DC2 和 MS1 这 3 台计算机，在本项目中不需要其他计算机。

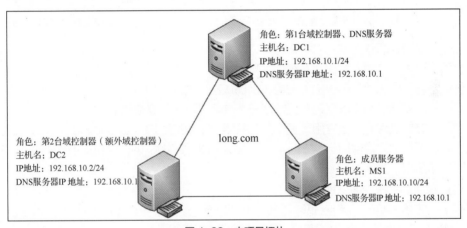

角色：第1台域控制器、DNS服务器
主机名：DC1
IP地址：192.168.10.1/24
DNS服务器IP 地址：192.168.10.1

long.com

角色：第2台域控制器（额外域控制器）
主机名：DC2
IP地址：192.168.10.2/24
DNS服务器IP 地址：192.168.10.1

角色：成员服务器
主机名：MS1
IP地址：192.168.10.10/24
DNS服务器IP 地址：192.168.10.1

图 4-23 本项目拓扑

为了提高效率，建议将不使用的计算机在 VMware 中挂起或关闭。

4.3 项目实施

任务 4-1 在成员服务器上管理本地账户和组

1. 创建本地用户账户

用户可以在 MS1 上用本地管理员账户登录计算机，使用"计算机管理（本地）"中的"本地用户和组"来创建本地用户账户，而且用户必须拥有管理员权限。创建本地用户账户 student1 的步骤如下。

微课 4-2 在成员服务器上管理本地账户和组

STEP 1 选择"服务器管理器"→"工具"→"计算机管理"命令，打开"计算机管理"窗口。

STEP 2 在"计算机管理"窗口中展开"本地用户和组"选项，在"用户"上单击鼠标右键，在弹出的快捷菜单中选择"新用户"命令，如图 4-24 所示。

STEP 3 打开"新用户"对话框，如图 4-25 所示，输入用户名、全名、描述和密码。可以

设置密码相关选项，包括"用户下次登录时须更改密码""用户不能更改密码""密码永不过期""账户已禁用"等复选框。设置完成后，单击"创建"按钮新增用户账户。创建完用户后，单击"关闭"按钮，返回"计算机管理"窗口。

图 4-24　选择"新用户"命令

图 4-25　"新用户"对话框

有关密码的选项如下。

- 密码：要求用户输入密码，系统用"*"显示。
- 确认密码：要求用户再次输入密码，以确认密码输入正确。
- 用户下次登录时须更改密码：要求用户下次登录时必须修改密码。
- 用户不能更改密码：通常用于多个用户共用一个用户账户，如 Guest 等。
- 密码永不过期：通常用于 Windows Server 2016 的服务账户或应用程序所使用的用户账户。
- 账户已禁用：禁用用户账户。

2. 设置本地用户账户的属性

用户账户不只包括用户名和密码等信息，为了管理和使用方便，还包括其他属性，如用户隶属的用户组、用户配置文件、用户的拨入权限、终端用户设置等。

在"本地用户和组"右侧双击上述创建的 student1 用户，打开图 4-26 所示的"student1 属性"对话框。

（1）"常规"选项卡。

在"常规"选项卡中可以设置与账户有关的描述信息，如全名、描述、账户选项等。管理员可以设置密码选项和禁用账户。如果账户已经被系统锁定，管理员可以解除锁定。

（2）"隶属于"选项卡。

在"隶属于"选项卡（见图 4-27）中可以设置将某账户加入其他本地组。为了管理方便，通常都需要为用户组分配与设置权限。用户属于哪个组，就具有该用户组的权限。新增的用户账户默认加入 users 组，users 组的用户一般不具备一些特殊权限，如安装应用程序、修改系统设置等。所以当要授予这个用户一些权限时，可以将该用户账户加入其他组，也可以单击"删除"按钮，将用户从一个或几个用户组中删除。例如，将 student1 添加到管理员组的操作步骤如下。

图 4-26　"student1 属性"对话框

单击图 4-27 所示的"添加"按钮，在图 4-28 所示的"选择组"对话框中直接输入组的名称，如管理员组的名称 Administrators、高级用户组的名称 Power users。输入组名称后，若需要检查名称是否正确，则单击"检查名称"按钮，名称会变为"MS1\Administrators"。前面的部分表示本地计算机名，后面的部分为组名称。如果输入了错误的组名称，检查时，系统将提示找不到该名称，并提示更改，再次搜索。

图 4-27 "隶属于"选项卡

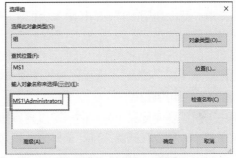

图 4-28 "选择组"对话框

如果不希望手动输入组名称，也可以单击"高级"按钮，再单击"立即查找"按钮，从列表框中选择一个或多个组（同时按 Ctrl 键或 Shift 键），如图 4-29 所示。

（3）"配置文件"选项卡。

在"配置文件"选项卡（见图 4-30）中可以设置用户配置文件路径、登录脚本和主文件夹的本地路径等。

图 4-29 选择可用的组

图 4-30 "配置文件"选项卡

　　用户配置文件是存储当前桌面环境、应用程序设置以及个人数据的文件夹和数据的集合，还包括所有登录当前计算机所建立的网络连接。由于用户配置文件提供的桌面环境与用户最近一次登录当前计算机后所用的桌面环境相同，因此保持了用户桌面环境及其他设置的一致性。

　　当用户第一次登录某台计算机后，Windows Server 2016 根据默认用户配置文件自动创建一个用户配置文件，并将其保存在该计算机上。用户配置文件默认位于"C:\用户\ default"文件夹，该文件夹是隐藏文件夹（选择"查看"菜单，可选择是否显示隐藏文件夹），用户 student1 的配置文件位于"C:\用户\student1"文件夹。

　　除了"C:\用户\用户名\我的文档"文件夹外，Windows Server 2016 还提供了用于存放个人文档的主文件夹。主文件夹可以保存在客户机上，也可以保存在文件服务器的共享文件夹中。用户可以将所有的用户主文件夹都定位在某个网络服务器的中心。

　　管理员在为用户提供主文件夹时，应考虑以下因素：用户可以通过网络中任意一台联网的计算机访问其主文件夹；在对用户文件进行集中备份和管理时，基于安全考虑，应将用户主文件夹存放在 NTFS 卷中，可以利用 NTFS 的权限来保护用户文件（放在 FAT 卷中只能通过共享文件夹权限来限制用户对主目录的访问）。

　　登录脚本是用户登录计算机时自动运行的脚本文件，脚本文件的扩展名可以是.vbs、.bat 或.cmd。其他选项卡（如"拨入""远程控制"选项卡等）请参考 Windows Server 2016 的帮助文件。

3. 删除本地用户账户

　　当用户不再需要使用某个账户时，可以将其删除。因为删除某个用户账户会导致与该账户有关的所有信息遗失，所以在删除之前，最好确认其必要性或者考虑使用其他方法，如禁用该账户。许多企业给临时员工设置了 Windows 账户，当临时员工离开企业时将该账户禁用，新来的临时员工需要用该账户时只需改名即可。

　　在"计算机管理"窗口中，用鼠标右键单击要删除的用户账户，通过弹出的快捷菜单可以执行删除操作，但是系统内置账户如 Administrator、Guest 等无法删除。

　　在前面提到，每个用户都有一个除名称之外的唯一 SID，SID 在新增账户时由系统自动产生，不同账户的 SID 不会相同。由于系统在设置用户的权限、ACL 中的资源访问能力信息时，都使用 SID，所以一旦用户账户被删除，这些信息也就跟着消失了。重新创建一个名称相同的用户账户，也不能获得原先用户账户的权限。

4. 使用命令行创建用户

　　重新以管理员的身份登录 MS1 计算机，然后使用命令行创建一个新用户，命令格式如下（注意密码要满足密码复杂度要求）。

```
net user username password /add
```

例如，要建立一个名为 mike，密码为 P@ssw0rd 的用户，可以使用以下命令。

```
net user mike P@ssw0rd /add
```

要修改账户的密码，可以按如下步骤操作。

STEP 1 打开"计算机管理"窗口。

STEP 2 在窗口中选择"本地用户和组"选项。

STEP 3 用鼠标右键单击要重置密码的用户账户，在弹出的快捷菜单中选择"设置密码"命令。

STEP 4 阅读警告消息，如果要继续，则单击"继续"按钮。

STEP 5 在"新密码"和"确认密码"文本框中输入新密码，然后单击"确定"按钮。

或者执行如下命令。

```
net user username password
```

例如，将用户 mike 的密码设置为 P@ssw0rd3（符合密码复杂度要求），可以执行以下命令。

```
net user mike P@ssw0rd3
```

5．创建本地组

Windows Server 2016 计算机在使用某些特殊功能或应用程序时，可能需要特定的权限。为这些任务创建一个组并将相应的成员添加到组中是一个很好的解决方案。对计算机被指定的大多数角色来说，系统都会自动创建一个组来管理该角色。例如，计算机被指定为 DHCP 服务器，相应的组就会添加到计算机中。

要创建一个新组 common，首先打开"计算机管理"窗口。用鼠标右键单击"组"，在弹出的快捷菜单中选择"新建组"命令。在"新建组"对话框中输入组名和描述，然后单击"添加"按钮向组中添加成员，如图 4-31 所示。

另外，也可以使用命令行创建一个组，命令格式如下。

```
net localgroup groupname /add
```

例如，要添加一个名为 sales 的组，可以执行如下命令。

```
net localgroup sales /add
```

6．为本地组添加成员

可以将对象添加到任何组中。在域中，这些对象可以是本地用户、域用户，甚至是其他本地组或域组。但是在工作组环境中，本地组的成员只能是用户账户。

图 4-31　新建组

要将成员 mike 添加到本地组 common 中，可以执行以下操作。

STEP 1 选择"服务器管理器"→"工具"命令，打开"计算机管理"窗口。

STEP 2 在左窗格中展开"本地用户和组"选项，双击"组"，在右窗格中会显示本地组。

STEP 3 双击要添加成员的组 common，打开组的"属性"对话框。

STEP 4 单击"添加"按钮，选择要加入的用户 mike 即可。

使用命令行的话，可以使用如下命令。

```
net localgroup groupname username /add
```

例如，将用户 mike 加入 administrators 组，可以使用如下命令。

```
net localgroup administrators mike /add
```

任务 4-2　使用 A、G、U、DL、P 原则管理域组

1．任务背景

某公司目前正在实施某工程，该工程需要总公司工程部和分公司工程部协同，创建一个共享文件夹，供总公司工程部和分公司工程部共享数据，公司决定在子域控制器 china.long.com 上临时创建共享文件夹 Projects_share。请通过权限授予使总公司工程部和分公司工程部用户对共享文件夹有读取和写入权限。本任务拓扑如图 4-32 所示。

微课 4-3　使用 A、G、U、DL、P 原则管理域组

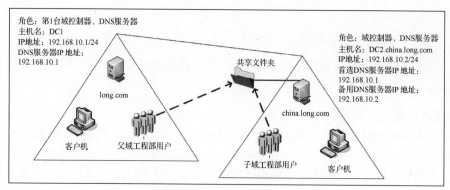

角色：第1台域控制器、DNS服务器
主机名：DC1
IP地址：192.168.10.1/24
DNS服务器IP 地址：
192.168.10.1

角色：域控制器、DNS服务器
主机名：DC2.china.long.com
IP地址：192.168.10.2/24
首选DNS服务器IP 地址：
192.168.10.1
备用DNS服务器IP 地址：
192.168.10.2

共享文件夹

long.com

china.long.com

客户机　父域工程部用户

子域工程部用户　客户机

图4-32　本任务拓扑

2. 任务分析

为本任务创建的共享文件夹需要为总公司工程部和分公司工程部用户配置读取和写入权限，解决方案如下。

① 在总公司的 DC1 和分公司的 DC2 上创建相应工程部员工用户。

② 在总公司的 DC1 上创建全局组 Project_long_Gs，并将总公司工程部用户加入该全局组；在分公司的 DC2 上创建全局组 Project_china_Gs，并将分公司工程部用户加入该全局组。

③ 在总公司的 DC1（域目录林根域）上创建通用组 Project_long_Us，并将总公司和分公司的工程部用户所属全局组配置为其成员。

④ 在分公司的 DC2 上创建本地域组 Project_china_DLs，并将通用组 Project_long_Us 加入本地域组。

⑤ 创建共享文件夹 Projects_share，配置本地域组权限为读取和写入权限。

以上解决方案实施后面临的问题如下。

① 总公司工程部员工新增或减少。

总公司管理员直接对工程部用户进行 Project_long_Gs 全局组的加入与删除操作。

② 分公司工程部员工新增或减少。

分公司管理员直接对工程部用户进行 Project_china_Gs 全局组的加入与删除操作。

3. 任务实施

STEP 1 在总公司的 DC1 上创建 Project，在总公司的 Project 中分别创建 Project_userA 和 Project_userB 工程部员工用户（用鼠标右键单击"Project"选项，在弹出的快捷菜单中选择"新建"→"用户"命令，直接在"姓名"和"用户登录名"文本框中输入相应名称即可，用户密码必须符合密码复杂度要求），如图 4-33 所示。

图4-33　在 DC1 上创建工程部员工用户

STEP 2　在分公司的 DC2 上创建 Project，在分公司的 Project 中分别创建 Project_user1 和 Project_user2 工程部员工用户，如图 4-34 所示。

STEP 3　在总公司的 DC1 创建全局组 Project_long_Gs，双击该全局组，单击"成员"→"添加"→"高级"→"立即查找"按钮，将总公司工程部用户 Project_userA 和 Project_userB 加入该全局组，如图 4-35 所示。

图 4-34　在 DC2 上创建工程部员工用户

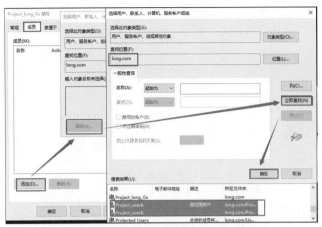

图 4-35　将总公司工程部用户加入全局组

STEP 4　在分公司的 DC2 上创建全局组 Project_china_Gs，并将分公司工程部用户加入该全局组，如图 4-36 所示。

STEP 5　在总公司的 DC1 上创建通用组 Project_long_Us，并双击该全局组，单击"成员"→"添加"→"高级"按钮，在"查找位置"处选择"整个目录"，单击"立即查找"按钮，将总公司和分公司的工程部用户所属全局组配置为通用组的成员（由于它们在不同域中，加入时要注意"查找位置"的设置，在该例中将其设置为"整个目录"），如图 4-37 所示。

图 4-36　将分公司工程部用户加入全局组

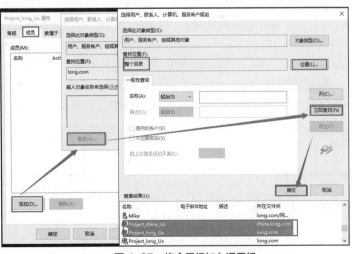

图 4-37　将全局组加入通用组

STEP 6　在分公司的 DC2 上创建本地域组 Project_china_DLs，并将通用组 Project_long_Us 加入本地域组（加入时，"查找位置"设置为"整个目录"），如图 4-38 所示。

STEP 7　在 DC2 上创建共享文件夹 Projects_share，用鼠标右键单击该文件夹，在弹出的快捷菜单中选择"共享"→"特定用户"命令。在"文件共享"窗口的下拉列表中选择查找个人，找到本地域组 Project_china_DLs 并添加，将读取和写入的权限赋予该本地域组，如图 4-39 所示，然后单击"共享"按钮，最后单击"完成"按钮完成共享文件夹的设置。

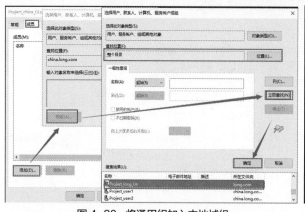

图 4-38　将通用组加入本地域组

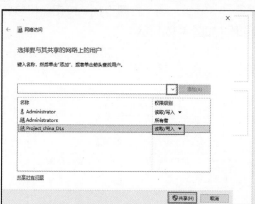

图 4-39　设置共享文件夹的权限

> **注意**　权限设置还可以结合 NTFS 权限，详细内容请参考相关图书，在此不赘述。

STEP 8　总公司工程部员工新增或减少：总公司管理员直接对工程部用户进行 Project_long_Gs 全局组的加入与删除操作。

STEP 9　分公司工程部员工新增或减少：分公司管理员直接对工程部用户进行 Project_china_Gs 全局组的加入与删除操作。

4. 测试验证

STEP 1　在客户机 MS1 上（首选和备用 DNS 服务器的 IP 地址一定要分别设为 192.168.10.1 和 192.168.10.2），用鼠标右键单击"开始"菜单，在弹出的快捷菜单中选择"运行"命令，输入 UNC 路径\\DC2.china.long.com\Projects_share，在弹出的凭据对话框中输入总公司域用户名 Project_userA@long.com 及其密码，之后能够成功读取和写入文件，如图 4-40 所示。

STEP 2　注销 MS1 客户机，重新登录后，使用分公司域用户名 Project_user1@china.long.com 访问\\DC2.china.long.com\Projects_share，能够成功读取和写入文件，如图 4-41 所示。

图 4-40　访问共享目录（1）

图 4-41　访问共享目录（2）

STEP 3　再次注销 MS1 客户机，重新登录后，使用总公司域用户名 Alice@long.com 访问\\DC2.china.long.com\Projects_share，提示没有访问权限，因为 Alice 用户不是工程部用户，如图 4-42 所示。

图 4-42　提示没有访问权限

4.4　拓展阅读　中国国家顶级域名.CN

你知道我国在哪一年真正拥有了 Internet 吗？中国国家顶级域名.CN 服务器是哪一年完成设置的呢？

1994 年 4 月 20 日，一条 64kbit/s 的国际专线从中国科学院计算机网络信息中心通过美国 Sprint 公司连入 Internet，实现了中国与 Internet 的全功能连接。从此我国被国际上正式承认为真正拥有全功能互联网的国家。这被我国新闻界评为 1994 年我国十大科技新闻之一，并被列为我国 1994 年重大科技成就之一。

1994 年 5 月 21 日，在钱天白教授和德国卡尔斯鲁厄大学教授的协助下，中国科学院计算机网络信息中心完成了中国国家顶级域名.CN 服务器的设置，改变了我国的顶级域名.CN 服务器一直放在国外的历史。钱天白、钱华林分别担任我国顶级域名.CN 的行政联络员和技术联络员。

4.5　习题

一、填空题

1．账户的类型分为_____、_____、_____。

2．根据服务器的工作模式，组分为_____、_____。

3．在工作组模式下，用户账户存储在_____中；在域模式下，用户账户存储在_____中。

4．在活动目录中，组按照能够授权的范围分为_____、_____、_____。

5．你创建了一个名为 Helpdesk 的全局组，其中包含所有帮助账户，若希望帮助人员能在本地计算机上执行任何操作，包括取得文件所有权，最好使用_____内置组。

二、选择题

1．在设置域账户属性时，（　　）项目是不能设置的。

　　A．账户的登录时间　　　　　　　　　　B．账户的个人信息

　　C．账户的权限　　　　　　　　　　　　D．指定账户登录域的计算机

2．下列账户名不合法的是（　　）。

　　A．abc_234　　　　　B．Linux book　　　　C．doctor*　　　　D．addeofHELP

3．下面用户不是内置本地域组成员的是（　　）。

　　A．Account Operator　　B．Administrator　　C．Domain Admins　　D．Backup Operators

4．公司聘用了 10 名新雇员。你希望这些新雇员通过虚拟专用网络（Virtual Private Network，VPN）接入公司总部，创建了新用户账户，并将总部中的共享资源的读取和执行权限授予新雇员。但是，新雇员无法访问总部的共享资源。你需要确保新雇员能够建立可接入总部的 VPN 连接。你该怎么做？（　　）

A．授予新雇员完全控制权限

B．授予新雇员访问拨号权限

C．将新雇员添加到 Remote Desktop Users 安全组

D．将新雇员添加到 Windows Authorization Access 安全组

5．公司有一个 Active Directory 域。有个用户试图从客户端计算机登录域，但是收到以下消息："此用户账户已过期。请管理员重新激活该账户"。你需要确保该用户能够登录域。你该怎么做？（　　　）

A．修改该用户账户的属性，将该账户设置为永不过期

B．修改该用户账户的属性，延长登录时间

C．修改该用户账户的属性，将密码设置为永不过期

D．修改默认域策略，缩短账户锁定持续时间

6．公司有一个 Active Directory 域，域名为 intranet.contoso.com。所有域控制器都运行 Windows Server 2016。域功能级别和林功能级别都设置为 Windows 2000 纯模式。你需要确保用户账户有 UPN 后缀 contoso.com，应该先怎么做？（　　　）

A．将 contoso.com 林功能级别提升到 Windows Server 2008 或 Windows Server 2016

B．将 contoso.com 域功能级别提升到 Windows Server 2008 或 Windows Server 2016

C．将新的 UPN 后缀添加到林

D．将 Default Domain Controllers 组策略对象中的 "Primary DNS Suffix" 选项设置为 contoso.com

7．某公司设有一个总公司和 10 个分公司。每个分公司有一个 Active Directory 站点，其中包含一台域控制器。只有总公司的域控制器被配置为全局编录服务器。你需要在分公司域控制器上停用"通用组成员身份缓存"选项，应在（　　　）中停用该选项。

A．站点　　　　　　B．服务器　　　　　　C．域　　　　　　D．连接对象

8．公司有一个单域的 Active Directory 林。该域的功能级别是 Windows Server 2016。你需要执行以下操作。

- 创建一个全局通信组。
- 将用户添加到该全局通信组。
- 在 Windows Server 2016 成员服务器上创建一个共享文件夹。
- 将该全局通信组加入有权限访问该共享文件夹的本地域组。
- 确保用户能够访问该共享文件夹。

你该怎么做？（　　　）

A．将林功能级别提升为 Windows Server 2016

B．将该全局通信组添加到 Domain Administrators 组中

C．将该全局通信组的类型更改为安全组

D．将该全局通信组的作用域更改为通用通信组

三、简答题

1．简述工作组和域的区别。

2．简述通用组、全局组和本地域组的区别。

3．你负责管理你所属组的成员的账户以及对资源的访问权限。该组中的某个用户离开了公司，若几天内有用户来代替该用户，对于离开的用户的账户，你应该如何处理？

4．你需要在 AD DS 中创建数百个计算机账户，以便为无人参与安装预先配置这些账户。创建

如此大量的账户的最佳方法是什么？

5．用户报告说，他们无法登录自己的计算机。错误消息表明计算机和域之间的信任关系中断。如何解决该问题？

6．BranchOffice_Admins 组对 BranchOffice_OU 中的所有用户账户有完全控制权限。对于从 BranchOffice_OU 移入 HeadOffice_OU 的用户账户，BranchOffice_Admins 将有何权限？

4.6 项目实训　管理用户账户和组

本项目实训部署在图 4-43 所示的拓扑下，本项目实训用到 DC1 和 MS1 两台计算机。其中 DC1 和 MS1 是 VMware（或者 Hyper-V 服务器）的 2 台虚拟机，DC1 是域 long.com 的域控制器，MS1 是域 long.com 的成员服务器。本地用户和组的管理在 MS1 上进行，域用户和组的管理在 DC1 上进行，在 MS1 上进行测试。

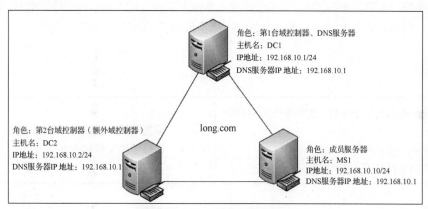

图 4-43　本项目实训拓扑

做一做

独立完成项目实训，检查学习效果。

项目5
管理文件系统与共享资源

网络中最重要的是安全，安全中最重要的是权限。在网络中，网络管理员首先面对的是权限问题，日常解决的问题很多也是权限问题，若出现漏洞可能是由于权限设置出了问题。权限决定用户可以访问的数据、资源，也决定用户享受的服务；权限甚至决定用户拥有什么样的桌面。理解 NTFS和它的功能，对高效地在 Windows Server 2016 中实现这种功能来说是非常重要的。

学习要点

- 掌握设置共享资源和访问网络共享资源的方法。
- 掌握卷影副本的使用方法。
- 掌握使用 NTFS 权限管理数据的方法。

- 掌握使用加密文件系统加密文件的方法。
- 掌握压缩文件的方法。

素质要点

- 了解图灵奖，激发学生的求知欲，从而激发学生的潜能。

- "观众器者为良匠，观众病者为良医。""为学日益，为道日损。"学生要多动手、多动脑，只有多实践、多积累，才能提高技能，成为优秀的"工匠"。

5.1 项目基础知识

微课 5-1　文件系统与共享资源

文件和文件夹是计算机系统组织数据的集合单位。Windows Server 2016 提供了强大的文件管理功能，其 NTFS 具有良好的安全性能，用户可以十分方便地在计算机或网络上处理、使用、组织、共享和保护文件及文件夹。

文件系统是指文件命名、存储和组织的总体结构。运行 Windows Server 2016 的计算机的磁盘分区可以使用 3 种类型的文件系统：FAT16、FAT32 和 NTFS。

5.1.1 FAT 文件系统

文件分配表（File Allocation Table，FAT）包括 FAT16 和 FAT32 两种。FAT 是一种适合小卷集、

对系统安全性要求不高、需要双重引导的文件系统。

在推出 FAT32 文件系统之前，通常 PC 使用的文件系统是 FAT16。FAT16 支持的最大分区有 2^{16}（即 65 536）个簇，每个簇有 64 个扇区，每个扇区为 512 字节，所以 FAT16 支持的最大分区约为 2.147GB。FAT16 最大的缺点之一就是簇的大小是和分区有关的，当外存中存放较多小文件时，会浪费大量的空间。FAT32 是 FAT16 的派生文件系统，支持大到 2TB（2 048GB）的磁盘分区。它拥有的簇比 FAT16 的要少，从而有效地节约了磁盘空间。

FAT 文件系统是一种最初用于小型磁盘和简单文件夹结构的简单文件系统。它向后兼容，最大的优点之一是适用于所有的 Windows 操作系统。另外，FAT 文件系统在容量较小的卷上的使用效果比较好，因为 FAT 启动只使用非常小的开销。FAT 文件系统在容量低于 512MB 的卷上的工作效率最高，当卷容量超过 1.024GB 时，工作效率就很低。对于容量为 400MB～500MB 的卷，FAT 文件系统相对于 NTFS 来说是个比较好的选择；不过对于使用 Windows Server 2016 的用户来说，FAT 文件系统则不能满足系统的要求。

5.1.2　NTFS

NTFS 是 Windows Server 2016 推荐使用的高性能文件系统。它支持许多新的文件安全、存储和容错功能，而这些功能正是 FAT 文件系统所缺少的。

NTFS 是从 Windows NT 开始使用的文件系统，它是一种特别为网络和磁盘配额、文件加密等管理安全特性设计的磁盘格式。NTFS 具有文件服务器和高端 PC 所需的安全特性，它支持对关键数据以及十分重要的数据的访问控制和私有权限设置。除了可以授予计算机中的共享文件夹特定权限外，NTFS 文件和文件夹无论共享与否都可以被授予权限，NTFS 是唯一允许为单个文件授予权限的文件系统。但是，当用户从 NTFS 卷移动或复制文件到 FAT 卷中时，NTFS 的权限和其他特有属性将会丢失。

NTFS 设计简单，但功能强大，从本质上讲，卷中的一切都是文件，文件中的一切都是属性。从数据属性到安全属性，再到文件名属性，NTFS 卷中的每个扇区都分配给了某个文件，甚至文件系统的超数据（描述文件系统自身的信息）也是文件的一部分。

如果安装 Windows Server 2016 时采用了 FAT 文件系统，用户可以在安装完毕，使用命令 convert 把 FAT 分区转化为 NTFS 分区，如下所示。

```
convert  D:/FS:NTFS
```

上面命令的作用是将 D 盘转换成 NTFS 格式。无论是在运行安装程序中，还是在运行安装程序之后，相对于格式化磁盘来说，这种转换都不会使用户的文件受到损害。但由于 Windows 95/98 操作系统不支持 NTFS，所以在配置双重启动系统时，即在同一台计算机上同时安装 Windows Server 2016 和其他操作系统（如 Windows 98）时，可能无法使用计算机上的另一个操作系统访问 NTFS 分区上的文件。

5.2　项目设计与准备

本项目的所有实例都部署在图 5-1 所示的拓扑中。DC1、DC2 和 MS1 是 3 台虚拟机。在 DC1 与 MS1 上可以测试资源共享情况，而资源访问权限的控制、加密文件系统（Encrypting File System，EFS）、压缩（Zipped）文件夹、分布式文件系统等需在 MS1 上实施并测试。

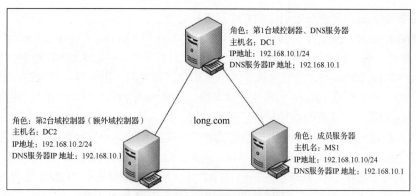

图5-1 管理文件系统与共享资源拓扑

注意 为了不受外部环境的影响，3台虚拟机的网络连接模式设置为"仅主机模式"。

5.3 项目实施

按图5-1所示的信息，配置好 DC1 和 MS1 的所有参数。保证 DC1 和 MS1 之间通信畅通。建议将 Hyper-V 中虚拟网络的模式设置为"专用"。

任务 5-1 设置共享资源

微课 5-2 设置
共享资源

为安全起见，在默认状态下，服务器中所有的文件夹都不共享，创建文件服务器时，只创建一个共享文件夹，因此，若要授予用户某种资源的访问权限，必须先将该资源设置为共享，然后授予用户相应的访问权限。创建不同的用户组，并将拥有相同访问权限的用户加入同一用户组会使用户权限的授予变得简单快捷。

1. 在"计算机管理"窗口中设置共享资源

STEP 1 在 DC1 上选择"服务器管理器"→"工具"→"计算机管理"选项，打开"计算机管理"窗口，展开左侧窗格中的"共享文件夹"选项，选择"共享"选项，如图5-2所示。该"共享文件夹"提供了有关本地计算机上的所有共享、会话和打开的文件的信息，可以查看本地和远程计算机的连接和资源使用概况等。

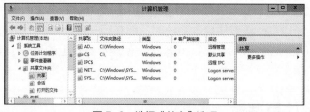

图5-2 选择"共享"选项

注意 共享名后带有"$"符号表示隐藏共享。对于隐藏共享，网络上的用户无法通过网上邻居功能直接浏览。

STEP 2 在左侧窗格中用鼠标右键单击"共享"选项，在弹出的快捷菜单中选择"新建共享"

命令，即可打开"创建共享文件夹向导"对话框，注意其中权限的设置，如图 5-3 所示。其他操作过程不详述。

图 5-3　共享文件夹的权限设置

做一做　请读者将 DC1 的文件夹 C:\share1 设置为共享文件夹，并授予管理员完全访问权限、其他用户只读权限。提前在 DC1 上创建 student1 用户。

2. 特殊共享资源

前面提到的共享资源中有一些是系统自动创建的，如 C$、IPC$等。这些系统自动创建的共享资源就是这里所指的"特殊共享资源"，它们是 Windows Server 2016 用于本地管理和系统使用的。一般情况下，用户不应该删除或修改特殊共享资源。

由于被管理的计算机的配置情况不同，所以特殊共享资源也会有所不同。

下面列出了一些常见的特殊共享资源。

- driveletter$：为存储设备的根目录创建的一种特殊共享资源，其显示形式为 C$、D$等。例如，D$是一个共享名，管理员通过它可以从网络上访问驱动器。值得注意的是，只有 Administrators 组、Power Users 组和 Server Operators 组的成员才能连接这种特殊共享资源。
- ADMIN$：在远程管理计算机的过程中系统使用的特殊共享资源。该资源的路径通常是 Windows Server 2016 系统目录的路径。同样，只有 Administrators 组、Power Users 组和 Server Operators 组的成员才能连接这种特殊共享资源。
- IPC$：共享命名管道的特殊共享资源，它对程序之间的通信非常重要，在远程管理计算机的过程中及查看计算机的共享资源时使用。
- PRINT$：在远程管理打印机的过程中使用的特殊共享资源。

任务 5-2　访问网络共享资源

企业网络中的客户端计算机可以根据需要采用不同的方式访问网络共享资源。

微课 5-3　访问网络共享资源

1. 使用网络发现功能

提示　必须确保 DC1、DC2 和 MS1 开启了网络发现功能，并且启用了 Function Discovery Resource Publication、UPnP Device Host 和 SSDP Discovery 这 3 个服务。注意按顺序启动这 3 个服务，并且都设置为自动启动。

分别以 student1 和 administrator 的身份访问 DC1 中所设的共享文件夹 share1，步骤如下。

STEP 1 在 MS1 上单击左下角的文件资源管理器图标，打开文件资源管理器窗口，选择窗口左下角的"网络"选项，打开 MS1 的"网络"窗口，如图 5-4 所示。如果此计算机当前的网络是公用网络，且没有开启网络发现功能，则会出现提示，选择是否要在所有的公用网络上启用网络发现和文件共享功能。如果选择否的话，该计算机的网络会被更改为专用网络，也会启用网络发现和文件共享功能。

> **注意** 若看不到网络上其他 Windows 计算机的话，请检查这些计算机是否已启用网络发现功能，并检查其 Function Discovery Resource Publication、UPnP Device Host 和 SSDP Discovery 这 3 个服务是否已启用。

STEP 2 双击"DC1"计算机，弹出"Windows 安全性"对话框，如图 5-5 所示，输入用户 student1（用户 student1 是 DC1 下的域用户）的用户名及密码。

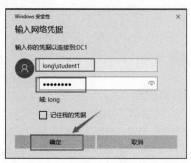

图 5-4 "网络"窗口　　　　图 5-5 "Windows 安全性"对话框

STEP 3 单击"确定"按钮，打开 DC1 上的共享文件夹，如图 5-6 所示。

STEP 4 双击"share1"共享文件夹，尝试在该文件夹下新建文件，会弹出"目标文件夹访问被拒绝"对话框，如图 5-7 所示。

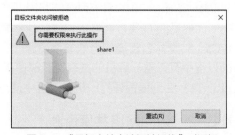

图 5-6 DC1 上的共享文件夹　　　　图 5-7 "目标文件夹访问被拒绝"对话框

STEP 5 注销 MS1，重新执行 STEP 1～STEP 4。注意本次输入 DC1 的用户 administrator 的用户名及密码，连接到 DC1。验证任务 5-1 设置的共享权限。

2. 使用 UNC

通用命名标准（Universal Namimg Conversion，UNC）是用于命名文件和其他资源的一种约定，以两个反斜线"\\"开头，指明资源位于网络计算机上。UNC 路径的格式为：

```
\\Servername\sharename
```

其中，Servername 表示服务器的名称，也可以用 IP 地址代替，而 sharename 表示共享资源的名称。目录或文件的 UNC 名称也可以把目录路径包含在共享名称之后，其语法格式如下。

```
\\Servername\sharename\directory\filename
```

在 DC2 的"运行"对话框中执行如下命令，并分别以不同用户连接到 DC1 上来测试任务 5-1 所设的共享权限。

```
\\192.168.10.1\share1
```

或者执行如下命令来测试。

```
\\DC1\share1
```

任务 5-3 使用卷影副本

用户可以通过共享文件夹的卷影副本功能，让系统自动在指定的时间将所有共享文件夹内的文件复制到另外一个存储区内备用。当用户通过网络访问共享文件夹内的文件，将文件删除或者修改文件的内容后，想要恢复文件或者还原文件的内容时，可以通过"卷影副本"存储区内的旧文件来达到该目的，因为系统已经将共享文件夹内的所有文件都复制到"卷影副本"存储区内了。

微课 5-4 使用
卷影副本

1. 启用共享文件夹的卷影副本功能

在 DC1 上，在共享文件夹 share1 中建立 test1 和 test2 两个文件夹，并在该共享文件夹所在的计算机 DC1 上启用共享文件夹的卷影副本功能，步骤如下。

STEP 1 选择"服务器管理器"→"工具"→"计算机管理"命令，打开"计算机管理"窗口。

STEP 2 用鼠标右键单击"共享文件夹"选项，在弹出的快捷菜单中选择"所有任务"→"配置卷影副本"命令，如图 5-8 所示。

STEP 3 在"卷影副本"对话框中选择要启用共享文件夹的卷影副本功能的磁盘（如 C:\），单击"启用"按钮，如图 5-9 所示，然后单击"确定"按钮。此时，系统会自动为该磁盘创建第 1 个卷影副本，也就是将该磁盘内所有共享文件夹内的文件都复制到"卷影副本"存储区内，而且系统默认以后会在星期一至星期五的上午 7:00 与中午 12:00 两个时间点分别自动添加一个卷影副本，也就是说，在这两个时间点会将所有共享文件夹内的文件复制到"卷影副本"存储区内。

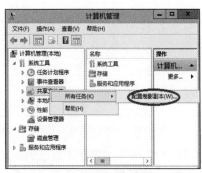

图 5-8 选择"配置卷影副本"命令

图 5-9 启用共享文件夹的卷影副本功能

> **提示** 在文件资源管理器窗口中单击"此电脑"，然后用鼠标右键单击任意一个磁盘分区，在弹出的快捷菜单中选择"属性"选项，在弹出的对话框中选择"卷影副本"选项卡，同样可以启用共享文件夹的卷影副本功能。

STEP 4 C:\中已经有两个卷影副本，如图 5-9 所示。用户还可以随时单击图 5-9 所示的"立即创建"按钮，自行创建新的卷影副本。用户在还原文件时，可以选择在不同时间点创建的"卷影副本"内的文件。

> **注意** "卷影副本"存储区内的文件只可以读取，不可以修改，而且每个磁盘最多可以有 64 个卷影副本。如果超过此数量，则最旧版本的卷影副本会被删除。

STEP 5 系统会以共享文件夹所在磁盘的磁盘空间决定"卷影副本"存储区的容量大小，默认配置其磁盘空间的 10%作为"卷影副本"存储区的容量，而且该存储区最小为 100MB。如果要更改其容量，单击图 5-9 所示的"设置"按钮，打开图 5-10 所示的"设置"对话框，然后在"最大值"处更改设置。用户可以单击"计划"按钮来更改自动创建卷影副本的时间点。用户还可以通过图 5-10 所示的"位于此卷"下拉列表来更改存储卷影副本的磁盘，不过必须在启用共享文件夹的卷影副本功能前更改，启用后就无法更改了。

2. 客户端访问"卷影副本"内的文件

任务：先将 DC1 上的共享文件夹 share1 中的 test1 文件夹删除，再用此前创建的卷影副本进行还原，测试是否能恢复 test1 文件夹。

STEP 1 在 MS1 上使用\\DC1 命令，以 DC1 计算机的 administrator 身份连接到 DC1 上的共享文件夹，双击"share1"文件夹，删除 share1 中的 test1 文件夹。

STEP 2 退到 DC1 根目录下，用鼠标右键单击"share1"文件夹，在弹出的快捷菜单中选择"属性"命令，弹出"share1(\\DC1)属性"对话框，如图 5-11 所示，单击"以前的版本"选项卡。

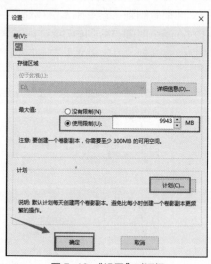

图 5-10 "设置"对话框

图 5-11 "share1(\\DC1)属性"对话框

STEP 3 选中 2020/2/20 19:29 版本的 share1，单击"打开"按钮可查看该时间点的文件夹内容，单击"还原"按钮可以将文件夹 share1 还原到该时间点的状态。这里单击"还原"按钮，还原删除的 test1 文件夹。

STEP 4 打开 share1 文件夹，检查 test1 文件夹是否被恢复。

> **提示** 如果要还原被删除的文件，可在连接到共享文件夹后，用鼠标右键单击文件列表对话框中空白的区域，在弹出的快捷菜单中选择"属性"命令，单击"以前的版本"选项卡，选择旧版本的文件夹，单击"打开"按钮，然后复制需要还原的文件。

任务 5-4 认识 NTFS 权限

利用 NTFS 权限，可以控制用户账号和组对文件夹及个别文件的访问。

NTFS 权限只能用于 NTFS 磁盘分区，不能用于由 FAT16 或者 FAT32 文件系统格式化的磁盘分区。

Windows Server 2016 只能为使用 NTFS 进行格式化的磁盘分区授予 NTFS 权限。为了保护 NTFS 磁盘分区上的文件和文件夹，要为需要访问它们的每一个用户账号授予 NTFS 权限。用户必须获得明确的授权才能访问资源。用户账号如果没有被组授予 NTFS 权限，它就不能访问相应的文件或者文件夹。不管用户是访问文件还是访问文件夹，也不管这些文件或文件夹是在计算机上还是在网络上，NTFS 的安全性功能都有效。

微课 5-5 认识
NTFS 权限

对于 NTFS 磁盘分区上的每一个文件和文件夹，NTFS 都存储一个远程 ACL。ACL 中包含被授权访问相应文件或者文件夹的所有用户账号、组和计算机，还包含它们被授予的访问类型。为了让用户能够访问某个文件或者文件夹，针对用户账号、组或者用户所属的计算机，ACL 中必须包含一个相对应的元素，这样的元素叫作访问控制项（Access Control Entry，ACE）。ACE 必须具有用户所请求的访问类型。如果 ACL 中没有相应的 ACE 存在，Windows Server 2016 就拒绝用户访问相应的资源。

1. NTFS 权限的类型

可以利用 NTFS 权限指定哪些用户、组和计算机能够访问文件和文件夹，也可以指明哪些用户、组和计算机能够操作文件或文件夹中的内容。

（1）NTFS 文件夹权限。

可以通过授予文件夹权限，控制对文件夹和包含在文件夹中的文件和子文件夹的访问。表 5-1 列出了标准 NTFS 文件夹权限和允许访问类型。

表 5-1 标准 NTFS 文件夹权限和允许访问类型

NTFS 文件夹权限	允许访问类型
读取（Read）	查看文件夹中的文件和子文件夹，查看文件夹属性、拥有人和权限
写入（Write）	在文件夹内创建新的文件和子文件夹，修改文件夹属性，查看文件夹的拥有人和权限
列出文件夹内容（List Folder Contents）	查看文件夹中的文件和子文件夹的名称
读取和执行（Read & Execute）	遍历文件夹，执行读取权限和列出文件夹内容权限所允许的操作
修改（Modify）	删除文件夹，执行写入权限、读取和执行权限所允许的操作
完全控制（Full Control）	改变权限，成为文件夹的拥有人，删除子文件夹和文件，以及执行允许所有其他 NTFS 文件夹权限进行的操作

> **注意** "只读"、"隐藏"、"归档"和"系统文件"等都是文件夹属性，不是 NTFS 权限。

（2）NTFS 文件权限。

可以通过授予文件权限，控制对文件的访问。表 5-2 列出了标准 NTFS 文件权限和允许访问类型。

表 5-2　标准 NTFS 文件权限和允许访问类型

NTFS 文件权限	允许访问类型
读取（Read）	读文件，查看文件属性、拥有人和权限
写入（Write）	覆盖写入文件，修改文件属性，查看文件拥有人和权限
读取和执行（Read & Execute）	运行应用程序，执行读取权限所允许的操作
修改（Modify）	修改和删除文件，执行写入权限、读取和执行权限所允许的操作
完全控制（Full Control）	改变权限，成为文件的拥有人，执行允许所有其他 NTFS 文件权限进行的操作

> **注意**　无论用什么权限保护文件，对文件夹有完全控制权限的组或用户都可以删除文件夹内的任何文件。尽管列出文件夹内容、读取和执行权限看起来有相同的特殊权限，但这些权限在继承时却有所不同。列出文件夹内容权限可以被文件夹继承而不能被文件继承，并且它只在查看文件夹权限时才会显示。读取和执行权限可以被文件和文件夹继承，并且在查看文件和文件夹权限时始终出现。

2. 多重 NTFS 权限

如果将针对某个文件或者文件夹的权限既授予某个用户账号，又授予某个组，而该用户是该组的成员，那么该用户就对同样的资源有了多个权限。关于 NTFS 如何组合多个权限，存在一些规则和优先权。除此之外，复制或者移动文件和文件夹也会对权限产生影响。

（1）权限是可累积的。

一个用户对某个资源的有效权限是授予这一用户账号的 NTFS 权限与授予该用户所属组的 NTFS 权限的组合。例如，用户 Long 对文件夹 Folder 有读取权限，且用户 Long 是组 Sales 的成员，而组 Sales 对文件夹 Folder 有写入权限，那么用户 Long 对文件夹 Folder 就有读取和写入两种权限。

（2）文件权限超越文件夹权限。

NTFS 的文件权限超越 NTFS 的文件夹权限。例如，某个用户对某个文件有修改权限，那么即使该用户对包含该文件的文件夹只有读取权限，也能够修改该文件。

（3）拒绝权限超越其他权限。

微课 5-6　认识 NTFS 权限

要拒绝某用户账号或者组对特定文件或者文件夹的访问，将拒绝权限授予该用户账号或者组即可。这样，即使某个用户作为某个组的成员具有访问特定文件或文件夹的权限，但是因为将拒绝权限授予了该用户，所以该用户具有的任何其他权限也被阻止了。因此，对于权限的累积规则来说，拒绝权限是一个例外。应该避免使用拒绝权限，因为允许用户和组进行某种访问比明确拒绝其进行某种访问更容易做到。巧妙地构造组和组织文件夹中的资源，使用各种各样的允许权限就足以满足需要，从而可避免使用拒绝权限。

例如，用户 Long 同时属于 Sales 组和 Manager 组，文件 File1 和文件 File2 是文件夹 Folder 下面的两个文件。其中，Long 拥有对 Folder 的读取权限，Sales 拥有对 Folder 的读取和写入权限，Manager 则被禁止对 File2 进行写入操作。那么 Long 的最终权限是什么？

由于使用了拒绝权限，所以用户 Long 拥有对 Folder 和 File1 的读取和写入权限，但对 File2 只有读取权限。

> **注意** 在 Windows Server 2016 中，用户不具有某种访问权限和明确地拒绝用户的访问权限，这二者之间是有区别的。拒绝权限是通过在 ACL 中添加一个针对特定文件或者文件夹的拒绝元素来实现的。这就意味着管理员还有另外一种拒绝访问的手段，而不仅仅是不允许某个用户访问文件或文件夹。

3. 共享文件夹权限与 NTFS 权限的组合

如何快速、有效地控制对 NTFS 磁盘分区上的网络资源的访问呢？答案就是利用默认的共享文件夹权限共享文件夹，然后通过授予 NTFS 权限控制对共享文件夹的访问。当共享文件夹位于 NTFS 格式的磁盘分区上时，共享文件夹的权限与 NTFS 权限会进行组合，用以保护文件资源。

要为共享文件夹设置 NTFS 权限，可在 DC1 上的共享文件夹的属性对话框中单击"共享权限"选项卡，设置 NTFS 权限，如图 5-12 所示。

共享文件夹权限具有以下特点。

图 5-12　设置 NTFS 权限

- 共享文件夹权限只适用于文件夹，而不适用于单独的文件，并且只能为整个共享文件夹设置共享权限，而不能对共享文件夹中的文件或子文件夹进行设置。所以，共享文件夹权限不如 NTFS 权限详细。
- 共享文件夹权限并不对直接登录计算机的用户起作用，只对通过网络连接共享文件夹的用户起作用，即共享文件夹权限对直接登录服务器的用户是无效的。
- 在 FAT/FAT32 系统卷上，共享文件夹权限是保证网络资源被安全访问的唯一方法。原因很简单，就是 NTFS 权限不适用于 FAT/FAT32 系统卷。
- 默认的共享文件夹权限是读取权限，并被指定给 Everyone 组。

共享文件夹权限分为读取、修改和完全控制 3 种，如表 5-3 所示。

表 5-3　共享文件夹权限

权限	允许用户完成的操作
读取	显示文件夹名称、文件名称、文件数据和属性，运行应用程序文件，改变共享文件夹内的子文件夹
修改	创建文件夹，向文件夹中添加文件，修改文件中的数据，向文件中追加数据，修改文件属性，删除文件夹和文件，执行读取权限所允许的操作
完全控制	修改文件权限，获得文件的所有权，执行修改和读取权限所允许的所有操作。默认情况下，Everyone 组具有该权限

当管理员对 NTFS 权限和共享文件夹的权限进行组合时，得到的结果是组合的 NTFS 权限，或者组合的共享文件夹权限，哪个范围更小取哪个。

当在 NTFS 卷上为共享文件夹授予权限时，应遵循以下规则。

- 可以对共享文件夹中的文件和子文件夹应用 NTFS 权限，也可以对共享文件夹中的每个文件和子文件夹应用不同的 NTFS 权限。
- 除共享文件夹权限外，用户必须具有共享文件夹包含的文件和子文件夹的 NTFS 权限，才能访问其中的文件和子文件夹。
- 在 NTFS 卷上必须设置 NTFS 权限。默认 Everyone 组具有完全控制权限。

任务 5-5　继承与阻止继承 NTFS 权限

微课 5-7　继承
与阻止继承
NTFS 权限

1. 继承 NTFS 权限

默认情况下，授予父文件夹的任何权限也将应用于其子文件夹和文件。当授予访问某个文件夹 NTFS 权限时，就将授予该文件夹的 NTFS 权限授予了该文件夹中任何现有的文件和子文件夹，以及在该文件夹中创建的任何新文件和新的子文件夹。

如果想让文件夹或者文件具有不同于它们的父文件夹的权限，必须阻止权限的继承。

2. 阻止继承 NTFS 权限

阻止继承 NTFS 权限，也就是阻止子文件夹和文件从其父文件夹继承 NTFS 权限。为了阻止权限的继承，要删除继承来的权限，只保留被明确授予的权限。

被阻止从父文件夹继承权限的子文件夹若成为新的父文件夹，包含在这一新的父文件夹中的子文件夹和文件将继承它们的父文件夹授予的权限。

以 test2 文件夹为例，若要阻止 NTFS 权限继承，可打开该文件夹的属性对话框，单击"安全"选项卡，单击"高级"按钮，出现图 5-13 所示的"test2 的高级安全设置"对话框。选中某个要阻止继承的权限，单击"禁用继承"按钮，在弹出的对话框中选择"将已继承的权限转换为此对象的显示权限"或"从此对象中删除所有已继承的权限"选项。

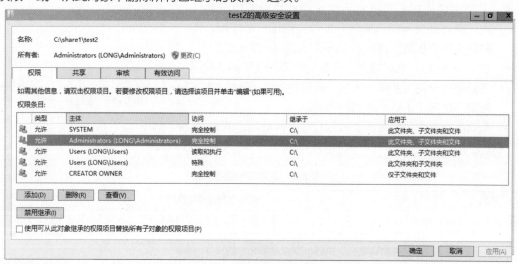

图 5-13　"test2 的高级安全设置"对话框

微课 5-8　复制和
移动文件及
文件夹

任务 5-6　复制和移动文件及文件夹

1. 复制文件和文件夹

当从一个文件夹向另一个文件夹复制文件或文件夹时，或者从一个磁盘分区向另一个磁盘分区复制文件或文件夹时，文件或文件夹具有的权限可能发生变化。复制文件或文件夹对 NTFS 权限可产生下述影响。

• 当在单个 NTFS 磁盘分区内或在不同的 NTFS 磁盘分区之间复制文件或文件夹时，文件或文件夹的副本将继承目的文件夹的权限。

- 当将文件或文件夹复制到非 NTFS 磁盘分区（如 FAT 格式的磁盘分区）时，因为非 NTFS 磁盘分区不支持 NTFS 权限，所以文件或文件夹就会丢失其 NTFS 权限。

> **注意** 为了在单个 NTFS 磁盘分区内或者在 NTFS 磁盘分区之间复制文件和文件夹，必须具有对源文件夹的读取权限，并且具有对目的文件夹的写入权限。

2. 移动文件和文件夹

当移动某个文件或文件夹时，该文件或文件夹的权限可能发生变化，这主要取决于目的文件夹的权限情况。移动文件或文件夹对 NTFS 权限可产生下述影响。

- 当在单个 NTFS 磁盘分区内移动某个文件或文件夹时，该文件或文件夹保留它原来的权限。
- 当在 NTFS 磁盘分区之间移动某个文件或文件夹时，该文件或文件夹将继承目的文件夹的权限。在 NTFS 磁盘分区之间移动文件或文件夹，实际上是将文件或文件夹复制到新的位置，然后在原来的位置删除它。
- 当将文件或文件夹移动到非 NTFS 磁盘分区时，因为非 NTFS 磁盘分区不支持 NTFS 权限，所以文件夹和文件就会丢失其 NTFS 权限。

> **注意** 为了在单个 NTFS 磁盘分区内或者多个 NTFS 磁盘分区之间移动文件和文件夹，必须具有对目的文件夹的写入权限，并且具有对源文件夹的修改权限。之所以要具有修改权限，是因为移动文件或者文件夹时，在将文件或者文件夹复制到目的文件夹之后，Windows Server 2016 将从源文件夹中删除对应文件或文件夹。

复制和移动文件及文件夹的规则如图 5-14 所示。

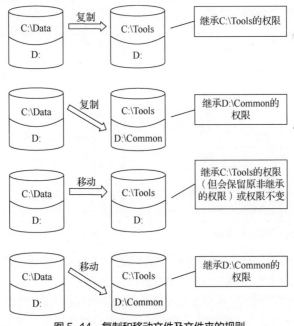

图 5-14　复制和移动文件及文件夹的规则

任务 5-7　利用 NTFS 权限管理数据

微课 5-9　利用
NTFS 权限
管理数据

在 NTFS 磁盘中，系统会自动设置默认的权限，并且这些权限会被其子文件夹和文件继承。为了控制用户对某个文件夹以及该文件夹中的文件和子文件夹的访问，就须指定文件夹权限。不过，要设置文件或文件夹的权限，必须是 Administrators 组的成员、文件或者文件夹的拥有人、具有完全控制权限的用户。

请读者预先在 DC1 上建立 C:\network 文件夹和本地域用户 sales。

1. 授予标准 NTFS 权限

授予标准 NTFS 权限包括授予 NTFS 文件夹权限和 NTFS 文件权限。

（1）授予 NTFS 文件夹权限。

STEP 1 打开 DC1 的文件资源管理器窗口，用鼠标右键单击要设置权限的文件夹，如 network，在弹出的快捷菜单中选择"属性"命令，打开"network 属性"对话框，如图 5-15 所示，单击"安全"选项卡。

STEP 2 可以看到 network 文件夹默认已经有了一些权限，这些权限是从父文件夹（或磁盘）继承来的。例如，在图 5-15 所示的"Administrators 的权限"列表框中，有灰色对勾图标 ✓ 对应的权限就是继承的权限。

STEP 3 如果要给其他用户指定权限，可单击"编辑"按钮，出现图 5-16 所示的"network 的权限"对话框。

图 5-15　"network 属性"对话框

图 5-16　"network 的权限"对话框

STEP 4 单击"添加"→"高级"→"立即查找"按钮，从本地计算机上选择拥有该文件夹访问和控制权限的用户或用户组，如 sales，如图 5-17 所示。

STEP 5 单击"确定"按钮，拥有该文件夹访问和控制权限的用户或用户组就会被添加到"组或用户名"列表框中。特别注意，如果新添加的用户或用户组的权限不是从父项继承的，那么其所有的权限都可以修改。

图 5-17　选择 sales 用户

STEP 6 如果不想继承权限，可参照"任务 5-5　继承与阻止继承 NTFS 权限"的内容进行修改。这里不赘述。

（2）授予 NTFS 文件权限。

文件权限的设置方法与文件夹权限的设置方法类似。要想给 NTFS 文件指定权限，直接在某文件上单击鼠标右键，在弹出的快捷菜单中选择"属性"命令，在弹出的对话框中单击"安全"选项卡，在其中可为该文件设置相应权限。

2. 授予特殊访问权限

标准的 NTFS 权限通常能提供足够的权限，用来控制对用户的资源的访问，以保护用户的资源。但是，如果需要进行特殊的访问，可以使用 NTFS 的特殊访问权限。

在文件或文件夹（如 network）属性对话框的"安全"选项卡中单击"高级"→"权限"按钮，打开"network 的高级安全设置"窗口，选择"sales(LONG\sales)"选项，如图 5-18 所示。

图 5-18　选择"sales(LONG\sales)"选项

单击"编辑"按钮，打开图 5-19 所示的"network 的权限项目"窗口，可以更精确地设置 sales 用户的权限。其中，"显示基本权限"和"显示高级权限"在单击后交替出现。

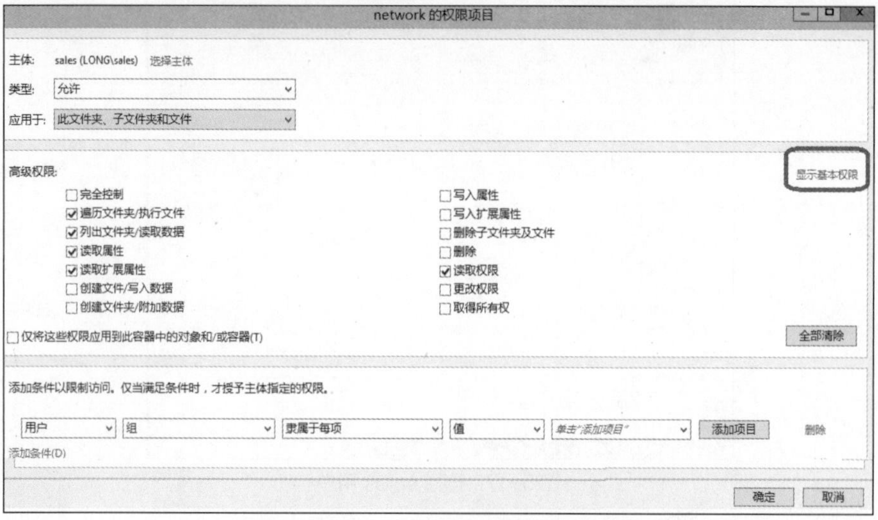

图 5-19 "network 的权限项目"窗口

特殊访问权限（即高级权限）有 14 项，把它们组合在一起就构成了标准的 NTFS 权限。例如，标准的读取权限包含列出文件夹/读取数据、读取属性、读取权限、读取扩展属性等特殊访问权限。

其中有两个特殊访问权限对管理文件和文件夹的访问特别有用。

（1）更改权限。

如果为某用户授予更改权限，该用户就具有了文件或者文件夹修改的权限。

可以将某个文件或者文件夹修改的权限授予其他管理员和用户，但是不授予他们该文件或者文件夹的完全控制权限。通过这种方式，这些管理员或用户就不能删除或者写入该文件或文件夹，但是可以为该文件或者文件夹授权。

为了将更改权限授予管理员，将某文件或文件夹的更改权限授予 Administrators 组即可。

（2）取得所有权。

如果为某用户授予取得所有权权限，该用户就具有了取得文件和文件夹的所有权的能力。

可以将文件和文件夹的所有权从一个用户账号或者组转移到另一个用户账号或者组。也可以将"所有者"权限授予某个人。作为管理员，也可以取得某个文件或者文件夹的所有权。

要取得某个文件或者文件夹的所有权，需要遵守下述规则。

- 文件或文件夹的当前拥有人或者具有完全控制权限的任何用户，可以将完全控制这一标准权限或者取得所有权这一特殊访问权限授予另一个用户账号或者组。这样，该用户账号或者该组的成员就能取得文件或文件夹的所有权。

- Administrators 组的成员可以取得某个文件或者文件夹的所有权，而不管为该文件夹或者文件授予了怎样的权限。如果某个管理员取得了该文件或文件夹的所有权，则 Administrators 组也取得了该文件或文件夹的所有权。因而 Administrators 组的任何成员都可以修改该文件或者文件夹的权限，并且可以将取得所有权这一权限授予另一个用户账号或者组。例如，某个雇员离开了原来的公司，某个管理员即可取得该雇员的文件的所有权，再将取得所有权这一权限授予另一个雇员，然后这一雇员就会取得前一雇员的文件的所有权。

> **提示** 为了成为某个文件或者文件夹的拥有者，具有取得所有权这一权限的某个用户或者组的成员必须明确地获得该文件或者文件夹的所有权。不能自动将某个文件或者文件夹的所有权授予任何个人。文件的拥有人、管理员组的成员，或者任何一个具有完全控制权限的人都可以将取得所有权权限授予某个用户账号或者组，这样他们就获得文件或文件夹的所有权。

任务 5-8 压缩文件

将文件压缩后可以减少它们占用的磁盘空间。系统支持 NTFS 压缩与压缩文件夹两种不同的压缩方法，其中，NTFS 压缩仅 NTFS 磁盘支持。之后的任务都在 MS1 计算机中实现。

微课 5-10 压缩文件

1. NTFS 压缩

STEP 1 对 NTFS 磁盘内的文件进行压缩的方法为：用鼠标右键单击某文件，在弹出的快捷菜单中选择"属性"命令，在打开的对话框中单击"高级"按钮，在打开的"高级属性"对话框中勾选"压缩内容以便节省磁盘空间"复选框，如图 5-20 所示。

STEP 2 若要压缩 NTFS 磁盘内的文件夹，用鼠标右键单击某文件夹，在弹出的快捷菜单中选择"属性"命令，在打开的对话框中单击"高级"按钮，在打开的"高级属性"对话框中勾选"压缩内容以便节省磁盘空间"复选框，单击"确定"按钮，如图 5-21 所示。

- 仅将更改应用于此文件夹：以后在此文件夹内添加的文件、子文件夹与子文件夹内的文件都会被自动压缩，且不会影响此文件夹内现有的文件与文件夹。

图 5-20 压缩文件设置

图 5-21 压缩文件夹设置

- 将更改应用于此文件夹、子文件夹和文件：不但以后在此文件夹内新建的文件、子文件夹与子文件夹内的文件都会被自动压缩，而且已经存在于此文件夹内的现有文件、子文件夹与子文件夹内的文件会被一并压缩。

STEP 3 也可以针对整个磁盘进行压缩：用鼠标右键单击磁盘（如 C 盘），在弹出的快捷菜单中选择"属性"命令，在弹出的对话框中勾选"压缩此驱动器以节约磁盘空间"复选框。

当用户或应用程序要读取压缩文件时，系统会将文件由磁盘内读出、自动将解压后的内容提供给用户或应用程序，然而存储在磁盘内的文件仍然是处于压缩状态的；而将数据写入文件时，它们会被自动压缩后写入磁盘内的文件。

> **技巧** 可以将加密或压缩的 NTFS 文件以不同的颜色显示，设置方法为：用鼠标右键单击"开始"菜单，在弹出的快捷菜单中选择"文件资源管理器"命令，然后单击"查看"→"选项"按钮，再单击"查看"选项卡，勾选"用彩色显示加密或压缩的 NTFS 文件"复选框，如图 5-22 所示。

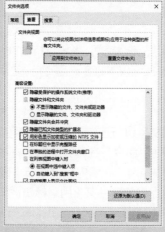

图 5-22　用彩色显示加密或压缩的 NTFS 文件的设置方法

2. 文件复制或剪切后压缩属性的变化

当 NTFS 磁盘内的文件被复制或剪切到另一个文件夹后，其压缩属性的变化如图 5-23 所示。

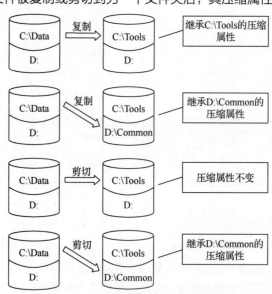

图 5-23　文件复制或剪切后压缩属性的变化

3. 压缩文件夹

在 FAT16、FAT32、exFAT、NTFS 和 ReFS 磁盘内都可以建立压缩文件夹，在利用文件资源管理器窗口建立一个压缩文件夹后，复制到此文件夹内的文件都会被自动压缩。

可以在不需要自行解压的情况下，直接读取压缩文件夹内的文件，甚至可以直接执行其中的程序。压缩文件夹的扩展名为.zip，它可以被 WinZip、WinRAR 等文件压缩工具解压。

STEP 1 可以打开文件资源管理器窗口，双击"network"文件夹，在窗口右侧空白处单击鼠标右键，在弹出的快捷菜单中选择"新建"→"压缩(zipped)文件夹"命令来新建压缩文件夹，如图 5-24 所示。

STEP 2 也可以选择多个需要压缩的文件，然后单击鼠标右键，在弹出的快捷菜单中选择"发送到"→"压缩(zipped)文件夹"命令，新建一个保存这些文件的压缩文件夹，如图 5-25 所示。

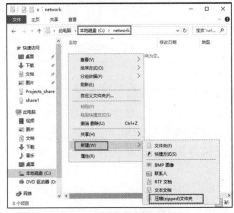

图 5-24　新建压缩文件夹

图 5-25　建立保存多个文件的压缩文件夹

STEP 3 压缩文件夹的扩展名.zip 系统默认会隐藏，如果要显示扩展名，可用鼠标右键单击"开始"菜单，在弹出的快捷菜单中选择"文件资源管理器"→"查看"选项卡，勾选"文件扩展名"复选框。

如果计算机内安装有 WinZip 或 WinRAR 等软件，则在文件资源管理器窗口中双击压缩文件夹时，系统会通过这些软件来打开压缩文件夹。

任务 5-9　加密文件系统

加密文件系统（EFS）提供文件加密的功能，文件加密后，只有当初将其加密的用户或被授权的用户能够读取，因此可以增强文件的安全性。只有 NTFS 磁盘内的文件、文件夹才可以被加密，如果将文件复制或剪切到非 NTFS 磁盘内，则此文件会被解密。

微课 5-11　加密文件系统（一）

文件压缩与加密无法并存。要加密已压缩的文件，则文件会自动被解压。要压缩已加密的文件，则文件会被自动解密。

1. 对文件与文件夹加密

STEP 1 对文件加密。用鼠标右键单击一个文件，在弹出的快捷菜单中选择"属性"命令，在弹出的对话框中单击"高级"按钮，在弹出的"高级属性"对话框中勾选"加密内容以便保护数据"复选框，单击"确定"按钮，再单击"应用"按钮，在弹出的"加密警告"对话框中选中"加密文件及其父文件夹(推荐)"单选按钮，或"只加密文件"单选按钮。如果选中"加密文件及其父文件夹(推荐)"单选按钮，则以后在此文件夹内新添加的文件都会被自动加密，如图 5-26 所示。

STEP 2 对文件夹加密。选中一个文件夹，单击鼠标右键，在弹出的快捷菜单中选择"属性"命令，在弹出的对话框中单击"高级"按钮，在弹出的"高级属性"对话框中勾选"加密内容以便保护数据"复选框，单击"确定"按钮，再单击"应用"按钮，弹出图 5-27 所示的对话框，选中"将更改应用于此文件夹、子文件夹和文件"单选按钮，单击"确定"按钮。

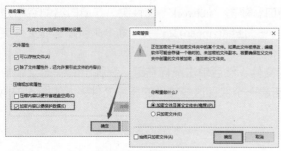

图 5-26　对文件加密　　　　　　　　图 5-27　"确认属性更改"对话框

图 5-27 所示的单选按钮的说明如下。

- 仅将更改应用于此文件夹：相应文件夹内添加的文件、子文件夹与子文件夹内的文件都会被自动加密，但不会影响到文件夹内现有的文件与文件夹。
- 将更改应用于此文件夹、子文件夹和文件：不但相应文件夹内新增加的文件、子文件夹与子文件夹内的文件都会被自动加密，而且已经存在于文件夹内的现有文件、子文件夹与子文件夹内的文件都会被一并加密。

当用户或应用程序需要读取加密文件时，系统会将文件从磁盘内读出、自动将解密后的内容提供给用户或应用程序，然而存储在磁盘内的文件仍然是处于加密状态的；而将数据写入文件时，它们会被自动加密后写入磁盘内的文件。

如果将一个未加密文件剪切或复制到加密文件夹中，该文件会被自动加密。当将一个加密文件剪切或复制到非加密文件夹中时，该文件仍然会保持其加密状态。

利用 EFS 加密的文件只有存储在硬盘内才会被加密，在通过网络传输的过程中是不会被加密的。如果希望网络传输时它仍然保持加密的安全状态，可以通过互联网络层安全协议（Internet Protocol Security，IPSec）或 WebDev 等方式来加密。

2．授权其他用户可以读取加密的文件

加密的文件只有其拥有人可以读取，不过也可以授权给其他用户读取。被授权的用户必须具备 EFS 证书，而普通用户在第一次执行加密操作后，就会被自动授予 EFS 证书。

微课 5-12　加密文件系统（二）

以下示例假设要授权给域用户 Alice。要想授权给域用户 Alice，必须保证 Alice 在 MS1 上有 EFS 证书，较简单的方法就是 Alice 对某个文件夹加密，从而生成 Alice 的个人用户证书。授权给 Alice 的完整步骤如下。

STEP 1 以本地管理员身份登录 MS1，在 network 中新建 test- Administrator 和 test 两个文件，单独对文件 test-Administrator 进行加密，并设置"只加密文件"，避免对其父文件夹进行加密。

STEP 2 注销 MS1，以域用户 Alice 身份登录 MS1，在 network 中新建文件夹 test-Alice，单独对该文件夹进行加密。加密后的文件和文件夹以彩色显示，如图 5-28 所示。

图 5-28　被不同用户加密后的文件和文件夹

STEP 3 分别访问 test 和 test-Administrator 两个文件，由于 test 文件没有加密，所以能正常访问，但 test-Administrator 由于被 administrator 用户加密而无法访问。

STEP 4 注销 MS1，以本地管理员身份登录 MS1，将 test-Administrator 的解密授权给用户 Alice。具体方法为：用鼠标右键单击"test-Administrator"文件，在弹出的快捷菜单中选择"属性"命令，弹出属性对话框，单击"高级"→"详细信息"→"添加"→"查找用户"按钮，选择用户"Alice"，然后单击"确定"按钮，如图 5-29 所示。

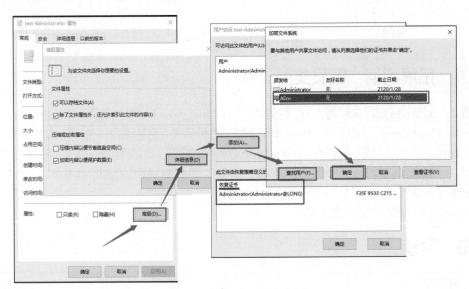

图 5-29 添加 Alice EFS 证书

STEP 5 注销 MS1，以域用户 Alice 身份登录 MS1，访问 test-Administrator 文件，能正常访问。

STEP 6 具备恢复证书的用户可以访问加密的文件。默认只有域 Administrator 拥有恢复证书（由图 5-29 中的恢复证书处可看出），不过可以通过组策略或本地策略将恢复证书颁发给其他用户。以本地策略为例，其设置方法为：选择"服务器管理器"→"工具"→"本地安全策略"→"公钥策略"命令，展开"公钥策略"选项，用鼠标右键单击"加密文件系统"选项，在弹出的快捷菜单中选择"添加数据恢复代理程序"命令。

3. 备份 EFS 证书

为了避免 EFS 证书丢失或损毁，造成文件无法读取的后果，建议利用证书管理窗口来备份 EFS 证书，其步骤如下。

STEP 1 在"运行"对话框中执行"certmgr.msc"命令，展开"个人"→"证书"选项，用鼠标右键单击"预期目的"为"加密文件系统"的证书，在弹出的快捷菜单中选择"所有任务"→"导出"命令，如图 5-30 所示。然后单击"下一步"按钮，选中"是，导出私钥"单选按钮，单击"下一步"按钮，再选择默认的.pfk 格式，选中"组或用户名"单选按钮，可以设置密码（以后只有该用户有权导入，否则需要输入此处的密码）。建议将此证书备份到另外一个安全的地方。如果有多个 EFS 证书，请全部导出存档。

STEP 2 如果 Alice 的 EFS 证书丢失或损毁，造成文件无法读取，可以将备份的 EFS 证书导入。在图 5-30 所示的窗口中，用鼠标右键单击左侧的"证书"选项，在弹出的快捷菜单中选择"所有任务"→"导入"命令，根据向导完成证书导入即可。

图 5-30　选择"导出"命令

5.4　拓展阅读　图灵奖

图灵奖（Turing Award）全称为 A.M. 图灵奖（A.M Turing Award），是由美国计算机协会（Association for Computing Machinery，ACM）于 1966 年设立的计算机奖项，名称取自阿伦·马西森·图灵（Alan Mathison Turing），旨在奖励对计算机事业做出重要贡献的个人。图灵奖的获得条件要求极高，评奖程序极严，一般每年仅授予一名计算机科学家。图灵奖是计算机领域的国际最高奖项，被誉为"计算机界的诺贝尔奖"。

2000 年，科学家姚期智获图灵奖。

5.5　习题

一、填空题

1. 可供设置的标准 NTFS 文件权限有_____、_____、_____、_____、_____、_____。

2. Windows Server 2016 通过在 NTFS 中设置_____，限制不同用户对文件的访问。

3. 相对于 FAT16、FAT32 文件系统来说，NTFS 的优点包括可以对文件设置_____、_____、_____、_____。

4. 创建共享文件夹的用户必须是属于_____、_____、_____等用户组的成员。

5. 在网络中可共享的资源有_____和_____。

6. 要设置隐藏共享，需要在共享名的后面加_____符号。

7. 共享权限分为_____、_____和_____这 3 种。

二、判断题

1. 在 NTFS 中，可以为文件设置权限；而 FAT16 和 FAT32 文件系统只能为文件夹设置共享权限，不能为文件设置权限。　　　　　　　　　　　　　　　　　　　　　　　　　　　（　　）

2. 通常在管理系统中的文件时，要由管理员为不同用户设置访问权限，普通用户不能设置或更改权限。　　　　　　　　　　　　　　　　　　　　　　　　　　　　　　　　　　　（　　）

3. NTFS 文件压缩必须在 NTFS 中进行，离开 NTFS 时，文件将不再压缩。　　　　（　　）

4. 磁盘配额的设置不能限制管理员账号。　　　　　　　　　　　　　　　　　　　（　　）

5. 将已加密的文件复制到其他计算机后，以管理员账号登录就可以打开它。　　　（　　）

6. 一个文件加密后，除加密者本人账号和管理员账号外，其他用户无法打开此文件。（　　）

7. 对加密的文件不可执行压缩操作。　　　　　　　　　　　　　　　　　　　　　（　　）

三、简答题

1. 简述 FAT16、FAT32 文件系统和 NTFS 的区别。

2. 重装 Windows Server 2016 后，原来加密的文件为什么无法打开？

3. 特殊权限与标准权限的区别是什么？

4. 如果一位用户拥有某文件夹的写入权限，而且该用户还拥有该文件夹的读取权限，那么该用户对该文件夹的最终权限是什么？

5. 如果某员工离开公司，怎样将他或她的文件的所有权授予其他员工？

6. 如果一位用户拥有某文件夹的写入权限和读取权限，但被拒绝拥有该文件夹内某文件的写入权限，该用户对该文件的最终权限是什么？

▨ 5.6 项目实训　管理文件系统与共享资源

一、项目实训目的

- 掌握设置共享资源和访问网络共享资源的方法。
- 掌握卷影副本的使用方法。
- 掌握使用 NTFS 权限管理数据的方法。
- 掌握使用加密文件系统加密文件的方法。
- 掌握压缩文件的方法。

二、项目实训环境

本项目实训的拓扑如图 5-31 所示。

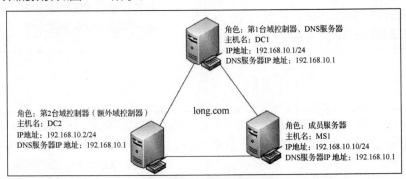

图 5-31　本项目实训的拓扑

三、项目实训要求

完成以下各项任务。

① 在 DC1 上设置共享资源\test。

② 在 MS1 上使用多种方式访问网络共享资源。

③ 在 DC1 上设置卷影副本，在 MS1 上使用卷影副本恢复误删除的内容。

④ 观察共享权限与 NTFS 权限组合后的最终权限。

⑤ 设置 NTFS 权限的继承性。

⑥ 观察复制和移动文件夹后 NTFS 权限的变化情况。

⑦ 利用 NTFS 权限管理数据。

⑧ 加密特定文件或文件夹。

⑨ 压缩特定文件或文件夹。

四、做一做

独立完成项目实训，检查学习效果。

项目6
配置与管理基本磁盘和动态磁盘

Windows Server 2016 的存储管理无论是在技术上还是在功能上，都比以前的 Windows 版本有了很大改进，为磁盘管理提供了更好的管理界面和性能。

掌握基本磁盘和动态磁盘的配置与管理，以及管理磁盘配额的方法，是对一个网络管理员最基础的要求之一。

学习要点

- 掌握磁盘的基础知识。
- 掌握管理基本磁盘的方法。
- 掌握管理动态磁盘的方法。

- 掌握管理磁盘配额的方法。
- 掌握常用的磁盘管理命令。

素质要点

- 了解国家科学技术奖中最高等级的奖项——国家最高科学技术奖，激发学生的科学精神和爱国情怀。

- "盛年不重来，一日难再晨。及时当勉励，岁月不待人。"盛世之下，青年学生要惜时如金，学好知识，报效国家。

6.1 项目基础知识

在数据被存储到磁盘中之前，磁盘必须被划分成一个或数个磁盘分区。图 6-1 所示为一个磁盘（一块硬盘）被划分为 3 个磁盘分区。

图 6-1　一个磁盘被划分为 3 个磁盘分区

在磁盘内有一个被称为磁盘分区表的区域,它用来存储磁盘分区的相关数据,如每一个磁盘分区的起始地址、结束地址、是否为活动的磁盘分区等信息。

6.1.1 MBR 磁盘与 GPT 磁盘

磁盘按磁盘分区表的格式可以分为主引导记录(Master Boot Record,MBR)磁盘与全局唯一标识分区表(Globally Unique Identifier Partition Table,GPT)磁盘两种磁盘。

微课 6-1　认识
基本磁盘

- MBR 磁盘。MBR 磁盘使用的是传统磁盘分区表,其磁盘分区表存储在 MBR 内,如图 6-2 所示。MBR 位于磁盘最前端。使用 BIOS(固化在计算机主板上一个 ROM 芯片上的程序)的计算机在启动时,其 BIOS 会先读取 MBR,并将控制权交给 MBR 内的程序,然后由此程序来继续后续的启动工作。MBR 磁盘支持的硬盘最大容量为 2.2TB(1TB=1024GB)。
- GPT 磁盘。GPT 磁盘使用的是一种新的磁盘分区表,其磁盘分区表存储在 GPT 内,如图 6-2 所示。它位于磁盘的前端,有主分区表与备份分区表,可提供容错功能。使用新式 UEFI BIOS 的计算机,其 BIOS 会先读取 GPT,并将控制权交给 GPT 内的程序,然后由此程序来继续后续的启动工作。GPT 磁盘支持的硬盘最大容量超过 2.2TB。

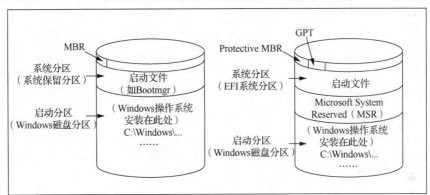

图 6-2　MBR 磁盘与 GPT 磁盘

可以利用图形接口的磁盘管理工具"磁盘管理"或 diskpart 命令将空的 MBR 磁盘转换成 GPT 磁盘,或将空的 GPT 磁盘转换成 MBR 磁盘。

> **提示**　(1)为了兼容,GPT 磁盘内提供了 Protective MBR,让仅支持 MBR 的程序仍然可以正常运行。
> (2)可以在 BIOS Setup 里设置采用何种启动模式,如图 6-3 所示。
>
>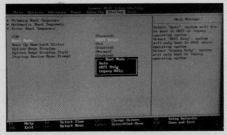
>
> 图 6-3　设置启动模式

6.1.2 认识基本磁盘

在 Windows 操作系统中，磁盘分为基本磁盘与动态磁盘两种类型。

- 基本磁盘：传统磁盘系统，新安装的硬盘默认为基本磁盘。
- 动态磁盘：它支持多种特殊的磁盘分区，其中有的可以提高系统访问效率，有的可以提供容错功能，还有的可以增加磁盘的使用空间。

下面介绍基本磁盘。

1. 主磁盘分区与扩展磁盘分区

基本磁盘的分区分为以下两种。

- 主磁盘分区。主磁盘分区可以用来启动操作系统。计算机启动时，MBR 或 GPT 内的程序会到活动的主磁盘分区内读取与执行启动程序，然后将控制权交给此启动程序来启动相关的操作系统。
- 扩展磁盘分区。扩展磁盘分区只能用来存储文件，无法用来启动操作系统，也就是说，MBR 或 GPT 内的程序不会在扩展磁盘分区内读取与执行启动程序。

一个 MBR 磁盘内最多可建立 4 个主磁盘分区，或最多 3 个主磁盘分区加上 1 个扩展磁盘分区（见图 6-4）。每一个主磁盘分区都可以被赋予一个驱动器号，如 C:、D:等。扩展磁盘分区内可以建立多个逻辑驱动器。基本磁盘内的每一个主磁盘分区或逻辑驱动器又被称为基本卷（Basic Volume）。

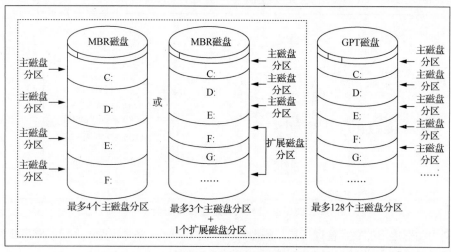

图 6-4 基本磁盘的分区

卷是由一个或多个磁盘分区组成的，在后面介绍动态磁盘时会介绍包含多个磁盘分区的卷。

Windows 操作系统的一个 GPT 磁盘内最多可以建立 128 个主磁盘分区（见图 6-4），而每一个主磁盘分区都可以被赋予一个驱动器号（最多有 A～Z 共 26 个驱动器号可用）。由于可以有 128 个主磁盘分区，因此 GPT 磁盘不需要扩展磁盘分区。大于 2.2TB 的磁盘分区需要使用 GPT 磁盘。有些旧版本的 Windows 操作系统（如 Windows 2000、32 位的 Windows XP 等）无法识别 GPT 磁盘。

2. 活动卷与系统卷

Windows 操作系统又将磁盘区分为启动分区与系统分区两种。

- 启动分区。它是用来存储 Windows 操作系统文件的磁盘分区。操作系统文件通常是存放在 Windows 文件夹内的，此文件夹所在的磁盘分区就是启动分区。如图 6-5 所示，其左半部分与右半部分的 C:都是存储操作系统文件（Windows 文件夹）的磁盘分区，所以它们都是启动分区。启动分区可以是主磁盘分区或扩展磁盘分区内的逻辑驱动器。

- 系统分区。如果将系统启动的程序分为两个阶段来看的话，系统分区用于存储第 1 阶段需要的启动文件（如 Windows 启动管理器）。系统利用其中存储的启动信息，就可以在启动分区的 Windows 文件夹内读取启动 Windows 操作系统所需的其他文件，然后进入第 2 阶段的启动程序。如果计算机内安装了多个 Windows 操作系统的话，系统分区内的程序也会负责显示操作系统列表来供用户选择。

例如，图 6-5 左半部分的系统保留分区与右半部分的 C:都是系统分区，其中右半部分因为只有一个磁盘分区，启动文件与 Windows 文件夹都存储在此处，所以它既是系统分区，又是启动分区。

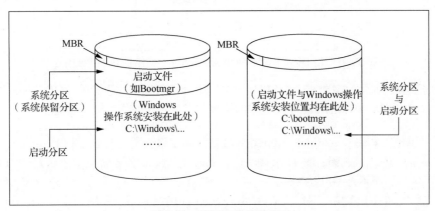

图 6-5 系统分区与启动分区

在安装 Windows Server 2016 时，安装程序就会自动建立扮演系统分区角色的系统保留分区，且无驱动器号（参考图 6-5 左上半部分），该分区包含 Windows 修复环境（Windows Recovery Environment，Windows RE）。可以自行删除此默认分区，图 6-5 右半部分所示就只有 1 个磁盘分区。

使用 UEFI BIOS 的计算机可以选择 UEFI 模式或传统模式（以下将其称为 BIOS 模式）来安装 Windows Server 2016。若是选择 UEFI 模式的话，则启动磁盘须为 GPT 磁盘，且此磁盘最少需要 3 个 GPT 磁盘分区，如图 6-6 所示。

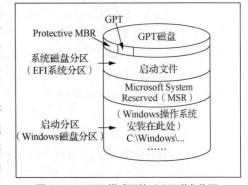

图 6-6 UEFI 模式下的 GPT 磁盘分区

- EFI 系统分区（EFI System Partition，ESP）。其文件系统为 FAT32，可用来存储 BIOS/OEM（Original Equipment Manufacture，原厂委托制造）厂商需要的文件、启动操作系统需要的文件（UEFI 的上一版称为 EFI）、Windows RE 等。

- 微软保留分区（Microsoft Reserved Partition，MSR）。它用来保留供操作系统使用的区域。若磁盘的容量小于 16GB，则此区域占用约 32MB；若磁盘的容量大于或等于 16GB，则此区域占用约 128MB。

- Windows 磁盘分区。其文件系统为 NTFS，它是用来存储 Windows 操作系统文件的磁盘分区。

在 UEFI 模式之下，如果将 Windows Server 2016 安装到一个空硬盘，则除了以上 3 个磁盘分区之外，安装程序还会自动多建立一个恢复分区，如图 6-7 所示，它将 Windows RE 与 EFI 系统分区分成两个磁盘分区，存储 Windows RE 的恢复分区的容量约为 300MB，此时的 EFI 系统分区的容量约为 100MB。

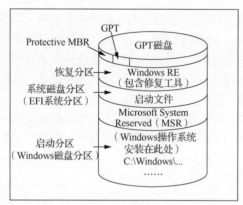

图6-7　在 UEFI 模式下安装 Windows Server 2016 的 GPT 磁盘分区

若是数据磁盘，则至少需要一个 MSR 与一个用来存储数据的磁盘分区。UEFI 模式的系统虽然也可以使用 MBR 磁盘，但 MBR 磁盘只能够用作数据磁盘，无法作为启动磁盘使用。

特别注意　（1）在安装 Windows Server 2016 之前，可能需要先进入 BIOS 指定以 UEFI 模式工作，例如，将通过 DVD 来启动计算机的方式改为 UEFI，否则可能会以 BIOS 模式工作，而不是 UEFI 模式。
（2）在 UEFI 模式下安装 Windows Server 2016 完成后，系统会自动修改 BIOS 设置，并将其改为优先通过 Bootmgr 来启动计算机。

如果硬盘内已经有操作系统，且此硬盘是 MBR 磁盘，则必须先删除其中的所有磁盘分区，然后将其转换为 GPT 磁盘。转换方法为：在安装过程中通过单击修复计算机进入命令提示符窗口，然后执行 diskpart 程序，接着依次执行 select disk 0、clean、convert gpt 命令。

在文件资源管理器窗口内看不到系统保留分区、恢复分区、EFI 系统分区与 MSR 等磁盘分区。在 Windows 操作系统内置的磁盘管理工具"磁盘管理"内看不到 MBR、GPT、Protective MBR 等特殊信息，虽然可以看到系统保留分区（MBR 磁盘）、恢复分区与 EFI 系统分区等磁盘分区，但还是看不到 MSR 的相关信息，例如，图 6-8 所示的磁盘为 GPT 磁盘，从中可以看到恢复分区和 EFI 系统分区（当然还有 Windows 磁盘分区），但看不到 MSR 的相关信息。

我们可以通过 diskpart 程序来查看 MSR：打开命令提示符窗口（用鼠标右键单击"开始"菜单，选择相应命令）或 Windows PowerShell（选择"服务器管理器"窗口的"工具"菜单中的相应命令），执行 diskpart 程序，然后依次执行 select disk 0、list partition 命令，可以看到 4 个磁盘分区，如图 6-9 所示。

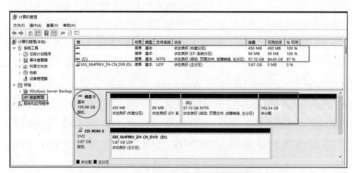

图6-8　GPT 磁盘的磁盘管理相关信息

图6-9　使用 diskpart 程序查看磁盘分区

6.1.3　认识动态磁盘

动态磁盘使用卷（Volume）来组织空间，其使用方法与基本磁盘使用分区来组织空间相似。动态卷可建立在不连续的磁盘空间上，且其空间大小可以动态变更。动态卷的创建数量也不受限制。在动态磁盘中可以建立多种类型的卷，以提供高性能的磁盘存储能力。

微课 6-2　认识
动态磁盘

1.　RAID 技术简介

如何提高磁盘的存取速度，如何防止数据因磁盘故障而丢失，如何有效地利用磁盘空间，这些问题一直困扰着计算机专业人员和用户。RAID 技术的产生一举解决了这些问题。

RAID 技术把多个磁盘组成一个阵列，当作单一磁盘使用。它将数据以分段（Striping）的方式存储在不同的磁盘中，存取数据时，阵列中的相关磁盘一起动作，从而大幅减少了数据的存取时间，同时有更佳的空间利用率。RAID 所利用的不同技术称为 RAID 级别。不同的级别用于不同的系统及应用，以解决数据访问性能和数据安全的问题。

RAID 技术的实现可以分为硬件实现和软件实现两种。现在很多操作系统，如 Windows NT 以及 UNIX 等都提供软件 RAID 技术，其性能略低于硬件 RAID 技术，但成本较低，配置管理也非常简单。目前，Windows Server 2016 网络操作系统支持的 RAID 级别包括 RAID 0、RAID 1、RAID 4 和 RAID 5。

- RAID 0。RAID 0 通常被称作"条带"，它是面向性能的分条数据映射技术。这意味着被写入阵列的数据会被分割成条带，然后写入阵列中的成员磁盘，从而提供低费用的高效 I/O 性能，但是不提供冗余性。
- RAID 1。RAID 1 被称为"磁盘镜像"，通过在阵列中的每个成员磁盘上写入相同的数据来提供冗余性。由于镜像的简单性和高度的数据可用性，RAID 1 目前很流行。RAID 1 提供了极佳的数据可靠性，并提高了读取任务繁重的程序的执行性能，但是它的费用也较高。
- RAID 4。RAID 4 使用集中到单个磁盘驱动器上的奇偶校验来保护数据，更适用于事务性的 I/O 而不是大型文件传输。专用的奇偶校验磁盘同时带来了固有的性能瓶颈。
- RAID 5。RAID 5 是目前使用最普遍的 RAID 级别之一。通过在某些或全部成员磁盘驱动器中分布奇偶校验，RAID 5 避免了 RAID 4 中固有的写入性能瓶颈，唯一的性能瓶颈是奇偶计算进程。与 RAID 4 一样，其结果是性能不对称，其读取性能大大超过其写入性能。

2.　动态卷类型

动态磁盘提供了更好的磁盘访问性能以及容错等功能，可以将基本磁盘转换为动态磁盘，而不损坏原有的数据。动态磁盘若要转换为基本磁盘，则必须先删除原有的卷。

在转换磁盘之前需要关闭这些磁盘上运行的程序。如果转换启动盘，或者要转换的磁盘中的卷或分区正在使用，则必须重新启动计算机才能成功转换。转换过程如下。

STEP 1　关闭所有正在运行的应用程序，选择"服务器管理器"→"工具"→"计算机管理"→"磁盘管理"命令，在右侧窗格的底端，用鼠标右键单击要升级的基本磁盘，在弹出的快捷菜单中选择"转换到动态磁盘"命令。

STEP 2　在打开的对话框中，可以选择多个磁盘一起升级。选好之后，单击"确定"按钮，然后单击"转换"按钮即可。

Windows Server 2016 支持的动态卷如下。

- 简单卷（Simple Volume）。简单卷与基本磁盘的分区类似，只是其空间可以扩展到非连续的空间上。

- 跨区卷（Spanned Volume）。跨区卷可以将多个（至少两个，最多 32 个）磁盘上的未分配空间合成一个逻辑卷。使用时先写满一部分空间，再写入下一部分空间。
- 带区卷（Striped Volume）。带区卷又称条带卷 RAID 0，将 2~32 个磁盘空间上容量相同的空间组合成一个卷，写入数据时将数据分成 64KB 数据块，同时写入卷的每个成员磁盘的空间上。带区卷可提供非常好的磁盘访问性能，但是不能被扩展或镜像，并且没有容错功能。
- 镜像卷（Mirrored Volume）。镜像卷又称为 RAID 1 技术，可将两个磁盘上相同尺寸的空间建立为镜像，有容错功能，但其空间利用率只有 50%，实现成本较高。
- 带奇偶校验的带区卷。它采用 RAID 5 技术，其每个独立磁盘进行条带化分割、条带区奇偶校验，校验数据平均分布在每块硬盘上，容错性能好，应用广泛，需要 3 个以上的磁盘。其平均实现成本低于镜像卷的平均实现成本。

6.2 项目设计与准备

1. 项目设计

本项目的所有实例都部署在图 6-10 所示的拓扑下。DC1、MS1 和 MS2 是 3 台虚拟机。特别注意，为了不受外部环境的影响，将 3 台虚拟机的网络连接模式设置为"仅主机模式"。本项目只用到 MS1 和 MS2，其他虚拟机可以临时关闭或挂起。

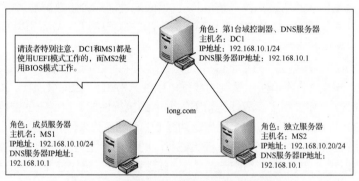

图 6-10   配置与管理基本磁盘和动态磁盘拓扑

2. 项目准备

（1）在 VMware 中安装独立服务器 MS2（使用 BIOS 模式）

新建虚拟机后，必须对虚拟机进行设置才能正常安装。有几点提示如下。

① 设置虚拟机时，将"选项"选项卡中的固件类型改为"BIOS"，如图 6-11 所示。

② 添加一个磁盘：磁盘 1（127GB）。

③ 虚拟机的其他设置请参照项目 2 的有关内容，这里不赘述。

④ 重新安装计算机，将其命名为 MS2，设置 IP 地址为 192.168.10.20/24，DNS 服务器的 IP 地址为 192.168.10.1。

（2）在 MS1 上添加 4 个 SCSI 磁盘

关闭 MS1，在 MS1 上添加 4 个 SCSI 磁盘，设置每个磁盘容量为 127GB，步骤如下。

STEP 1   打开 VMware Workstation，用鼠标右键单击"MS1"，在弹出的快捷菜单中单击"设置"选项，出现图 6-12 所示的"虚拟机设置"对话框。单击"添加"按钮，选择硬件类型为"硬盘"，如图 6-13 所示。

图 6-11　将固件类型改为"BIOS"　　　　　　图 6-12　"虚拟机设置"对话框

STEP 2　单击"下一步"按钮，选中"SCSI"单选按钮，如图 6-14 所示。单击"下一步"按钮，出现图 6-15 所示的"指定磁盘容量"界面，输入最大磁盘大小。

图 6-13　选择硬件类型

图 6-14　选中"SCSI"单选按钮

STEP 3　单击"下一步"按钮，创建一个虚拟磁盘 MS1.vmdk（如果存在创建好的虚拟磁盘，可以直接单击"浏览"按钮进行选择）。然后单击"完成"按钮，成功添加第一个磁盘，如图 6-16 所示。

图 6-15　"指定磁盘容量"界面

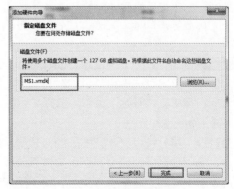

图 6-16　创建虚拟磁盘

STEP 4　使用同样的方法添加另外 3 个 SCSI 磁盘。

6.3 项目实施

任务 6-1 管理基本磁盘

微课 6-3 管理
基本磁盘

在安装 Windows Server 2016 时，硬盘将自动初始化为基本磁盘。基本磁盘上
的管理任务包括磁盘分区的建立、删除、查看以及分区的挂载和磁盘碎片整理等。

1. 使用磁盘管理工具

Windows Server 2016 提供了界面非常友好的磁盘管理工具"磁盘管理"，使用
该工具可以很轻松地完成各种基本磁盘和动态磁盘的配置和管理工作。可以使用多
种方法打开该工具。

（1）使用"计算机管理"窗口打开

STEP 1 以管理员身份登录 MS1，打开"计算机管理"窗口。选择"存储"中的"磁盘管理"
选项，出现图 6-17 所示的对话框，对新添加的磁盘进行初始化。

图 6-17 "初始化磁盘"对话框

STEP 2 单击"确定"按钮，初始化新添加的 4 个磁盘。完成后，MS1 就新添加了 4 个磁盘。
（2）使用系统内置的 MSC 窗口文件打开

用鼠标右键单击"开始"菜单，选择"运行"命令，在文本框中输入"diskmgmt.msc"，并单击
"确定"按钮。

磁盘管理工具分别以文本和图形的方式显示所有磁盘和分区（卷）的基本信息，这些信息包括
分区（卷）的驱动器号、磁盘类型、文件系统类型以及工作状态等。在磁盘管理工具的下部，以不
同的颜色表示不同的分区（卷）类型，便于用户分辨不同的分区（卷）。

2. 新建基本卷

在 MS1 的磁盘 1 上创建主磁盘分区和扩展磁盘分区，并在扩展磁盘分区中创建逻辑驱动器。该

如何做呢？

对于 MBR 磁盘，基本磁盘上的分区和逻辑驱动器称为基本卷，基本卷只能在基本磁盘上创建。

> **特别注意** 由于 GPT 磁盘可以有多达 128 个主磁盘分区，因此不需要扩展磁盘分区。所以将 GPT 磁盘转换为 MBR 磁盘是创建扩展磁盘分区的前提。在磁盘管理工具中的"磁盘 1"上单击鼠标右键，在弹出的快捷菜单中选择"转换成 MBR 磁盘"命令，可以将 GPT 磁盘转换成 MBR 磁盘，如图 6-18 所示。

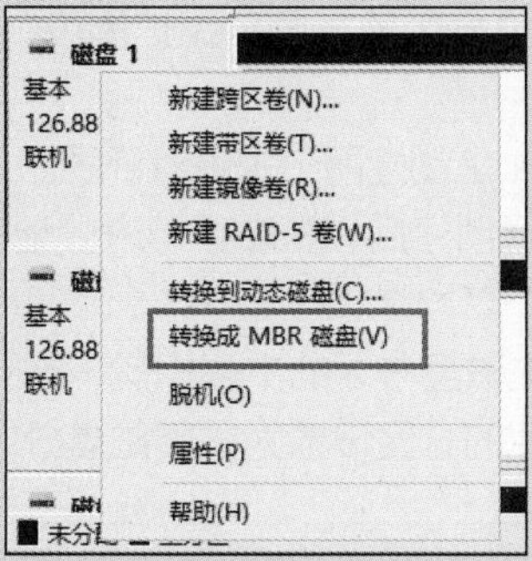

图 6-18　将 GPT 磁盘转换成 MBR 磁盘

（1）创建主磁盘分区

STEP 1　选择 MS1 计算机的"服务器管理器"→"工具"→"计算机管理"→"磁盘管理"命令，用鼠标右键单击"磁盘 1"的未分配空间，在弹出的快捷菜单中选择"新建简单卷"命令，如图 6-19 所示。

STEP 2　打开"新建简单卷向导"对话框，单击"下一步"按钮，设置卷的大小为 500MB。

STEP 3　单击"下一步"按钮，分配驱动器号，如图 6-20 所示。

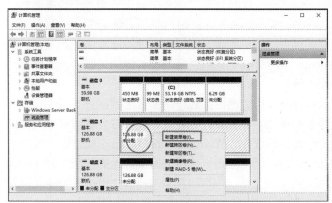

图 6-19　选择"新建简单卷"命令

图 6-20　分配驱动器号

- 选中"装入以下空白 NTFS 文件夹中"单选按钮，表示指派一个 NTFS 的空文件夹来代表该磁盘分区。例如，用 C:\data 表示该分区，则以后所有保存到 C:\data 的文件都被保存到该分区中。该文件夹必须是空文件夹，且位于 NTFS 卷。这个功能特别适用于 26 个磁盘驱动器号（A~Z）不够使用时的网络环境。

- 选中"不分配驱动器号或驱动器路径"单选按钮，表示可以之后指派驱动器号或指派某个空文件夹来代表该磁盘分区。

STEP 4 单击"下一步"按钮，进行格式化分区设置，如图6-21所示。格式化结束，单击"完成"按钮，完成主磁盘分区的创建。本例中划分给主磁盘分区500MB的空间，赋予其驱动器号为E。

STEP 5 重复以上步骤创建其他主磁盘分区。

（2）创建扩展磁盘分区

通过Windows Server 2016的磁盘管理工具不能直接创建扩展磁盘分区，必须创建完3个主磁盘分区后才能创建扩展磁盘分区。步骤如下。

STEP 1 继续在MS1的磁盘1上创建两个主磁盘分区。

图6-21　格式化分区设置

STEP 2 完成3个主磁盘分区创建后，在磁盘1未分配空间上单击鼠标右键，在弹出的快捷菜单中选择"新建简单卷"命令。

STEP 3 后面的步骤与创建主磁盘分区的步骤相似，不同的是当创建完成、显示"状态良好"的分区信息后，系统会自动将刚才创建的分区设置为扩展磁盘分区的一个逻辑驱动器，如图6-22所示。

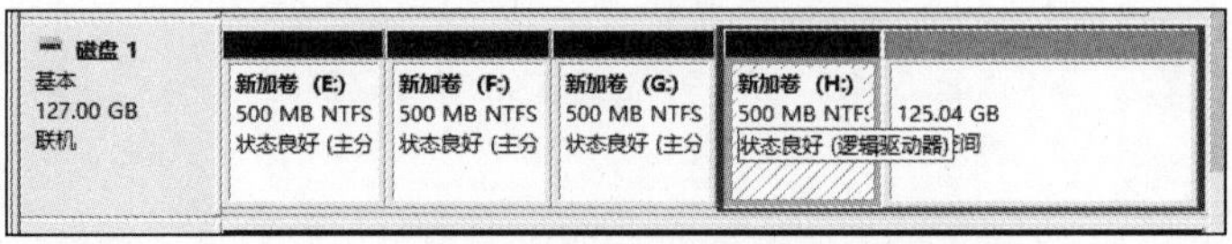

图6-22　创建的扩展磁盘分区被设置为逻辑驱动器

3. 更改驱动器号和路径

Windows Server 2016默认为每个分区（卷）分配一个驱动器号后，该分区就会成为一个逻辑上的独立驱动器。有时出于管理的目的，可能需要修改默认分配的驱动器号。

还可以使用磁盘管理工具在本地NTFS分区（卷）的任何空文件夹中连接或装入一个本地驱动器。当在空的NTFS文件夹中装入本地驱动器时，Windows Server 2016为驱动器分配一个路径而不是驱动器号，可以装载的驱动器数量不受驱动器号限制的影响，因此可以使用挂载的驱动器在计算机上访问26个以上的驱动器。Windows Server 2016确保驱动器路径与驱动器的关联，因此可以添加或重新排列存储设备而不会使驱动器路径失效。

另外，当某个分区的空间不足并且难以扩展时，可以通过挂载一个新分区到该分区某个文件夹的方法达到扩展磁盘分区的目的。因此，挂载的驱动器会使数据更容易访问，并会增强基于工作环境和系统使用情况管理数据存储的灵活性。例如，可以在C:\Document and Settings文件夹中装入带有NTFS磁盘配额以及启用容错功能的驱动器，这样用户就可以跟踪或限制磁盘的使用，并保护装入的驱动器上的用户数据，而不用在C盘中做同样的工作。也可以将C:\Temp文件夹设为挂载驱动器，为临时文件提供额外的磁盘空间。

如果C盘的空间较小，可将程序文件移动到其他大容量驱动器上，如E盘，并将它作为C:\mytext挂载。这样所有保存在C:\mytext文件夹下的文件事实上都保存在E盘上。下面完成这个例子。（保证C:\mytext在NTFS分区上，并且它是空文件夹。）

STEP 1 在"磁盘管理"界面中，用鼠标右键单击目标驱动器E，在弹出的快捷菜单中选择"更改驱动器号和路径"命令，打开图6-23所示的对话框。

STEP 2 单击"更改"按钮，可以更改驱动器号；单击"添加"按钮，可打开"添加驱动器号或路径"对话框，如图6-24所示。

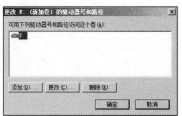

图 6-23 "更改 E:(新加卷)的驱动器号和路径"对话框

图 6-24 "添加驱动器号或路径"对话框

STEP 3 输入驱动器路径后，单击"确定"按钮。

STEP 4 测试。在 C:\mytext 下新建文件，然后查看 E 盘中的信息，会发现文件实际存储在 E 盘上。

 提示 要装入的文件夹一定是事先建立好的空文件夹，该文件夹所在的分区必须是 NTFS 分区。

4. 指定活动的磁盘分区

如果计算机中安装了多个无法直接相互访问的不同的网络操作系统，如 Windows Server 2016、Linux 等，则计算机在启动时会启动被设为"活动"的磁盘分区内的网络操作系统。

假设当前第 1 个磁盘分区中安装的是 Windows Server 2016，第 2 个磁盘分区中安装的是 Linux，如果第 1 个磁盘分区被设为"活动"，则计算机启动时就会启动 Windows Server 2016。若要下一次计算机启动时启动 Linux，只需将第 2 个磁盘分区设为"活动"即可。

以 x86/x64 计算机来说，系统分区内存储着启动文件，如启动管理器（Boot Manager，Bootmgr）等。使用 BIOS 模式工作的计算机启动时，计算机主板上的 BIOS 会读取磁盘内的 MBR，然后由 MBR 读取系统分区内的启动程序 [位于系统分区最前端的分区引导扇区（Partition Boot Sector）]，再由此程序读取系统分区内的启动文件，启动文件到启动分区内加载操作系统文件并启动操作系统。因为 MBR 是在活动的磁盘分区中读取启动程序的，所以必须将系统分区设置为"活动"。

以管理员身份登录 MS2（使用 BIOS 模式工作），选择"开始"→"Windows 管理工具"→"计算机管理"命令，打开"计算机管理"窗口，选择"磁盘管理"命令，显示图 6-25 所示的信息。该界面显示磁盘 0 中第 2 个磁盘分区中安装着 Windows Server 2016，它是启动分区；第 1 个磁盘分区为系统保留分区，它存储着启动文件，如 Bootmgr，由于它是系统分区，因此它必须是活动分区。

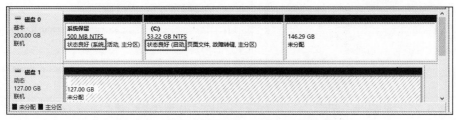

图 6-25 磁盘 0 的启动分区、系统分区和活动分区

在安装 Windows Server 2016 时，安装程序会自动建立两个磁盘分区，其中一个为系统保留分区，另一个用来安装 Windows Server 2016（见图 6-25）。安装程序会将启动文件放置到系统保留分区内，并将它设置为"活动"，此磁盘分区扮演系统分区的角色。若出于特殊原因需要将活动分区更改为另外一个主磁盘分区，则选中该主磁盘分区并单击鼠标右键，在弹出的快捷菜单中选择"将分区标记为活动分区"命令。

> **注意** 只有主磁盘分区可以设置为活动分区，扩展磁盘分区内的逻辑驱动器无法设置为活动分区。

微课 6-4　建立动态卷

任务 6-2　建立动态卷

在 Windows Server 2016 动态磁盘上建立卷的操作，与在基本磁盘上建立分区的操作类似。

1. 创建 1000MB 的 RAID 5 卷

STEP 1 以管理员身份登录 MS1，用鼠标右键单击"磁盘 1"，在弹出的对话框中勾选"磁盘 1"～"磁盘 4"复选框，如图 6-26 所示，将这 4 个磁盘转换为动态磁盘。请读者特别注意磁盘 1 转换为动态磁盘后其简单卷的变化。

STEP 2 在磁盘 2 的未分配空间上单击鼠标右键，在弹出的快捷菜单中选择"新建 RAID 5 卷"命令，打开"新建 RAID-5 卷"对话框。

STEP 3 单击"下一步"按钮，打开"选择磁盘"界面，如图 6-27 所示。选择要创建的 RAID 5 卷所需要使用的磁盘，选择空间容量为 1000MB。对于 RAID 5 卷来说，至少需要选择 3 个动态磁盘。这里选择磁盘 2～磁盘 4。

STEP 4 为 RAID 5 卷指定驱动器号和文件系统类型，完成向导设置。

STEP 5 建立完成的 RAID 5 卷如图 6-28 所示。

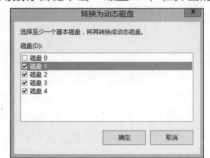

图 6-26　勾选"磁盘 1"～"磁盘 4"复选框

图 6-27　"选择磁盘"界面

图 6-28　建立完成的 RAID 5 卷

2. 创建其他类型动态卷

建立其他类型动态卷的方法与上述方法类似，用鼠标右键单击动态磁盘的未分配空间，在弹出的快捷菜单中按需要选择相应命令，完成不同类型动态卷的建立即可，这里不赘述。读者可以尝试创建如下动态卷。

- 在磁盘 2 上创建容量为 800MB 的简单卷。
- 在磁盘 3 上创建容量为 200MB 的扩展卷，使容量为 800MB 的简单卷变为 1000MB。

- 在磁盘 2 上创建容量为 1000MB 的跨区卷（只有磁盘容量不足时才会使用其他磁盘）。
- 在磁盘 2 上创建容量为 1000MB 的带区卷。

任务 6-3　维护动态卷

1. 维护镜像卷

微课 6-5　维护
动态卷

在 MS1 上提前建立镜像卷 J，其容量为 1000MB，使用磁盘 1 和磁盘 2。在 J（驱动器号可能与读者的不一样，请注意）盘上创建一个文件夹 test，供测试使用。

不再需要镜像卷的容错能力时，可以选择将镜像卷中断。其方法是用鼠标右键单击镜像卷，在弹出的快捷菜单中选择"中断镜卷"、"删除镜像"或"删除卷"命令。

- 如果选择"中断镜卷"命令，则中断后的镜像卷成员会成为两个独立的卷，不再具有容错能力。
- 如果选择"删除镜像"命令，则选中的磁盘上的镜像卷被删除，不再具有容错能力。
- 如果选择"删除卷"命令，则镜像卷成员会被删除，数据将会丢失。

如果包含部分镜像卷的磁盘已经断开连接，磁盘状态会显示为"脱机"或"丢失"。要重新使用这些镜像卷，可以尝试重新连接并激活磁盘。其方法是在要重新激活的磁盘上单击鼠标右键，并在弹出的快捷菜单中选择"重新激活磁盘"命令。

如果包含部分镜像卷的磁盘丢失并且该卷没有返回"良好"状态，则应该用另一个磁盘上的新镜像替换出现故障的镜像。具体方法如下。

STEP 1 构建故障。在虚拟机 MS1 中，将第 2 块 SCSI 磁盘（虚拟机中的第 2 个磁盘在计算机中的标识为磁盘 1）删除并单击"应用"按钮。这时回到 MS1，可以看到磁盘 1 显示为"丢失"状态。

STEP 2 在显示为"丢失"或"脱机"状态的磁盘的"镜像卷"上单击鼠标右键，在弹出的快捷菜单中选择"删除镜像"命令，弹出图 6-29 所示的对话框。然后查看系统日志，以确认磁盘或磁盘控制器是否出现故障。如果出现故障的镜像卷成员位于有故障的控制器，在有故障的控制器上安装新的磁盘并不能解决问题。本例中直接删除并重建镜像卷。删除镜像卷后仍能在 J 盘上查看到 test 文件夹，这体现了镜像卷的容错能力。下面使用新磁盘替换损坏的磁盘重建镜像卷。

STEP 3 用鼠标右键单击要重新添加镜像的卷（不是已删除的卷），在弹出的快捷菜单中选择"添加镜像"命令，打开图 6-30 所示的"添加镜像"对话框。选择合适的磁盘（如磁盘 3）后，单击"添加镜像"按钮，系统会使用新的磁盘重建镜像。

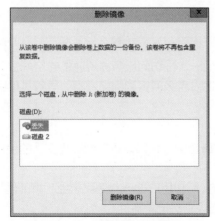

图 6-29 "删除镜像"对话框

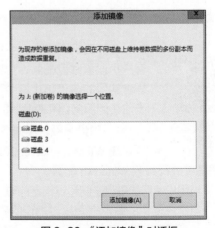

图 6-30 "添加镜像"对话框

2. 维护 RAID 5 卷

在 MS1 上提前建立好的 RAID 5 卷 I，其容量为 1000MB，使用磁盘 2～磁盘 4。在 I（磁盘符号根据不同情况会有变化）盘上有一个文件夹 test，供测试使用。

若 RAID 5 卷有故障，用鼠标右键单击该卷，在弹出的快捷菜单中选择"重新激活磁盘"命令进行修复。如果修复失败，则需要更换磁盘并在新磁盘上重建 RAID 5 卷。RAID 5 卷的故障恢复过程如下。

STEP 1　构建故障。在虚拟机 MS1 中，将第 2 块 SCSI 磁盘删除并单击"应用"按钮。这时回到 MS1，可以看到磁盘 1 显示为"丢失"状态，I 盘显示为"失败的重复"（原来的 RAID 5 卷）。

STEP 2　在"磁盘管理"界面上，用鼠标右键单击将要修复的 RAID 5 卷（在"丢失"的磁盘上），选择"重新激活卷"命令。

STEP 3　由于卷成员磁盘失效，所以会弹出提示"缺少成员"的对话框，单击"确定"按钮。

STEP 4　用鼠标右键单击将要修复的 RAID 5 卷，在弹出的快捷菜单中选择"修复卷"命令，如图 6-31 所示。

STEP 5　在图 6-32 所示的"修复 RAID-5 卷"对话框中选择新添加的磁盘 0，然后单击"确定"按钮。

STEP 6　在"磁盘管理"界面中，可以看到 RAID 5 卷在新磁盘上重新建立，并进行数据的同步操作。同步操作完成后，RAID 5 卷的故障被修复，其中的文件夹 test 仍然存在。

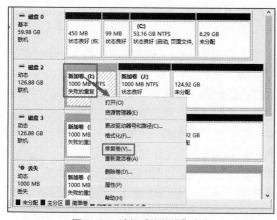

图 6-31　选择"修复卷"命令

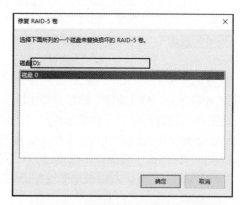

图 6-32　"修复 RAID-5 卷"对话框

任务 6-4　管理磁盘配额

微课 6-6　管理磁盘配额

在计算机网络中，系统管理员有一项很重要的任务，即为访问服务器资源的客户机设置磁盘配额，也就是限制它们一次性访问服务器资源的卷空间数量。这样做的目的在于防止某个客户机过量地占用服务器和网络资源，导致其他客户机无法访问服务器和使用网络资源。

1. 磁盘配额基本概念

在 Windows Server 2016 中，通过磁盘配额跟踪以及控制磁盘空间的使用，系统管理员可进行如下 Windows 配置。

- 当用户使用的磁盘空间超过指定的磁盘空间限额时，阻止用户进一步使用磁盘空间和记录事件。
- 当用户使用的磁盘空间超过指定的磁盘配额警告级别时记录事件。

启用磁盘配额时，可以设置两个值：磁盘配额限度和磁盘配额警告级别。磁盘配额限度指定了允许用户使用的磁盘空间容量。磁盘配额警告级别指定了用户使用的磁盘空间大小接近其配额限度的值。例如，可以把用户的磁盘配额限度设为 50MB，并把磁盘配额警告级别设为 45MB。在这种情况下，用户可在卷上存储不超过 50MB 的文件。如果用户在卷上存储的文件超过 45MB，则把磁盘配额系统记录为系统事件。如果不想拒绝用户访问卷，但想跟踪每个用户的磁盘空间使用情况，启用磁盘配额但不限制磁盘空间的使用将非常有用。

磁盘配额默认不应用到现有的卷用户上。可以在"配额项目"对话框中添加新的配额项目，将磁盘配额应用到现有的卷用户上。

磁盘配额是以文件所有权为基础的，并且不受卷中用户文件所在的文件夹位置的限制。例如，用户把文件从一个文件夹移到相同卷上的其他文件夹，则卷空间用量不变。

磁盘配额只适用于卷，且不受卷的文件夹结构及物理磁盘的布局的限制。如果某卷中有多个文件夹，则分配给该卷的磁盘配额将应用于卷中所有的文件夹。

如果单个物理磁盘包含多个卷，并把磁盘配额应用到每个卷，则每个卷的磁盘配额只适用于特定的卷。例如，用户共享两个不同的卷，分别是 F 卷和 G 卷，即使这两个卷在相同的物理磁盘上，也会分别对这两个卷的磁盘配额进行跟踪。

如果一个卷跨越多个物理磁盘，则整个跨区卷使用该卷的同一磁盘配额。例如，F 卷有 50MB 的磁盘配额限度，则不管 F 卷是在物理磁盘上还是跨越 3 个磁盘，都不能把超过 50MB 的文件保存到 F 卷。

在 NTFS 中，卷使用信息按 SID 存储，而不是按用户账户名称存储。第一次打开"配额项目"对话框时，必须从网络域控制器或本地用户管理器上获得用户账户名称，并将这些用户账户名称与当前卷用户的 SID 相匹配。

2. 设置磁盘配额

STEP 1 以管理员身份登录 MS1，选择"开始"→"Windows 管理工具"→"计算机管理"命令，打开"计算机管理"窗口，选择"磁盘管理"选项，再用鼠标右键单击"新加卷 E:"，然后在弹出的快捷菜单中选择"属性"命令，打开"新加卷(E:)属性"对话框。

STEP 2 单击"配额"选项卡，如图 6-33 所示。

STEP 3 勾选"启用配额管理"复选框，然后为新用户设置磁盘空间限制数值。

STEP 4 若需要为原有的用户设置磁盘配额，单击"配额项"按钮，打开图 6-34 所示的窗口。

图 6-33 单击"配额"选项卡

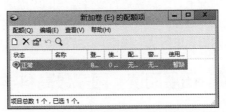

图 6-34 "新加卷(E:)的配额项"窗口

STEP 5　选择"配额"→"新建配额项"命令，或单击工具栏上的"新建配额项"按钮，打开"选择用户"对话框。单击"高级"→"立即查找"按钮，即可在"搜索结果"列表框中选择当前计算机用户，并设置磁盘配额。关闭"新加卷(E:)的配额项"窗口。图 6-35 所示为 yhl 用户的磁盘配额。

STEP 6　回到图 6-33 所示的"配额"选项卡。如果需要限制受磁盘配额影响的用户使用超过磁盘配额的空间，则勾选"拒绝将磁盘空间给超过配额限制的用户"复选框，单击"确定"按钮。

图 6-35　yhl 用户的磁盘配额

任务 6-5　碎片整理和优化驱动器

微课 6-7　碎片整理和优化驱动器

计算机磁盘上的文件并非保存在连续的磁盘空间上，而是把一个文件分散存放在磁盘的许多地方，这样会浪费磁盘空间，人们习惯称之为"磁盘碎片"。在经常进行添加和删除文件等操作的磁盘上，这种情况尤其严重。磁盘碎片会增加计算机访问磁盘的时间，降低整个计算机的运行性能。因而，计算机在使用一段时间后，就要对磁盘进行碎片整理。

通过碎片整理和优化驱动器可以重新安排计算机硬盘上的文件、程序以及未使用的空间，使程序运行得更快、文件打开得更快。进行碎片整理并不会影响数据的完整性。

依次选择"服务器管理器"→"工具"→"碎片整理和优化驱动器"命令，打开图 6-36 所示的"优化驱动器"窗口，对驱动器进行分析和优化。

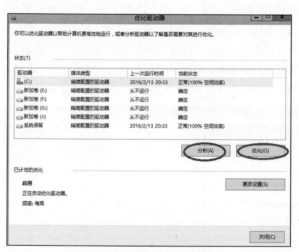

图 6-36　"优化驱动器"窗口

一般情况下，选择要进行碎片整理的磁盘后，先分析一下磁盘分区状态。单击"分析"按钮，可以对所选的磁盘分区进行分析。系统分析完毕会打开相应对话框，询问是否对磁盘进行碎片整理。如果需要对磁盘进行优化操作，选择磁盘后，直接单击"优化"按钮即可。

6.4　拓展阅读　国家最高科学技术奖

国家最高科学技术奖于 2000 年由国务院设立，是中国 5 个国家科学技术奖中最高等级的奖项，授予在当代科学技术前沿取得重大突破，在科学技术发展中卓有建树，或者在科学技术创新、科学技术成果转化和高技术产业化中创造巨大经济效益或社会效益的科学技术工作者。

根据国家科学技术奖励工作办公室官网显示，国家最高科学技术奖每年评选一次，其授予人每次不超过两名，由国家主席亲自签署、颁发荣誉证书、奖章和奖金。截至 2021 年 11 月，共有 35 位杰出科学工作者获得该奖项。其中，计算机科学家王选院士获此殊荣。

6.5 习题

一、填空题

1. 磁盘内有一个被称为_____的区域，它用来存储磁盘分区的相关数据，如每一个磁盘分区的_____、_____、_____等信息。

2. 磁盘按分区表的格式可以分为_____、_____两种磁盘格式。其中，MBR 磁盘支持的硬盘最大容量为_____ TB。

3. GPT 磁盘使用一种新的磁盘分区表格式，其磁盘分区表存储在_____内，位于磁盘的前端，分为_____、_____，可提供容错功能。使用新式 UEFI BIOS 的计算机，其 BIOS 会先读取_____，并将控制权交给_____，然后由此程序来继续后续的启动工作。

4. MBR 磁盘使用的是传统磁盘分区表，其磁盘分区表存储在_____内。为了兼容，GPT 磁盘内提供了_____，让仅支持 MBR 的程序仍然可以正常运行。

5. 一个 MBR 磁盘内最多可建立_____ 个主磁盘分区，或最多_____个主磁盘分区加上 1 个扩展磁盘分区。

6. Windows 操作系统的一个 GPT 磁盘内最多可以建立_____个主磁盘分区，因此 GPT 磁盘不需要_____分区。

7. 在 Windows 操作系统中，基本磁盘又分为_____与_____两种。

8. 使用 UEFI BIOS 的计算机可以选择 UEFI 模式或_____来安装 Windows Server 2016。若是选择 UEFI 模式，则启动磁盘须为_____ 磁盘，且此磁盘最少需要 3 个 GPT 磁盘分区，即_____、_____、_____。

9. 虽然 UEFI 模式下的系统可以使用 MBR 磁盘，但 MBR 磁盘只能够用作_____磁盘，无法作为_____磁盘使用。

10. 从 Windows 2000 操作系统开始，Windows 操作系统中将磁盘分为_____和_____。

11. 一个基本磁盘最多可分为_____个区，即_____个主磁盘分区或_____个主磁盘分区和一个扩展磁盘分区。

12. 动态卷包括_____、_____、_____、_____、_____。

13. 要将 E 盘转换为 NTFS，可以运行命令：_____。

14. 带区卷又称为_____技术，RAID 1 又称为_____卷，RAID 5 又称为_____卷。

15. 镜像卷的磁盘空间利用率只有_____，所以镜像卷的花费较高。与镜像卷相比，RAID 5 卷的磁盘空间有效利用率为_____。硬盘数量越多，冗余数据带区的成本越低，所以 RAID 5 卷的性价比较高，被广泛应用于数据存储领域。

二、简答题

1. 简述基本磁盘与动态磁盘的区别。

2. 进行碎片整理的目的是什么？

3. Windows Server 2016 支持的动态卷类型有哪些？各有何特点？

4. 基本磁盘转换为动态磁盘时应注意什么问题？如何转换？

5. 如何限制某个用户使用服务器上的磁盘空间？

6.6 项目实训 配置与管理基本磁盘和动态磁盘

一、项目实训目的

- 掌握 MBR 磁盘和 GPT 磁盘的基础知识。
- 理解 BIOS 模式与 UEFI 模式。
- 掌握基本磁盘的管理方法。
- 掌握动态磁盘的管理方法。
- 掌握 RAID，以及 RAID 0、RAID 1、RAID 5 的知识。
- 掌握做 RAID 的条件及方法。

二、项目实训环境

随着公司的发展壮大，已有的工作组模式的网络已经不能满足公司的业务需要。经过多方论证，确定了公司的服务器的拓扑，如图 6-10 所示。

三、项目实训要求

根据图 6-10 所示的拓扑，完成管理磁盘的实训。

（1）公司的服务器 MS2 中新增了 2 块硬盘，请完成以下任务。

① 初始化磁盘。

② 在两个磁盘上新建分区，注意主磁盘分区和扩展磁盘分区的区别，以及在一个磁盘上能创建的主磁盘分区的数量等。

③ 格式化磁盘分区。

④ 标记磁盘分区为活动分区。

⑤ 为驱动器分配装入点文件夹路径。指派一个在 NTFS 下的空文件夹代表某磁盘分区，如 C:\data 文件夹。

⑥ 对磁盘进行碎片整理。

（2）公司的服务器 MS1 中新增了 5 块硬盘，每块硬盘大小为 4GB。请完成以下任务。

① 添加硬盘，初始化硬盘，并将磁盘转换成动态磁盘。

② 创建 RAID 1 的磁盘组，其大小为 1GB。

③ 创建 RAID 5 的磁盘组，其大小为 2GB。

④ 创建 RAID 0 的磁盘组，其大小为 800MB×5≈4GB。

⑤ 对 D 盘进行扩容。

⑥ 恢复 RAID 5 卷上的数据。

四、做一做

独立完成项目实训，检查学习效果。

项目7
配置与管理DNS服务器

某高校组建了学校的校园网，为了使校园网中的计算机可以简单、快捷地访问本地网络及 Internet 上的资源，需要在校园网中架设 DNS 服务器，用来提供将域名转换成 IP 地址的功能。

在完成该项目之前，应当先确定网络中 DNS 服务器的部署环境，明确 DNS 服务器的各种角色及其作用。

学习要点

- 了解 DNS 的作用及 DNS 服务在网络中的重要性。
- 理解 DNS 的域名空间结构及其工作过程。
- 理解并掌握主 DNS 服务器的部署方法。

- 理解并掌握辅助 DNS 服务器的部署方法。
- 理解并掌握 DNS 客户端的部署方法。
- 掌握 DNS 服务器的测试以及动态更新。

素质要点

- "仰之弥高，钻之弥坚"。为计算机事业做出过巨大贡献的王选院士，是时代楷模，是师生学习的榜样，是青年学生前行的动力。

- "功崇惟志，业广惟勤。"理想指引人生方向，信念决定事业成败。

7.1 项目基础知识

在 TCP/IP 网络上，必须为每个设备分配一个唯一的 IP 地址。计算机在网络上通信时只能识别 202.97.135.160 之类的数字地址，而人们在使用网络资源的时候，为了便于记忆和理解，更倾向于使用有代表意义的名称，如域名 www.ryjiaoyu.com （人邮教育社区网站）。

微课 7-1 DNS 服务

DNS 服务器提供了将域名转换成 IP 地址的功能。这就是在浏览器地址栏中输入如 www.ryjiaoyu.com 的域名后按 Enter 键，就能看到相应的页面的原因。输入域名后按 Enter 键，有一台称为 DNS 服务器的计算机自动把域名"翻译"成相应的 IP 地址。

DNS 实际上是域名系统的英文缩写，它的作用是为客户机对域名的查询（如 www.ryjiaoyu.com）提供该域名的 IP 地址，以便用户用易记的名字搜索和访问必须通过 IP 地址才能定位的本地网络或

Internet 上的资源。

DNS 服务使得网络服务的访问更加简单，对于网站的推广发布起到极其重要的作用。而且许多重要网络服务（如 E-mail 服务、Web 服务）的实现，也需要借助 DNS 服务。因此，DNS 服务可视为网络服务的基础。另外，在规模稍大的局域网中，DNS 服务也会被大量采用，因为 DNS 服务不仅可以使网络服务的访问更加简单，而且可以很好地实现网络服务与 Internet 的融合。

7.1.1 域名空间结构

DNS 的核心思想是分级，它是一种分布式的、分层次的、客户机/服务器模式的数据库管理系统。它主要用于将主机名或电子邮件地址映射成 IP 地址。一般来说，每个组织都有自己的 DNS 服务器，并维护域名称映射数据库记录或资源记录。每个登记的域都将自己的数据库列表提供给整个网络复制。

目前负责管理全世界 IP 地址的组织是国际互联网络信息中心（Internet Network Information Center，InterNIC），InterNIC 的 DNS 结构共分为若干个域。图 7-1 所示的阶层式树形结构称为域名空间结构。

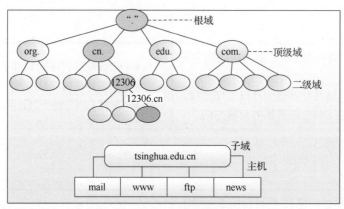

图 7-1　域名空间结构

> **注意**　域名和主机名只能由字母 a～z（在 Windows 网络操作系统的服务器中大小写字母等效，而在 UNIX 网络操作系统中则不等效）、数字 0～9 和连字体 "-" 组成。其他字符，如连接符 "&"、斜线 "/"、句点 "." 和下画线 "_" 都不能用于表示域名和主机名。

1. 根域

图 7-1 中，位于域名空间结构顶端的是域名树的根（Root），提供根域名服务，用 "." 表示。在 Internet 中，根域是默认的，一般都不需要表示出来。全世界共有 13 台根域服务器，它们分布于世界各大洲，并由 InterNIC 管理。根域服务器中并没有保存任何网址，只具有初始指针指向第一层域，也就是顶级域，如 com、edu、net 等。

2. 顶级域

顶级域位于根域之下，数目有限，且不能轻易变动。顶级域也是由 InterNIC 统一管理的。在 Internet 中，顶级域大致分为两类：各种组织的顶级域（机构域）和各个国家或地区的顶级域（地理域）。顶级域包含的部分域名称如表 7-1 所示。

表 7-1　顶级域所包含的部分域名称

域名称	说明
com	商业机构
edu	教育机构
gov	政府机构
net	网络服务机构
org	非营利机构
mil	军事机构
其他国家或地区代码	国家/地区，如 cn 表示中国，jp 表示日本

3. 子域

在 DNS 域名空间中，除了根域和顶级域之外，其他域都称为子域。子域是有上级域的域，一个域可以有许多个子域。子域是相对而言的，如 www.tsinghua.edu.cn 中，tsinghua.edu 是 cn 的子域，tsinghua 是 edu.cn 的子域。表 7-2 给出了域名在域名空间结构中的位置。

表 7-2　域名在域名空间结构中的位置

域名	域名空间结构中的位置
.	根域是唯一没有名称的域
.cn	顶级域名称，中国子域
.edu.cn	二级域名称，中国的教育系统
.tsinghua.edu.cn	子域名称，教育网中的清华大学

和根域相比，顶级域实际上是处于第二层的域，但它还是被称为顶级域。根域从技术的角度上看是一个域，但常常不被当作一个域。根域只有很少几个根级成员，它们的存在只是为了支持域名树的存在。

第二层域（顶级域）是属于单位团体或地区的，用域名的最后一部分即域后缀来分类。例如，域名 edu.cn 代表中国的教育系统。多数域后缀可以反映使用相应域名的组织、单位的性质，但并不总是很容易能通过域后缀来确定其所代表的组织、单位的性质。

4. 主机

在域名空间结构中，主机可以存在于根域以下的各层。由于域名树是层次型的而不是平面型的，因此只要求主机名在每一段连续的域名空间中是唯一的，而在相同层中可以有相同的主机名。如 www.ryjiaoyu.com、www.tsinghua.edu.cn 都是有效的主机名。也就是说，即使这些主机有相同的名字 www，但通过主机名也可以正确地解析得到唯一的主机，即主机只要是在不同的子域中，就可以重名。

7.1.2　DNS 名称的解析方法

DNS 名称的解析方法主要有两种，一种是通过 hosts 文件进行解析，另一种是通过 DNS 服务器进行解析。

1. 通过 hosts 文件

通过 hosts 文件进行解析只是 Internet 中最初使用的一种查询方式。采用 hosts 文件进行解析时，必须由人工输入、删除、修改所有 DNS 名称与 IP 地址的对应数据，即把全世界所有的 DNS 名称写在一个文件中，并将该文件存储到解析服务器上。如果客户端需要解析 DNS 名称，就在解析服务器

133

上查询 hosts 文件。全世界所有的解析服务器上的 hosts 文件都须保持一致。当网络规模较小时，hosts 文件解析方法是可以采用的。然而，当网络规模越来越大时，为保持网络里所有解析服务器中的 hosts 文件的一致性，就需要进行大量的管理和维护工作。对于大型网络来说，这是一项繁重的工作，此种方法显然是不适用的。

在 Windows Server 2016 中，hosts 文件位于%systemroot%\system32\drivers\etc 目录中，本例为 C:\windows\system32\drivers\etc。该文件是一个纯文本文件，如图 7-2 所示。

图 7-2　Windows Server 2016 中的 hosts 文件

2. 通过 DNS 服务器进行解析

通过 DNS 服务器进行解析是目前 Internet 上最常用，也是最便捷的 DNS 名称解析方法之一。全世界有众多 DNS 服务器"各司其职"，互相呼应，协同工作，构成了一个分布式的 DNS 名称解析网络。例如，ryjiaoyu.com 的 DNS 服务器只负责本域内数据的更新，而其他 DNS 服务器并不知道，也无须知道 ryjiaoyu.com 域中有哪些主机，但它们知道 ryjiaoyu.com 的 DNS 服务器的位置；当需要解析 www.ryjiaoyu.com 时，它们就会向 ryjiaoyu.com 的 DNS 服务器请求帮助。采用这种分布式解析结构时，一台 DNS 服务器出现问题并不会影响整个体系，数据的更新操作也只在其中的一台或几台 DNS 服务器上进行，使整体的解析效率大大提高。

7.1.3　DNS 服务器的类型

DNS 服务器用于实现 DNS 名称和 IP 地址的双向解析。在网络中主要有 4 种类型的 DNS 服务器：主 DNS 服务器、辅助 DNS 服务器、转发 DNS 服务器和唯缓存 DNS 服务器。

1. 主 DNS 服务器

主 DNS 服务器（Primary Name Server）是特定 DNS 域中所有信息的权威信息源。它从域管理员构造的本地数据库文件（区域文件）中加载域信息，该文件包含主 DNS 服务器具有管理权限的 DNS 域的精确的信息。

主 DNS 服务器保存着自主生成的区域文件，该文件是可读可写的。当 DNS 域中的信息发生变化（如添加或删除记录）时，这些变化都会保存到主 DNS 服务器的区域文件中。

2. 辅助 DNS 服务器

辅助 DNS 服务器（Secondary Name Server）可以从主 DNS 服务器中复制一整套域信息。该服务器的区域文件是从主 DNS 服务器中复制生成的，并作为本地文件存储。这种复制称为"区域传送"。在辅助 DNS 服务器中存有一个域中所有信息的完整只读副本，可以为该域的解析请求提供权威的回答。辅助 DNS 服务器的区域文件由于仅是只读副本，因此无法更改，所有针对区域文件的更改必须在主 DNS 服务器上进行。在实际应用中，辅助 DNS 服务器主要用于均衡负载和容错。如果主 DNS 服务器出现故障，可以根据需要将辅助 DNS 服务器转换为主 DNS 服务器。

3. 转发 DNS 服务器

转发 DNS 服务器（Forwarder Name Server）可以向其他 DNS 服务器转发解析请求。当 DNS 服务器收到客户端的解析请求后，它会先尝试从其本地数据库文件中查找；若未能找到，则需要向其他指定的 DNS 服务器转发解析请求；其他 DNS 服务器完成解析后会返回解析结果，转发 DNS 服务器将该解析结果缓存在自己的 DNS 缓存中，并向客户端返回解析结果。在缓存期内，如果客户端请求解析相同的 DNS 名称，则转发 DNS 服务器会立即回应客户端；否则将会再次进行转发解析的操作。

目前网络中所有的 DNS 服务器均被配置为转发 DNS 服务器，以向指定的其他 DNS 服务器或根域服务器转发自己无法完成的解析请求。

4. 唯缓存 DNS 服务器

唯缓存 DNS 服务器（Caching-only Name Server）可以提供 DNS 名称解析服务，但其没有任何本地数据库文件。唯缓存 DNS 服务器必须同时是转发 DNS 服务器。它将客户端的解析请求转发给指定的远程 DNS 服务器，从远程 DNS 服务器取得每次解析的结果，并将该结果存储在 DNS 缓存中，以后收到相同的解析请求时就使用 DNS 缓存中的结果。所有的 DNS 服务器都按这种方式使用缓存中的信息，但唯缓存 DNS 服务器依赖于这一技术实现所有的 DNS 名称解析。

当 DNS 服务器刚安装好时，它就是一台唯缓存 DNS 服务器。

唯缓存 DNS 服务器并不是权威的服务器，因为它提供的所有信息都是间接信息。

> 说明 （1）所有的 DNS 服务器均可使用 DNS 缓存机制响应解析请求，以提高解析效率。
> （2）可以根据实际需要将上述几种 DNS 服务器结合，进行合理配置。
> （3）一些域的主 DNS 服务器可以是另一些域的辅助 DNS 服务器。
> （4）一个域中只能部署一个主 DNS 服务器，它是该域的权威信息源；另外一个域中至少应该部署一个辅助 DNS 服务器，将其作为主 DNS 服务器的备份。
> （5）配置唯缓存 DNS 服务器可以减小主 DNS 服务器和辅助 DNS 服务器的负载，从而减少网络传输。

7.1.4 DNS 名称解析的查询模式

当 DNS 客户端向 DNS 服务器发送解析请求，或 DNS 服务器向其他 DNS 服务器转发解析请求时，均需要使用查询模式请求其所需的解析结果。目前，查询模式主要有递归查询和转寄查询两种。

1. 递归查询

递归查询是最常见的查询模式之一，域名服务器将代替提出请求的客户机（下级 DNS 服务器）进行域名查询。域名服务器若不能直接回答，则会在域的各树中的各分支的上下进行递归查询，最终将查询结果返回给客户机。在域名服务器查询期间，客户机完全处于等待状态。

2. 转寄查询

当 DNS 服务器收到 DNS 工作站的查询请求后，如果在 DNS 服务器中没有查到所需数据，该 DNS 服务器便会告诉 DNS 工作站另外一台 DNS 服务器的 IP 地址，然后由 DNS 工作站自行向另外一台 DNS 服务器查询，以此类推，直到查到所需数据为止。如果最后一台 DNS 服务器都没有查到所需数据，则通知 DNS 工作站查询失败。"转寄"的意思就是若在某地查不到，该地就会告诉用户其他地方的地址，让用户转到其他地方去查。一般，在 DNS 服务器之间的查询属于转寄查询（此时 DNS 服务器也可以充当 DNS 工作站），在 DNS 客户端与本地 DNS 服务器之间的查询属于递归查询。

下面以查询 www.ryjiaoyu.com 为例介绍转寄查询的过程，如图 7-3 所示。

① DNS 客户端向本地 DNS 服务器直接查询 www.ryjiaoyu.com。

② 若本地 DNS 服务器无法解析此域名，先向根域服务器发出请求，查询.com 的 DNS 地址。

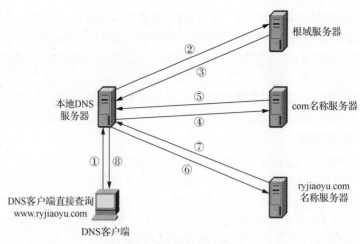

图 7-3　转寄查询过程

> **说明**　（1）正确安装完 DNS 服务器后，在 DNS 属性中的"根目录提示"选项卡中，系统显示了包含在解析名称中为要使用和参考的服务器所建议的根服务器的根提示列表，默认共有 13 个。
> （2）目前全球共有 13 个根域名服务器。1 个为主根服务器，放置在美国；其余 12 个均为辅助根服务器，其中，美国 9 个，欧洲 2 个（分别在英国和瑞典），亚洲 1 个（在日本）。所有的根域名服务器均由互联网名称与数字地址分配机构（Internet Corporation for Assigned Names and Numbers，ICANN）统一管理。

③ 根域服务器管理.com、.net、.org 等顶级域名的地址解析。它收到请求后，把解析结果（管理.com 域的服务器的地址）返回给本地 DNS 服务器。

④ 本地 DNS 服务器得到查询结果后，向管理.com 域的 DNS 服务器发出进一步的查询请求，要求得到 ryjiaoyu.com 的 DNS 地址。

⑤ 管理.com 域的 DNS 服务器把解析结果（管理 ryjiaoyu.com 域的服务器的地址）返回给本地 DNS 服务器。

⑥ 本地 DNS 服务器得到查询结果后，向管理 ryjiaoyu.com 域的 DNS 服务器发出查询具体的主机 IP 地址的请求，要求得到满足要求的主机 IP 地址。

⑦ 管理 ryjiaoyu.com 域的 DNS 服务器把解析结果返回给本地 DNS 服务器。

⑧ 本地 DNS 服务器得到最终的查询结果后，把这个结果返回给 DNS 客户端，从而使 DNS 客户端能够和远程主机通信。

7.1.5　DNS 区域

为了便于根据实际情况来减小 DNS 名称管理工作的负荷，将 DNS 名称空间划分为区域（Zone）来进行管理。区域是 DNS 服务器的管辖范围，是由 DNS 名称空间中的单个域或由具有上下隶属关系的、紧密相邻的多个子域组成的一个管理单位。因此，DNS 服务器是通过区域来管理 DNS 名称空间的，而并非以域为单位来管理 DNS 名称空间，但区域的名称与其管理的 DNS 名称空间的域的名称是一一对应的。

一台 DNS 服务器可以管理一个或多个区域，而一个区域也可以由多台 DNS 服务器来管理（例如，由一个主 DNS 服务器和多个辅助 DNS 服务器来管理）。在 DNS 服务器中必须先建立区域，然后根据需要在区域中建立子域，以及在区域或子域中添加资源记录，才能完成其解析工作。

1. 正向解析和反向解析

将 DNS 名称解析成 IP 地址的过程称为正向解析，使用递归查询和转寄查询两种查询模式进行的解析都是正向解析。将 IP 地址解析成 DNS 名称的过程称为反向解析，它依据 DNS 客户端提供的 IP 地址，查询对应的主机名。由于 DNS 名称空间中的域名与 IP 地址之间无法建立直接对应关系，所以必须在 DNS 服务器内创建一个反向查询区域，该区域名称的最后部分为 in-addr.arpa。

DNS 服务器分别通过正向查找区域和反向查找区域来管理正向解析和反向解析。在 Internet 中，正向解析的应用非常普遍。而反向解析会占用大量的系统资源，给网络带来风险，所以通常不提供反向解析。

2. 主要区域、辅助区域和存根区域

不论是正向解析还是反向解析，均可以针对一个区域建立 3 种类型的区域，即主要区域、辅助区域和存根区域。

（1）主要区域。一个区域的主要区域建立在该区域的主 DNS 服务器上。主要区域的数据库文件是可读可写的，所有针对该区域的添加、修改和删除等写入操作都必须在主要区域中进行。

（2）辅助区域。一个区域的辅助区域建立在该区域的辅助 DNS 服务器上。辅助区域的数据库文件是主要区域数据库文件的副本，需要定期地通过区域传送从主要区域中复制以进行更新。辅助区域的主要作用是均衡DNS解析的负载以提高解析效率，同时提供容错能力。必要时，可以将辅助区域转换为主要区域。辅助区域内的记录是只读的，不可以修改。例如，图 7-4 中 DNS 服务器 B 与 DNS 服务器 C 内都各有一个辅助区域，其中的记录是从 DNS 服务器 A 中复制过来的，换句话说，DNS 服务器 A 是它们的主服务器。

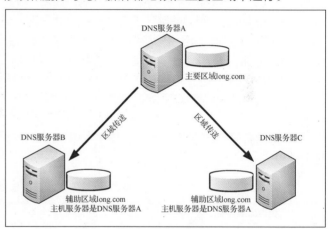

图 7-4　辅助区域

（3）存根区域。一个区域的存根区域类似于辅助区域，其数据库文件也是主要区域数据库文件的只读副本，但存根区域只从主要区域中复制 SOA 记录、NS 记录以及粘附 A 记录（即解析 NS 记录所需的 A 记录），而不是所有的区域数据库信息。存根区域所属的主要区域通常是一个受委派区域，如果该受委派区域部署了辅助 DNS 服务器，则通过存根区域可以让委派服务器获得该受委派区域的权威 DNS 服务器列表（包括主 DNS 服务器和所有辅助 DNS 服务器）。

> **说明**　在 Windows Server 2016 服务器中，DNS 服务支持增量区域传送（Incremental Zone Transfer），也就是在更新区域中的记录时，DNS 服务器之间只传输发生改变的记录，因此可提高传输的效率。
>
> 在以下情况可以启动增量区域传送：管理区域的辅助 DNS 服务器启动、区域的刷新时间间隔过期、主 DNS 服务器中的记录发生改变并设置了 DNS 通告列表。在这里，所谓 DNS 通告是指利用"推"的机制，当 DNS 服务器中的区域记录发生改变时，通知选定的 DNS 服务器进行更新，被通知的服务器进行区域复制操作。

3. 资源记录

DNS 数据库文件由区域文件、缓存文件和反向搜索文件等组成，其中区域文件是最主要的，它保存着 DNS 服务器所管辖区域的主机的域名记录。区域文件默认的文件名为区域名.dns，在 Windows Server NT/2019 系统中，位于%systemroot%\system32\dns 目录中。而缓存文件用于保存根域中的 DNS 服务器名称与 IP 地址的对应表，文件名为 Cache.dns。DNS 服务就是依赖于 DNS 数据库文件来实现的。

每个区域文件都是由资源记录构成的。资源记录是 DNS 服务器进行名称解析的依据，当收到解析请求后，DNS 服务器会查找资源记录并予以响应。常用的资源记录主要包括 SOA 记录、NS 记录、A 记录、CNAME 记录、PTR 记录及 MX 记录等类型（详细说明参见表 7-3）。

标准的资源记录的基本格式：

[name]	[ttl]	IN	type	rdata

（1）name。此字段是名称字段，是资源记录引用的域对象名，可以是一台单独的主机，也可以是整个域。name 字段可以有以下 4 种取值。"·"表示根域。"@"表示默认域，即当前域。"标准域名"表示以"."结束的域名，或相对域名。"空（空值）"表示该记录适用于最后一个带有名字的域对象。

（2）ttl（Time to Live）。此字段是生存时间字段，它以秒为单位定义资源记录中的信息存放在 DNS 缓存中的时间。通常此字段值为空，表示采用 SOA 记录中的最小 ttl 值。

（3）IN。此字段用于将当前资源记录标识为一个 Internet 的 DNS 资源记录。

（4）type。此字段是类型字段，用于标识当前资源记录的类型。常用的资源记录的类型如表 7-3 所示。

（5）rdata。此字段是数据字段，用于指定与当前资源记录有关的数据。数据字段的内容取决于类型字段。

表 7-3　常用资源记录类型及说明

资源记录类型	说明
SOA（Start Of Authority）	起始授权机构记录，用于表示一个区域的开始。SOA 记录后的所有信息均是用于控制这个区域的。每个区域数据库文件都必须包含一个 SOA 记录，并且它必须是其中的第一个资源记录，用以标识 DNS 服务器所管理的起始位置
NS（Name Server）	名称服务器记录，用于标识一个区域的 DNS 服务器
A（Address）	主机记录，也称为 Host 记录，用于实现正向解析，建立 DNS 名称到 IP 地址的映射
CNAME（Canonical NAME）	规范名称记录，也称为别名（Alias）记录，用于定义 A 记录的别名，将 DNS 名称映射到另一个主要的或规范的名称，该名称可能为 Internet 中规范的名称，如 www
PTR（domain name PoinTeR）	指针记录，用于实现反向解析，建立 IP 地址到 DNS 名称的映射
MX（Mail exchanger）	邮件交换器记录，用于指定交换或者转发电子邮件信息的服务器（该服务器知道如何将电子邮件传送到目的地）

7.2 项目设计与准备

1. 部署需求

在部署 DNS 服务器之前要满足以下需求。

- 设置 DNS 服务器的 TCP/IP 属性，手动指定 IP 地址、子网掩码、默认网关和 DNS 服务器 IP 地址等。
- 部署域环境，域名为 long.com。

2. 部署环境

本项目的所有实例都部署在同一个网络环境下，DNS1、DNS2、DNS3、DNS4 是 4 台不同角色的 DNS 服务器，网络操作系统是 Windows Server 2016。Client 是 DNS 客户端，安装有 Windows Server 2016 或 Windows 10 操作系统。本项目拓扑如图 7-5 所示。

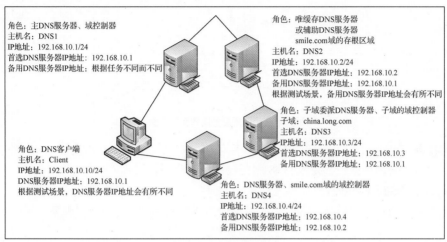

角色：主DNS服务器、域控制器
主机名：DNS1
IP地址：192.168.10.1/24
首选DNS服务器IP地址：192.168.10.1
备用DNS服务器IP地址：根据任务不同而不同

角色：唯缓存DNS服务器
或辅助DNS服务器
smile.com域的存根区域
主机名：DNS2
IP地址：192.168.10.2/24
首选DNS服务器IP地址：192.168.10.2
备用DNS服务器IP地址：192.168.10.1
根据测试场景，备用DNS服务器IP地址会有所不同

角色：子域委派DNS服务器、子域的域控制器
子域：china.long.com
主机名：DNS3
IP地址：192.168.10.3/24
首选DNS服务器IP地址：192.168.10.3
备用DNS服务器IP地址：192.168.10.1

角色：DNS客户端
主机名：Client
IP地址：192.168.10.10/24
DNS服务器IP地址：192.168.10.1
根据测试场景，DNS服务器IP地址会有所不同

角色：DNS服务器、smile.com域的域控制器
主机名：DNS4
IP地址：192.168.10.4/24
首选DNS服务器IP地址：192.168.10.4
备用DNS服务器IP地址：192.168.10.2

图 7-5　本项目拓扑

关于项目实训，需要说明以下 3 点。

（1）图 7-5 所示是全部 DNS 实训的拓扑，在某些实训中，如果有些计算机不需要使用，可以挂起或关闭，以免影响实训效率，请读者灵活处理。

（2）唯缓存 DNS 服务器和辅助 DNS 服务器通常无法同时由一台计算机承担。这里是为了提高实训效率才这样安排的。

（3）所有虚拟机的网络连接模式都设置为"仅主机模式"。

7.3 项目实施

任务 7-1　添加 DNS 服务器

添加 DNS 服务器的首要任务就是建立 DNS 区域和域的树形结构。DNS 服务器以区域为单位来管理服务。区域是一个数据库，用来连接 DNS 名称和相关数据，如 IP 地址和网络服务，在 Internet 中一般用二级域名来命名，如 computer.com。而 DNS 区域分为两类：一类是正向搜索区域，即域名到 IP 地址的数据库，用于提供将域名转换为 IP 地址的服务；另一类是反向搜索区域，即 IP 地址到域名的数据库，用于提供将 IP 地址转换为域名的服务。

微课 7-2　添加
DNS 服务器

1. 安装 DNS 服务器角色

在安装 Active Directory 域服务角色时，可以选择一起安装 DNS 服务器角色，如果没有安装，那么可以在计算机 DNS1 上通过"服务器管理器"窗口安装 DNS 服务器角色。具体步骤如下。

`STEP 1` 选择"服务器管理器"→"仪表板"→"添加角色和功能"命令，持续单击"下一步"按钮，直到出现图 7-6 所示的"选择服务器角色"界面时勾选"DNS 服务器"复选框，单击"添加功能"按钮。

图 7-6 "选择服务器角色"界面

STEP 2 持续单击"下一步"按钮，最后单击"安装"按钮，开始安装 DNS 服务器角色。安装完毕，单击"关闭"按钮，完成 DNS 服务器角色的安装。

2. DNS 服务的启动和停止

要启动或停止 DNS 服务，可以使用 net 命令、"DNS 管理器"窗口或"服务"窗口，具体步骤如下。

（1）使用 net 命令

以域管理员账户登录 DNS1，在命令提示符窗口中执行命令"net stop dns"，停止 DNS 服务，执行命令"net start dns"，启动 DNS 服务。

（2）使用"DNS 管理器"窗口

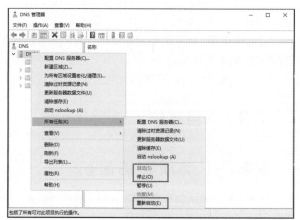

选择"服务器管理器"→"工具"→"DNS"命令，打开图 7-7 所示的"DNS 管理器"窗口，在左侧窗格中用鼠标右键单击"DNS1"选项，在弹出的快捷菜单中选择"所有任务"→"停止""启动"或"重新启动"命令，即可停止或启动 DNS 服务。

（3）使用"服务"窗口。

选择"服务器管理器"→"工具"→"服务"命令，打开"服务"窗口，找到"DNS Server"服务，选择"启动"或"停止"命令即可启动或停止 DNS 服务。

图 7-7 "DNS 管理器"窗口

任务 7-2 部署主 DNS 服务器的 DNS 区域

微课 7-3 部署主 DNS 服务器的 DNS 区域

本任务中的 DNS1 已经安装了"Active Directory 域服务"和"DNS 服务器"角色和功能。因为在实际应用中，DNS 服务器一般会与活动目录区域集成，所以当安装完成 DNS 服务器并新建区域后，直接提升该服务器为域控制器，将新建区域更新为活动目录集成区域。

1. 创建正向查找区域

在 DNS 服务器上创建正向查找区域"long.com"，具体步骤如下。

STEP 1 在 DNS1 上选择"服务器管理器"→"工具"→"DNS"命令，

打开图 7-8 所示的"DNS 管理器"窗口,展开 DNS 服务器目录树,用鼠标右键单击"正向查找区域"选项,在弹出的快捷菜单中选择"新建区域"命令,弹出"新建区域向导"对话框。

STEP 2 单击"下一步"按钮,出现图 7-9 所示的"区域类型"界面,在其中可选择要创建的区域的类型,有"主要区域"、"辅助区域"和"存根区域"3 种区域类型。若要创建新的区域,应当选中"主要区域"单选按钮。

图 7-8 "DNS 管理器"窗口

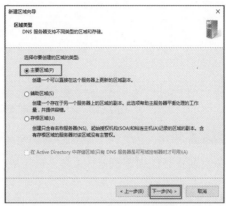

图 7-9 "区域类型"界面

> **注意** 如果当前 DNS 服务器上安装了 Active Directory 服务,则"在 Active Directory 中存储区域(只有 DNS 服务器是可写域控制器时才可用)"复选框将自动勾选。

STEP 3 单击"下一步"按钮,在"区域名称"文本框中设置要创建的区域名称,如 long.com,如图 7-10 所示。区域名称用于指定 DNS 名称空间,由此实现 DNS 服务器的管理。

STEP 4 单击"下一步"按钮,创建区域文件"long.com.dns",如图 7-11 所示。

图 7-10 设置区域名称

图 7-11 创建区域文件

STEP 5 单击"下一步"按钮,选中"允许非安全和安全动态更新"单选按钮,如图 7-12 所示。

> **特别注意** 由于会将 long.com 区域更新为活动目录集成区域,所以这里一定不能选中"不允许动态更新"单选按钮,否则无法将其更新为活动目录集成区域。

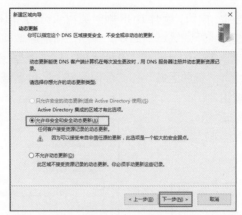

图 7-12 选中"允许非安全和安全动态更新"单选按钮

STEP 6 单击"下一步"按钮，显示新建区域摘要。单击"完成"按钮，完成区域的创建。

> **注意** 如果创建的区域是活动目录集成的区域，则不指定区域文件，否则指定区域文件 long.com.dns。

2. 创建反向查找区域

反向查找区域用于通过 IP 地址来查询 DNS 名称。创建的具体过程如下。

STEP 1 在"DNS 管理器"窗口中，用鼠标右键单击"反向查找区域"选项，在弹出的快捷菜单中选择"新建区域"命令，并在"区域类型"界面中选中"主要区域"单选按钮，如图 7-13 所示，单击"下一步"按钮。

STEP 2 在"反向查找区域名称"界面中选中"IPv4 反向查找区域"单选按钮，如图 7-14 所示，单击"下一步"按钮。

STEP 3 在图 7-15 所示的界面中输入网络 ID 或者反向查找区域名称，这里输入的是网络 ID，区域名称根据网络 ID 自动生成。例如，当输入的网络 ID 为 192.168.10 时，反向查找区域的名称自动设置为 10.168.192.in-addr.arpa。

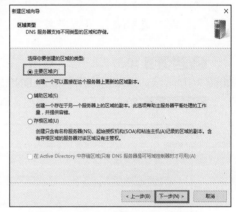

图 7-13 选中"主要区域"单选按钮

图 7-14 选中"IPv4 反向查找区域"单选按钮

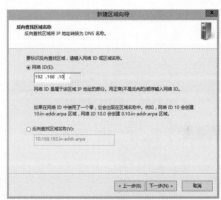

图 7-15 "反向查找区域名称"界面

STEP 4 单击"下一步"按钮，选中"允许非安全和安全动态更新"单选按钮。

STEP 5 单击"下一步"按钮，显示新建区域摘要。单击"完成"按钮，完成区域的创建。图 7-16 所示为创建后的效果。

图 7-16 创建后的效果

3. 创建资源记录

DNS 服务器需要根据区域中的资源记录提供该区域的名称解析。因此，在区域创建完成之后，需要在区域中创建所需的资源记录。

（1）创建主机记录。

创建 DNS2 对应的主机记录，具体步骤如下。

STEP 1 以域管理员账户登录 DNS1，打开"DNS 管理器"窗口，在左侧窗格中选择要创建资源记录的正向主要区域 long.com，然后在右侧窗格空白处单击鼠标右键，或用鼠标右键单击要创建资源记录的正向主要区域，在弹出的快捷菜单中选择相应命令即可创建资源记录，如图 7-17 所示。

STEP 2 选择"新建主机(A 或 AAAA)"命令，打开"新建主机"对话框，通过此对话框可以创建 A 记录，如图 7-18 所示。

- 在"名称(如果为空则使用其父域名称)"文本框中输入 A 记录的名称，该名称即为主机名，本例中为"DNS2"。
- 在"IP 地址"文本框中输入主机的 IP 地址，本例中为 192.168.10.2。
- 若勾选"创建相关的指针(PTR)记录"复选框，则在创建 A 记录的同时，可在已经存在的相对应的反向主要区域中创建 PTR 记录。若之前没有创建对应的反向主要区域，则不能成功创建 PTR 记录。本例中不勾选此复选框，后面单独建立 PTR 记录。

STEP 3 用同样的方法新建 DNS1 对应的 A 记录，IP 地址为 192.168.10.1。

（2）创建别名记录。

DNS1 同时还是 Web 服务器，为其设置别名 www，步骤如下。

STEP 1 在图 7-17 所示的窗口中选择"新建别名(CNAME)"命令，打开"新建资源记录"对话框的"别名(CNAME)"选项卡，通过此选项卡可以创建 CNAME 记录，如图 7-19 所示。

图 7-17 创建资源记录

图 7-18 创建 A 记录

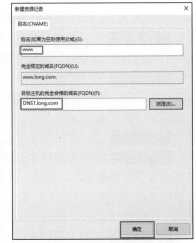

图 7-19 创建 CNAME 记录

STEP 2 在"别名(如果为空则使用父域)"文本框中输入一个规范的名称（本例中为 www），单击"浏览"按钮，选择需要定义别名的目的服务器的域名（本例中为 DNS1.long.com），或者直接输入目的服务器的名称。在"目标主机的完全合格的域名(FQDN)"文本框中输入需要定义别名的完整 DNS 域名，单击"确定"按钮。

（3）创建邮件交换器记录。

当将电子邮件发送到电子邮件服务器（SMTP 服务器）后，此电子邮件服务器必须将电子邮件转发到目的电子邮件服务器，但是电子邮件服务器如何得知目的电子邮件服务器的 IP 地址呢？

答案是向 DNS 服务器查询 MX 记录，因为 MX 记录记录着负责某个域电子邮件接收的电子邮件服务器，发送电子邮件的流程如图 7-20 所示。

DNS2 同时还是邮件服务器。在图 7-17 所示的快捷菜单中选择"新建邮件交换器(MX)"命令，打开"新建资源记录"对话框的"邮件交换器(MX)"选项卡，通过此选项卡可以创建 MX 记录，如图 7-21 所示。

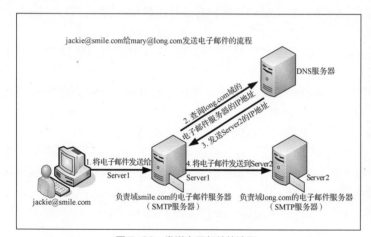

图 7-20　发送电子邮件的流程

图 7-21　创建 MX 记录

STEP 1 在"主机或子域"文本框中输入 MX 记录的名称，该名称将与所在区域的名称一起构成电子邮件地址中"@"后面的部分。例如，电子邮件地址为 yy@long.com，则应将 MX 记录的名称设置为空（使用其所属域的名称 long.com）；如果电子邮件地址为 yy@mail.long.com，则应输入"mail"作为 MX 记录的名称。本例中输入"mail"。

STEP 2 在"邮件服务器的完全限定的域名(FQDN)"文本框中输入电子邮件服务器的名称（此名称必须是已经创建的对应于电子邮件服务器的 A 记录）。本例中为"DNS2.long.com"。

STEP 3 在"邮件服务器优先级"文本框中设置当前 MX 记录的优先级；如果存在两个或更多的 MX 记录，则在解析时将首选优先级高的 MX 记录。

（4）创建 PTR 记录。

STEP 1 以域管理员账户登录 DNS1，打开"DNS 管理器"窗口。

STEP 2 在左侧窗格中选择要创建资源记录的反向主要区域 10.168.192.in-addr.arpa，然后在右侧窗格空白处单击鼠标右键，或用鼠标右键单击要创建资源记录的反向主要区域，在弹出的快捷菜单中选择"新建指针(PTR)"命令（见图 7-22），在打开的"新建资源记录"对话框的"指针(PTR)"选项卡中即可创建 PTR 记录（见图 7-23）。用同样的方法创建 192.168.10.1 的 PTR 记录。

STEP 3 资源记录创建完成之后，在"DNS 管理器"窗口和区域数据库文件中都可以看到这些资源记录。通过"DNS 管理器"窗口查看反向查找区域中的资源记录如图 7-24 所示。

图 7-22 选择"新建指针(PTR)"命令

图 7-23 创建 PTR 记录

图 7-24 通过"DNS 管理器"窗口查看反向查找区域中的资源记录

> **注意** 如果区域是和 Active Directory 域服务集成的，那么资源记录将保存到活动目录中；如果区域不是和 Active Directory 域服务集成的，那么资源记录将保存到区域文件中。默认 DNS 服务器的区域文件存储在 C:\windows\system32\dns 下。若不集成活动目录，则本例中正向查找区域文件为 long.com.dns，反向查找区域文件为 10.168.192.in-addr.arpa.dns。这两个文件可以用记事本应用打开。

4. 将 long.com 区域更新为活动目录集成区域

将 DNS1 服务器升级为域控制器，升级过程可参考项目 3 的相关内容。活动目录集成区域 long60.cn 如图 7-25 所示。

图 7-25 活动目录集成区域 long.com

> **注意** 注意图 7-25 中框选部分，请读者对照图 7-25 与图 7-24，看一下有什么区别。总结一下，独立区域与活动目录集成区域有什么不一样。

微课 7-4 配置
DNS 客户端并
测试主 DNS
服务器

任务 7-3　配置 DNS 客户端并测试主 DNS 服务器

可以通过手动方式配置 DNS 客户端，也可以通过 DHCP 自动配置 DNS 客户端（要求 DNS 客户端是 DHCP 客户端）。

1. 配置 DNS 客户端

STEP 1　用管理员账户登录 DNS 客户端计算机 Client，打开"Internet 协议版本 4(TCP/ IPv4)属性"对话框，在"首选 DNS 服务器"文本框中设置所部署的主 DNS 服务器 DNS1 的 IP 地址，即"192.168.10.1"，单击"确定"按钮。

STEP 2　通过 DHCP 自动配置 DNS 客户端。

2. 测试主 DNS 服务器

部署完主 DNS 服务器并启动 DNS 服务后，应该对主 DNS 服务器进行测试，常用的测试工具是 nslookup 和 ping 命令。

nslookup 命令是用来手动进行 DNS 查询的常用工具，可以判断 DNS 服务器是否工作正常。如果该 DNS 服务器有故障的话，可以判断可能的故障原因。nslookup 命令的一般用法为：

```
nslookup [-option…] [host to find] [sever]
```

这个工具可以用于两种模式：非交互模式和交互模式。

（1）非交互模式。

在非交互模式下，要在命令提示符窗口中执行完整的命令"nslookup　www.long.com"，如图 7-26 所示。

（2）交互模式。

输入"nslookup"并按 Enter 键，不需要参数就可以进入交互模式。在交互模式下，直接输入完全限定域名（Fully Qualified Domain Name，FQDN）进行查询。

图 7-26　非交互模式下测试主 DNS 服务器

在任何一种模式下都可以将参数传递给 nslookup，但在域名服务器出现故障时，使用交互模式更多。在交互模式下，可以在提示符 ">" 后输入 "help" 或 "?" 来获得帮助信息。

下面在 DNS 客户端 Client 的交互模式下，测试前文部署的主 DNS 服务器。

STEP 1　进入 Windows PowerShell 或者在"运行"对话框中输入"CMD"并按 Enter 键，在命令提示符窗口中执行"nslookup"命令，如图 7-27 所示。

STEP 2　测试主机记录，如图 7-28 所示。

图 7-27　进入交互模式测试主 DNS 服务器

图 7-28　测试主机记录

STEP 3　测试正向解析的邮件交换记录，如图 7-29 所示。

STEP 4　测试 MX 记录，如图 7-30 所示。

> **说明**　set type 表示查找的类型。set type=MX 表示查找电子邮件服务器记录；
> set type=cname 表示查找别名记录；set type=A 表示查找主机记录；
> set type=PTR 表示查找指针记录；set type=NS 表示查找名称服务记录。

图 7-29　测试正向解析的邮件交换记录

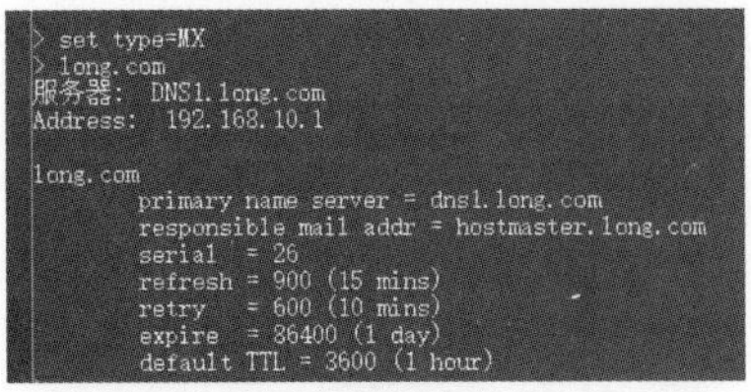

图 7-30　测试 MX 记录

STEP 5 测试 PTR 记录，如图 7-31 所示。

STEP 6 查找 NS 记录，如图 7-32 所示。结束退出交互模式。

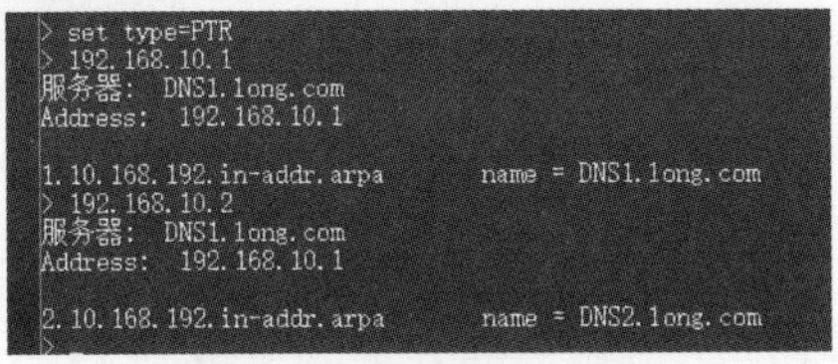

图 7-31　测试 PTR 记录

图 7-32　查找 NS 记录

> **做一做** 可以利用 "ping 域名或 IP 地址" 命令简单测试主 DNS 服务器与 DNS 客户端的配置，读者不妨试一试。

3. 管理 DNS 客户端缓存

STEP 1 进入 Windows PowerShell 或者在 "运行" 对话框中输入 "CMD" 并按 Enter 键，打开命令提示符窗口。

STEP 2 执行以下命令，查看 DNS 客户端缓存。

```
C:\>ipconfig /displaydns
```

STEP 3 执行以下命令，清空 DNS 客户端缓存。

```
C:\>ipconfig /flushdns
```

任务 7-4　部署唯缓存 DNS 服务器

尽管所有的 DNS 服务器都会缓存其已解析的结果，但唯缓存 DNS 服务器是仅执行查询、缓存解析结果的 DNS 服务器，不存储任何区域数据库。唯缓存 DNS 服务器对于任何域来说都不是权威的，并且它所包含的信息仅限于解析查询时已缓存的内容。

当唯缓存 DNS 服务器初次启动时，并没有缓存任何信息，只有在响应 DNS 客户端请求时才会缓存信息。如果 DNS 客户端位于远程网络，且该远程网络与主 DNS 服务器（或辅助 DNS 服务器）所在的网络通过慢速广域网链路进行通信，则在远程网络中部署唯缓存 DNS 服务器是一种合理的解决方案。因此，一旦唯缓存 DNS 服务器（或辅助 DNS 服务器）建立了缓存，其与主 DNS 服务器的通信量便会减少。此外，唯缓存 DNS 服务器不需要执行区域传送，因此不会出现因区域传送导致网络通信量增大的情况。

微课 7-5　部署唯缓存 DNS 服务器

1. 部署唯缓存 DNS 服务器的需求和环境

任务 7-4 的所有实例均按图 7-33 所示的拓扑部署网络环境。DNS2 为 DNS 转发器，即仅安装 DNS 服务器角色和功能，不创建任何区域。DNS2 的 IP 地址为 192.168.10.2/24，首选 DNS 服务器的 IP 地址为 192.168.10.2，且 DNS2 是 Windows Server 2016 的独立服务器。

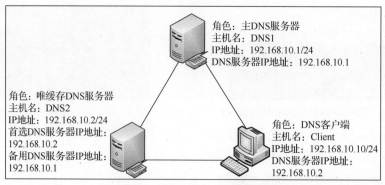

图 7-33　部署唯缓存 DNS 服务器拓扑

2. 配置 DNS 转发器

（1）更改 DNS 客户端的 DNS 服务器 IP 地址。

STEP 1　登录 DNS 客户端计算机 Client，将其首选 DNS 服务器 IP 地址更改为 192.168.10.2，备用 DNS 服务器设置为空。

STEP 2　打开命令提示符窗口，执行"ipconfig /flushdns"命令，清空 DNS 客户端计算机 Client 上的缓存。执行"ping www.long.com"命令发现不能解析，因为该记录存储于服务器 DNS1，不存在于服务器 DNS2。

（2）在唯缓存 DNS 服务器上安装 DNS 服务并配置 DNS 转发器。

STEP 1　以具有管理员权限的用户账户登录将要部署唯缓存 DNS 服务器的计算机 DNS2。

STEP 2　参考任务 7-1 安装 DNS 服务器角色。

STEP 3　打开"DNS 管理器"窗口，在左侧的窗格中用鼠标右键单击"DNS2"选项，在弹出的快捷菜单中选择"属性"命令。

STEP 4　在打开的"DNS2 属性"对话框中单击"转发器"选项卡，如图 7-34 所示。

STEP 5　单击"编辑"按钮，打开"编辑转发器"对话框。在"转发服务器的 IP 地址"列表框中添加需要转发到的 DNS 服务器的 IP 地址为"192.168.10.1"，该计算机能解析到相应服务器的 FQDN，如图 7-35 所示。最后单击"确定"按钮即可。

图 7-34　单击"转发器"选项卡

图 7-35　添加解析转发请求的 DNS 服务器的 IP 地址

STEP 6　采用同样的方法，根据需要配置其他区域的 DNS 转发器。

3. 根提示服务器

注意图 7-34 中的"如果没有转发器可用，请使用根提示"复选框，那么什么是根提示呢？

根提示内的 DNS 服务器就是图 7-1 所示的根域内的 DNS 服务器，这些服务器的名称与 IP 地址等数据存储在%Systemroot%\System32\DNS\cache.dns 文件中，也可以在"DNS 管理器"窗口中用鼠标右键单击服务器，在弹出的快捷菜单中选择"属性"命令，单击图 7-36 所示的"根提示"选项卡来查看这些数据。

可以在"根提示"选项卡下添加、编辑与删除 DNS 服务器，这些数据变化会被存储到 cache.dns 文件内，也可以单击图 7-36 所示的"从服务器复制"按钮，从其他 DNS 服务器复制根提示。

当 DNS 服务器收到 DNS 客户端的查询请求后，如果要查询的记录不在其所管辖的区域内（或不在缓存区内），那么此 DNS 服务器默认会转向根提示内的 DNS 服务器查询。如果企业内部拥有多台 DNS 服务器，可能会出于安全考虑只允许其中一台 DNS 服务器可以直接与外界 DNS 服务器通信，并让其他 DNS 服务器将查询请求委托给这一台 DNS 服务器来处理，也就是说，这一台 DNS 服务器是其他 DNS 服务器的转发器。

4. 测试唯缓存 DNS 服务器

在 Client 上打开命令提示符窗口，使用 nslookup 命令测试唯缓存 DNS 服务器，如图 7-37 所示。

图 7-36 "根提示"选项卡

图 7-37 在 Client 上测试唯缓存 DNS 服务器

任务 7-5 部署辅助 DNS 服务器

辅助区域用来存储区域内的副本记录，这些记录是只读的，不能修改。下面利用图 7-38 所示的拓扑来练习建立辅助区域的操作。

微课 7-6 部署辅助 DNS 服务器

我们将在 DNS2 上建立一个辅助区域 long.com，此区域内的记录是从其主服务器 DNS1 通过区域传送复制过来的。

- DNS1 仍沿用任务 7-4 的 DNS 服务器，确保已经建立了 A 记录（FQDN 为 DNS2.long.com，IP 地址为 192.168.10.2）。首选 DNS 服务器是其本身的 IP 地址，备用 DNS 服务器的 IP 地址是 192.168.10.2。
- DNS2 仍沿用任务 7-4 的 DNS 服务器，但是将转发器删除。首选 DNS 服务器的 IP 地址是 192.168.10.2，备用 DNS 服务器的 IP 地址是 192.168.10.1。

1. 新建辅助区域

我们将在 DNS2 上新建辅助区域，并设置让此区域从 DNS1 复制区域记录。

149

STEP 1 在 DNS2 上选择"服务器管理器"→"添加角色和功能"命令，勾选"DNS 服务器"复选框，按向导在 DNS2 上完成 DNS 服务器的安装。

STEP 2 在 DNS2 上选择"服务器管理器"→"工具"→"DNS"命令，用鼠标右键单击"正向查找区域"选项，在弹出的快捷菜单中选择"新建区域"命令，在弹出的对话框中单击"下一步"按钮。

STEP 3 在图 7-39 所示的界面中选中"辅助区域"单选按钮，单击"下一步"按钮。

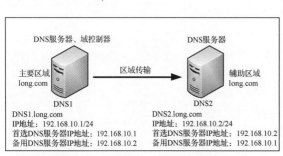

图 7-38 部署辅助 DNS 服务器拓扑

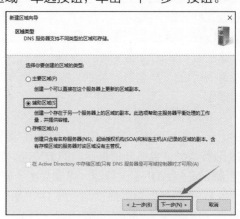

图 7-39 "区域类型"界面

STEP 4 在图 7-40 所示的界面中输入区域名称 long.com，单击"下一步"按钮。

STEP 5 在图 7-41 所示的界面中输入主服务器（DNS1）的 IP 地址后按 Enter 键，单击"下一步"按钮，在弹出的界面中单击"完成"按钮。

图 7-40 "区域名称"界面

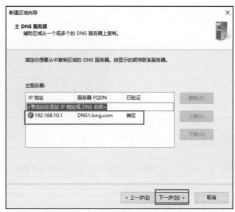

图 7-41 "主 DNS 服务器"界面

STEP 6 重复 STEP 2～STEP 5，新建反向查找区域的辅助区域，操作类似，不赘述。

2. 设置 DNS1 允许区域传送

如果 DNS1 不允许将区域记录传送给 DNS2，那么 DNS2 向 DNS1 发送区域传送请求时会被拒绝。下面设置让 DNS1 允许将区域记录传送给 DNS2。

STEP 1 在 DNS1 上选择"开始"→"Windows 管理工具"→"DNS"选项，打开"DNS 管理器"窗口，展开"DNS1"和"正向查找区域"选项，选中"long.com"选项并单击"属性"按钮，如图 7-42 所示。

STEP 2 在图 7-43 所示的对话框中勾选"区域传送"选项卡下的"允许区域传送"复选框，选中"只允许到下列服务器"单选按钮，单击"编辑"按钮以便选择 DNS2 的 IP 地址。

图 7-42　选中"long.com"属性

图 7-43　"long.com 属性"对话框

提示　也可以选中"到所有服务器"单选按钮，此时 DNS1 将接收其他任何一台 DNS 服务器所发送的区域传送请求。建议不要选中此单选按钮，否则此区域记录将被轻易地传送到其他外部 DNS 服务器。

STEP 3　在图 7-44 所示的对话框中输入 DNS2 的 IP 地址后，按 Enter 键。

图 7-44　"允许区域传送"对话框

注意　DNS1 会通过反向查询来尝试解析拥有此 IP 地址的 DNS 主机名——完全限定域名。如果没有反向查找区域可供查询，则会显示无法解析的警告信息，此时可以不必理会此信息，它并不会影响区域传送。本例中我们已事先建好了 PTR 记录。

STEP 4　单击"确定"按钮完成区域传送设置。类似地，重复 STEP 1～STEP 4，允许反向查找区域向 DNS2 进行区域传送。

3. 测试辅助 DNS 服务器是否设置成功（DNS2）

回到 DNS2 服务器。

STEP 1　在 DNS2 上打开"DNS 管理器"窗口。其中，正向查找区域 long.com 和反向查找区域 10.168.192.in-addr.arpa 的记录是自动从其主服务器 DNS1 复制过来的，如图 7-45、图 7-46 所示。
（如果不能正常复制，可以重启 DNS2。）

图 7-45　自动从其主服务器 DNS1 复制的　　　　　图 7-46　自动从其主服务器 DNS1 复制的
正向查找区域记录　　　　　　　　　　　　　反向查找区域记录

> **提示**　如果设置都正确，但一直看不到这些记录，请选择"long.com"选项后按 F5 键刷新，如果仍看不到的话，请将"DNS 管理器"窗口关闭再重新打开，或者重新启动 DNS2 计算机。

STEP 2　存储辅助区域的 DNS 服务器默认会每隔 15 分钟自动向主服务器请求执行区域传送的操作。也可以选择"long.com"并单击鼠标右键，在弹出的快捷菜单中选择"从主服务器传输"或"从主服务器传送区域的新副本"命令来手动执行区域传送操作，如图 7-47 所示。

图 7-47　手动执行区域传送操作

两个命令的说明如下。

- 从主服务器传输：它会执行常规的区域传送操作，也就是依据 SOA 记录内的序号来判断，如果在主服务器内有新版本记录的话，就会执行区域传送操作。
- 从主服务器传送区域的新副本：不理会 SOA 记录的序号，重新从主服务器复制完整的区域记录。

> **提示**　如果发现窗口中显示的记录存在异常，可以尝试选择区域并单击鼠标右键，在弹出的快捷菜单中选择"重新加载"命令来从区域文件中重新加载记录。

> **做一做**　请读者在 DNS1 上新建 DNS2 的 PTR 记录，同时设置允许反向查找区域传送给 DNS2。设置完成后，检查 DNS2 服务器的反向查找区域是否复制成功。

任务 7-6　部署委派域

微课 7-7　部署
委派域

1. 部署委派域拓扑

本任务的所有实例都部署在图 7-48 所示的拓扑中。在原有拓扑中增加主机名
为 DNS3 的委派 DNS 服务器，其 IP 地址为 192.168.10.3/24，首选 DNS 服务器的
IP 地址是 192.168.10.3，该计算机是子域控制器，同时也是 DNS 服务器。

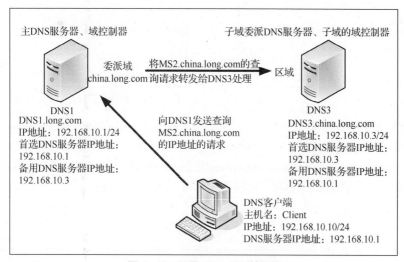

图 7-48　配置 DNS 委派域拓扑

2. 区域委派

DNS 名称解析是通过分布式结构来管理和实现的，它允许将 DNS 名称空间根据层次结构分割
成一个或多个区域，并将这些区域委派给不同的 DNS 服务器进行管理。例如，某区域的 DNS 服务
器（以下称"委派服务器"）可以将其子域委派给另一台 DNS 服务器（以下称"受委派服务器"）全
权管理，由受委派服务器维护该子域的数据库，并负责响应针对该子域的名称解析请求。而委派服
务器则无须进行任何针对该子域的管理，也无须保存该子域的数据库，只需保留到达受委派服务器
的指向，即当 DNS 客户端请求解析该子域的名称时，委派服务器将无法直接响应该请求，但其明确
知道应由哪个受委派服务器来响应该请求。

采用区域委派可有效地均衡负载。将子域的管理和解析任务分配给各个受委派服务器，可以极
大减轻父级或顶级域名服务器的负载，提高解析效率。同时，这种分布式结构使得真正提供解析的
受委派服务器更接近于 DNS 客户端，从而减少带宽资源的浪费。

部署区域委派需要在委派服务器和受委派服务器中都进行必要的配置。

依据图 7-48，在受委派的 DNS 服务器 DNS3 上创建主要区域 china.long.com，并且在该区域中
创建资源记录，然后在委派的 DNS 服务器 DNS1 上创建委派区域 china。具体步骤如下。

（1）配置受委派服务器。

`STEP 1` 使用具有管理员权限的用户账户登录受委派服务器 DNS3。

`STEP 2` 在受委派服务器上安装 DNS 服务器。

`STEP 3` 在受委派服务器 DNS3 上创建正向主要区域 china.long.com（正向主要区域的名称必
须与受委派区域的名称相同），如图 7-49、图 7-50 所示。

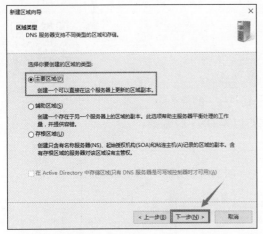

图 7-49　创建正向主要区域 china.long.com（1）

图 7-50　创建正向主要区域 china.long.com（2）

STEP 4 在受委派服务器 DNS3 上创建反向主要区域 10.168.192.in-addr.arpa。

STEP 5 创建区域完成后，新建资源记录，如建立主机记录 Client.china.long.com，其对应的 IP 地址是 192.168.10.10，DNS3.china.long.com 对应的 IP 地址是 192.168.10.3（必须新建）。MS2 是新建的测试记录。设置完成后的"DNS 管理器"窗口如图 7-51 所示。

图 7-51　设置完成后的"DNS 管理器"窗口

（2）配置委派服务器。

委派服务器 DNS1 将在 long.com 中新建 china 委派域，并将其委派给 DNS3（其 IP 地址为 192.168.10.3）进行管理。

STEP 1 使用具有管理员权限的用户账户登录委派服务器 DNS1。

STEP 2 打开"DNS 管理器"窗口，在区域 long.com 下创建 DNS3 的主机记录，该主机记录是被委派 DNS 服务器的主机记录。（DNS3.long.com 对应的 IP 地址是 192.168.10.3。）

STEP 3 用鼠标右键单击"long.com"选项，在弹出的快捷菜单中选择"新建委派"命令，打开"新建委派向导"对话框。

STEP 4 单击"下一步"按钮，打开"受委派域名"界面，在此界面中指定要委派给受委派服务器进行管理的域名 china，如图 7-52 所示。

STEP 5 单击"下一步"按钮，打开"名称服务器"界面，在此界面中指定受委派服务器，单击"添加"按钮，打开"新建名称服务器记录"对话框，在"服务器完全限定的域名(FQDN)"文本框中输入受委派计算机的主机记录的完全限定的域名"DNS3.china.long.com"，在"此 NS 记录的 IP 地址"文本框中输入受委派 DNS 服务器的 IP 地址"192.168.10.3"后按 Enter 键，如图 7-53 所示。注意，由于目前无法解析 DNS3.china.long.com 的 IP 地址，因此输入主机名后不要单击"解析"按钮。

图 7-52　指定受委派域名

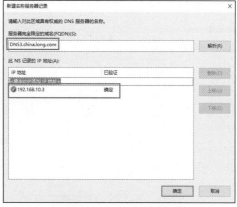

图 7-53　添加受委派服务器

STEP 6　单击"确定"按钮，返回"名称服务器"界面，从中可以看到受委派服务器，如图 7-54 所示。

STEP 7　单击"下一步"按钮，将打开"完成"界面，单击"完成"按钮，返回"DNS 管理器"窗口。在"DNS 管理器"窗口可以看到已经添加的委派子域 china（注意一定不要在该域上建立 china 子域）。委派服务器配置完成，如图 7-55 所示。

图 7-54　查看受委派服务器

图 7-55　委派服务器配置完成

 注意　受委派服务器必须在委派服务器中有一个对应的 A 记录，以便委派服务器指向受委派服务器。该 A 记录可以在新建委派之前创建，否则在新建委派时会自动创建。

（3）将 DNS3 升级为子域控制器。

需要说明的是，将 DNS3 升级为子域控制器在部署委派域时并不是必须的步骤。

STEP 1　参考项目 3 的相关内容，在 DNS3 上安装 Active Directory 域服务。

STEP 2　将 DNS3 升级为域控制器。当出现"Active Directory 域服务配置向导"窗口时，选中"将新域添加到现有林"单选按钮，选择域类型为"子域"，父域为"long.com"，子域为"china"，单击"更改"按钮，输入域 long.com 的管理员账户和密码，单击"确定"按钮，如图 7-56 所示。

STEP 3　单击"下一步"按钮，直到完成安装，计算机自动重启。至此，DNS3 成功升级为子域 china.long.com 的域控制器。

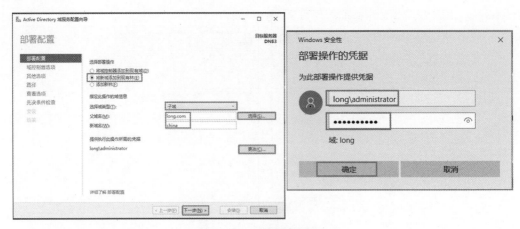

图 7-56　子域的部署配置

3. 测试委派

STEP 1　使用具有管理员权限的用户账户登录 DNS 客户端 Client，将首选 DNS 服务器的 IP 地址设为 192.168.10.1。

STEP 2　使用 nslookup 命令，测试 Client.china.long.com 的委派是否成功。如果成功，说明 IP 地址为 192.168.10.1 的服务器到 IP 地址为 192.168.10.3 的服务器的委派成功，如图 7-57 所示。

图 7-57　测试委派是否成功

任务 7-7　部署存根区域

存根区域与委派域有点类似，但是此区域内只包含 SOA 记录、NS 记录与 A 记录，利用这些记录可得知此区域的授权服务器。存根区域与委派域的主要差别如下。

* 存根区域内的 SOA 记录、NS 记录与 A 记录是从其主机服务器（此区域的授权服务器）复制过来的，当主机服务器内的这些记录发生变化时，它们会通过区域传送的方式复制过来。存根区域的区域传送只会传送 SOA 记录、NS 记录与 A 记录。其中的 A 记录用来记载授权服务器的 IP 地址，此 A 记录需要跟随 NS 记录一并被复制到存根区域，否则拥有存根区域的服务器无法解析到授权服务器的 IP 地址，这种 A 记录被称为 glue A 记录。
* 委派域内的 NS 记录是在执行委派操作时建立的，以后如果此域内有新授权服务器，需由系统管理员手动将此新 NS 记录输入委派域内。

当有 DNS 客户端来查询（查询模式为递归查询）存根区域内的资源记录时，DNS 服务器会利用区域内的 NS 记录得知此区域的授权服务器，然后向授权服务器查询（查询模式为迭代查询）。如果无法从存根区域内找到此区域的授权服务器，那么 DNS 服务器会采用标准方式向根域服务器查询。

微课 7-8 部署
存根区域

1. 部署存根区域的需求和环境

在 DNS2 中建立一个正反向查找的存根区域 smile.com，并将此区域的查询请求转发给此区域的授权服务器 DNS4 来处理，部署存根区域拓扑如图 7-58 所示。

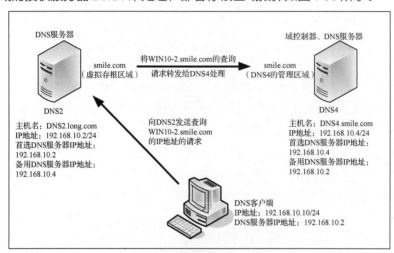

图 7-58 部署存根区域拓扑

- DNS2 可沿用任务 7-6 的 DNS 服务器，也可重新建立。DNS2 是独立服务器、DNS 服务器，首选 DNS 服务器的 IP 地址设置为 192.168.10.2，备用 DNS 服务器的 IP 地址设置为 192.168.10.4。
- 建立另外一台 DNS 服务器，设置其 IP 地址为 192.168.10.4/24，首选 DNS 服务器的 IP 地址设置为 192.168.10.4，备用 DNS 服务器的 IP 地址设置为 192.168.10.2，计算机名设置为 DNS4，FQDN 设置为 DNS4，然后重新启动计算机。

2. 设置允许区域传送

DNS2 的存根区域内的记录是从授权服务器 DNS4 中利用区域传送复制过来的，如果 DNS4 不允许将区域记录传送给 DNS2，那么 DNS2 向 DNS4 发送区域传送请求时会被拒绝。我们先设置让 DNS4 可以将记录通过区域传送给 DNS2。下面在 DNS4 上进行操作。

STEP 1 以管理员身份登录 DNS4，同时安装 "Active Directory 域服务" 和 "DNS 服务器" 角色和功能。

STEP 2 将 DNS4 升级为域控制器，域名为 smile.com。

STEP 3 打开 "DNS 管理器" 窗口，在 DNS4 内建立 smile.com 域的反向主要区域。

STEP 4 在 smile.com 中新建多个用来测试的主机记录和 PTR 记录，即图 7-59 所示的 dns4、WIN10-1、WIN10-2、WIN10-3 等，并应包含 DNS4 自己的主机记录（系统自建）和 PTR 记录，接着选择 "smile.com" 选项，单击属性图标。新建主机记录后，新建相应的 PTR 记录。

STEP 5 用鼠标右键单击 "smile.com" 选项，在弹出的快捷菜单中选择 "属性" 命令，在打开的对话框中单击 "区域传送" 选项卡，勾选 "区域传送" 选项卡下的 "允许区域传送" 复选框，选中 "只允许到下列服务器" 单选按钮，单击 "编辑" 按钮以便选择 DNS2 的 IP 地址。

157

图 7-59　用来测试的主机记录和 PTR 记录

> **注意**　也可以选中"到所有服务器"单选按钮，此时 DNS4 将接收其他任何一台 DNS 服务器所发送的区域传送请求。建议不要选中此单选按钮，否则此区域记录将轻易地被传送到其他外部 DNS 服务器。

STEP 6　输入 DNS2 的 IP 地址后直接按 Enter 键，单击"确定"按钮。注意它会通过反向查询来尝试解析拥有此 IP 地址的主机名（也就是 FQDN），如果服务器 DNS4 没有反向查找区域可供查询，会显示无法解析的警告消息，但它并不会影响区域传送。本例中 STEP3 就已经建立了反向主要区域，而新建主机记录的同时要新建 PTR 记录。请读者注意，不用理会警告信息，如图 7-60 所示。

STEP 7　依次单击"确定"→"应用"→"确定"按钮。

STEP 8　类似地，用鼠标右键单击图 7-59 所示的反向查找区域 10.168.192.in-addr.arpa，在弹出的快捷菜单中选择"属性"命令，重复 STEP 5～STEP 7，设置实现 DNS4 可以将反向查找区域的记录通过区域传送复制给 DNS2。

图 7-60　警告信息

3. 建立存根区域

在 DNS2 上创建存根区域 smile.com，并让它从 DNS4 中复制区域记录。

STEP 1　在 DNS2 上选择"开始"→"Windows 管理工具"→"DNS"命令，在打开的窗口中选择正向查找区域后，单击鼠标右键，在弹出的快捷菜单中选择"新建区域"命令。

STEP 2　出现欢迎使用新建区域向导界面时，单击"下一步"按钮。

STEP 3　在图 7-61 所示的界面中选中"存根区域"单选按钮，单击"下一步"按钮。

STEP 4　在图 7-62 所示的界面中输入区域名称"smile.com"，单击"下一步"按钮。

STEP 5　出现区域文件界面时，直接单击"下一步"按钮以采用默认的区域文件名。

STEP 6　在图 7-63 所示的界面中输入主 DNS 服务器 DNS4 的 IP 地址后按 Enter 键，单击"下一步"按钮。注意，它会通过反向查询来尝试解析拥有此 IP 地址的主机名，若无反向查找区域可供查询或反向查询区域内并没有此记录，则会显示无法解析的警告消息，此时可以不必理会此信息，它并不会影响区域传送。

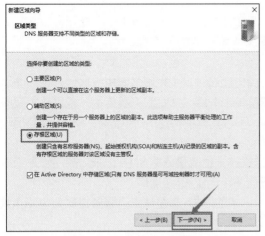

图 7-61 "区域类型"界面

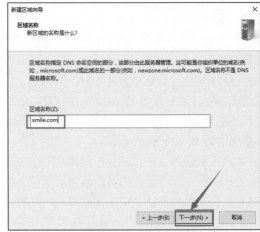

图 7-62 "区域名称"界面

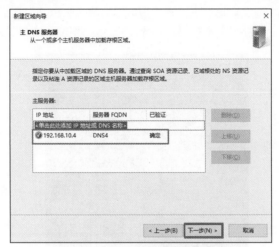

图 7-63 "主 DNS 服务器"界面

STEP 7 出现"正在完成新建区域向导"界面时单击"完成"按钮。

STEP 8 类似地,重复 STEP 1~STEP 7,新建反向查找区域。

STEP 9 图 7-64 中的 smile.com 就是上述建立的存根区域的正向查找区域,其内的 SOA 记录、NS 记录与记载着授权服务器 IP 地址的 A 记录是自动从其主机服务器 DNS4 中复制过来的。同样,DNS2 存根区域的反向查找区域也正确地从 DNS4 复制了过来。

图 7-64 存根区域

注意 如果确定所有配置都正确，但一直看不到这些记录，选择"smile.com"选项后按 F5 键来刷新，如果仍然看不到，可以将"DNS 管理器"窗口关闭再重新打开。

存储存根区域的 DNS 服务器默认会每隔 15 分钟自动请求其主机服务器执行区域传送操作。也可以选择存根区域后单击鼠标右键，在弹出的快捷菜单中选择"从主服务器传输"或"从主服务器传送区域的新副本"命令来手动执行区域传送操作，不过它只会传送 SOA 记录、NS 记录与记载着授权服务器的 IP 地址的 A 记录。

- 从主服务器传输：它会执行常规的区域传送操作，也就是依据 SOA 记录内的序号来判断，如果在主机服务器内有新版本记录的话，就会执行区域传送操作。
- 从主服务器传送区域的新副本：不理会 SOA 记录的序号，重新从主机服务器复制 SOA 记录、NS 记录与记载着授权服务器 IP 地址的 A 记录。

4. 测试存根区域

现在可以利用 DNS 客户端 Client 来测试存根区域。将 Client 的 DNS 服务器的 IP 地址设置为 192.168.10.2，利用 nslookup 命令来测试，图 7-65 所示为成功得到 IP 地址的界面。

图 7-65　成功得到 IP 地址的界面

7.4　拓展阅读　为计算机事业做出过巨大贡献的王选院士

王选曾经为中国的计算机事业做出过巨大贡献，并因此获得国家最高科学技术奖，你知道王选吗？

王选（1937—2006 年）是享誉国内外的科学家，汉字激光照排系统创始人，北京大学计算机科学技术研究所主要创建者，历任副所长、所长，博士生导师。他曾任第十届中国人民政治协商会议全国委员会副主席、九三学社中央副主席、中国科学技术协会副主席、中国科学院院士、中国工程院院士、第三世界科学院院士。

王选研制的世界首套中文彩色照排系统两次获国家科技进步一等奖（1987 年、1995 年），两度列入国家十大科技成就（1985 年、1995 年），并获国家重大技术装备成果奖特等奖。王选一生荣获了国家最高科学技术奖、联合国教科文组织科学奖、陈嘉庚科学奖、美洲中国工程师学会个人成就奖、何梁何利基金科学与技术进步奖等 20 多项重大成果和荣誉。

1975 年开始，以王选为首的科研团队决定跨越当时日本流行的光机式二代机和欧美流行的阴极射线管式三代机阶段，开创性地研制当时国外尚无商品的第四代激光照排系统。针对汉字印刷的特点和难点，他们发明了高分辨率字形的高倍率信息压缩技术和高速复原方法，率先设计出相应的专用芯片，在世界上首次使用控制信息（参数）描述笔划特性。第四代激光照排系统获 1 项欧洲专利和 8 项中国专利，并获第 14 届日内瓦国际发明展金奖、中国专利发明创造金奖，2007 年入选"首届全国杰出发明专利创新展"。

7.5 习题

一、填空题

1. _____是一个用于存储单个 DNS 域名的数据库，是域名空间树形结构的一部分，它将域名空间分为较小的区段。
2. DNS 顶级域名中表示官方政府单位的是_____。
3. _____表示电子邮件交换的资源记录。
4. 可以用来检测 DNS 资源是否创建正确的两个工具是_____、_____。
5. DNS 服务器的查询方式有_____、_____。

二、选择题

1. 某企业的网络工程师安装了一台 DNS 服务器，它用来提供域名解析功能。网络中的其他计算机都作为这台 DNS 服务器的客户机。他在服务器中创建了一个标准主要区域，在一台客户机上使用 nslookup 命令查询一个主机名称,DNS 服务器能够正确地将其 IP 地址解析出来。可是当使用 nslookup 命令查询该 IP 地址时，DNS 服务器却无法将其主机名称解析出来。请问应如何解决这个问题？（　　）
    A. 在 DNS 服务器反向解析区域中，为这条主机记录创建相应的 PTR 记录
    B. 在 DNS 服务器区域属性上设置允许动态更新
    C. 在要查询的客户机上执行命令 ipconfig /registerdns
    D. 重新启动 DNS 服务器
2. 在 Windows Server 2016 的 DNS 服务器上不可以新建的区域类型有（　　）。
    A. 转发区域　　　B. 辅助区域　　　C. 存根区域　　　D. 主要区域
3. DNS 提供了一个（　　）命名方案。
    A. 分级　　　B. 分层　　　C. 多级　　　D. 多层
4. DNS 顶级域名中表示商业组织的是（　　）。
    A. COM　　　B. GOV　　　C. MIL　　　D. ORG
5. （　　）是表示别名的资源记录。
    A. MX　　　B. SOA　　　C. CNAME　　　D. PTR

三、简答题

1. DNS 的查询模式有哪几种？
2. DNS 的常见资源记录有哪些？
3. DNS 的配置与管理流程是什么？

4. DNS 服务器属性中的"转发器"的作用是什么？

5. 什么是 DNS 服务器的动态更新？

四、案例分析

某企业安装了自己的 DNS 服务器，为企业内部客户端计算机提供主机名称解析功能。然而企业内部的客户端计算机除了访问内部的网络资源外，还会访问 Internet 资源。作为企业的网络管理员，应该怎样配置 DNS 服务器？

7.6 项目实训　配置与管理 DNS 服务器

本项目实训所依据的拓扑分别如图 7-5、图 7-33 和图 7-48 所示。

（1）依据图 7-5 所示拓扑完成任务：添加 DNS 服务器，部署主 DNS 服务器，配置 DNS 客户端并测试主 DNS 服务器的配置。

（2）依据图 7-33 所示拓扑完成任务：部署唯缓存 DNS 服务器，配置转发器，测试唯缓存 DNS 服务器。

（3）依据图 7-48 所示拓扑完成任务：部署 DNS 服务器的委派域。

做一做

独立完成项目实训，检查学习效果。

项目8
配置与管理DHCP服务器

08

某高校已经组建了学校的校园网，然而随着笔记本计算机的普及，教师移动办公以及学生移动学习的现象越来越多，计算机从一个网络移动到另一个网络的情况经常发生，此时，需要重新获取新网络的 IP 地址、网关等信息，并对计算机进行设置。这样，客户端就需要知道整个网络的部署情况，还需要知道自己处于哪个网段、哪些 IP 地址是空闲的，以及默认网关是多少等信息，这不仅使用户觉得烦琐，同时还为网络管理员规划网络、分配 IP 地址带来了困难。为了实现网络中的用户无论处于网络的什么位置，都不需要配置 IP 地址、默认网关等信息就能够上网，就需要在网络中部署 DHCP 服务器。

为完成该项目，应当先对整个网络进行规划，确定网段的划分以及每个网段可能的主机数量等信息。

学习要点

- 了解 DHCP 服务器在网络中的作用。
- 理解 DHCP 服务的工作过程。
- 掌握 DHCP 服务器的基本配置方法。
- 掌握 DHCP 客户端的配置和测试方法。

- 掌握常用 DHCP 选项的配置方法。
- 理解在网络中部署 DHCP 服务器的解决方案。
- 掌握常见 DHCP 服务器的维护方法。

素质要点

- "雪人计划"服务于国家的"信创产业"。通过了解"雪人计划"，激发学生的爱国情怀和求知求学的斗志。

- "靡不有初，鲜克有终。""莫等闲，白了少年头，空悲切。"青年学生为人做事要善始善终、不负韶华。

8.1 项目基础知识

手动设置每一台计算机的 IP 地址是很烦琐的一件事，于是就出现了自动配置 IP 地址的方法，这就是 DHCP。DHCP 可以自动为局域网中的每一台计算机分配 IP 地址，并完成每台计算机的 TCP/IP 配置，包括 IP 地址、子网掩码、默认网关及 DNS 服务器等。DHCP 服务器能够从预先设置的 IP 地址池中自动获取并给主机分配 IP 地址，它不仅能够解决 IP 地址冲突的问题，还能及时回收 IP 地址以提高 IP 地址的利用率。

微课 8-1　DHCP
服务器

8.1.1　何时使用 DHCP 服务

网络中每一台主机的 IP 地址与相关配置，可以采用以下两种方式获得：手动获得和自动获得（自动从 DHCP 服务器中获取）。

在网络主机数目少的情况下，可以手动为网络中的主机分配静态的 IP 地址，但有时工作量很大，就需要采用动态 IP 地址方案。在该方案中，每台计算机并不设置固定的 IP 地址，而是在开机时才被分配一个 IP 地址，这种计算机被称为 DHCP 客户端（DHCP Client）。在网络中提供 DHCP 服务的计算机称为 DHCP 服务器。DHCP 服务器利用 DHCP 为网络中的主机分配动态 IP 地址，并提供子网掩码、默认网关、路由器的 IP 地址以及一个 DNS 服务器的 IP 地址等。

动态 IP 地址方案可以减少管理员的工作量。只要 DHCP 服务器正常工作，IP 地址就不会发生冲突。要批量更改计算机所在的子网或其他 TCP/IP 参数，只要在 DHCP 服务器上进行即可，管理员不必为每一台计算机设置 IP 地址等参数。

需要动态分配 IP 地址的情况包括以下 3 种。

- 网络的规模较大，网络中需要分配 IP 地址的主机很多，特别是在网络中增加和删除网络主机或者重新配置网络时，使用手动分配 IP 地址的工作量很大，而且常常会因为用户不遵守规则而出现错误，如导致 IP 地址冲突等。
- 网络中的主机多，而 IP 地址不够用，这时可以使用 DHCP 服务来解决这一问题。例如，某个网络上有 200 台计算机，采用静态 IP 地址时，需要为每台计算机都预留一个 IP 地址，即共需要 200 个 IP 地址。然而，这 200 台计算机通常并不会同时开机，如果只有 20 台同时开机，就浪费了 180 个 IP 地址。这种情况对互联网服务供应方（Internet Service Provider，ISP）来说是一个十分严重的问题。如果 ISP 有 100 000 个用户，是否需要 100 000 个 IP 地址？解决这个问题的方法就是使用 DHCP 服务。
- DHCP 服务使得移动客户端可以在不同的子网中移动，并在它们连接到网络时自动获得网络中的 IP 地址。随着笔记本计算机的普及，移动办公的方式很常见。当计算机从一个网络移动到另一个网络时，需要更改 IP 地址，并且移动的计算机在每个网络都需要占用一个 IP 地址。

利用拨号上网实际上就是从 ISP 那里动态获得一个公有的 IP 地址。

8.1.2　DHCP 地址分配方式

DHCP 允许以下 3 种地址分配方式。

- 自动分配方式。当 DHCP 客户端第一次成功地从 DHCP 服务器租用到 IP 地址之后，就会永远使用这个 IP 地址。
- 动态分配方式。当 DHCP 客户端第一次从 DHCP 服务器租用到 IP 地址之后，并非永久地使用该 IP 地址，只要租约到期，客户端就会释放这个 IP 地址，以让给其他主机使用。当然，客户端可以比其他主机优先更新租约，或租用其他 IP 地址。
- 手动分配方式。DHCP 客户端的 IP 地址是由网络管理员指定的，DHCP 服务器只是把指定的 IP 地址"告诉"客户端。

8.1.3　DHCP 服务的工作过程

1. DHCP 客户端第一次登录网络

当 DHCP 客户端启动并登录网络时，通过以下步骤从 DHCP 服务器获得租约。

① DHCP 客户端在本地子网中先发送 DHCP Discover 报文。此报文以广播的形式发送，因为客户端现在不知道 DHCP 服务器的 IP 地址。

② DHCP 服务器在收到 DHCP 客户端广播的 DHCP Discover 报文后，向 DHCP 客户端发送 DHCP Offer 报文，其中包括一个可租用的 IP 地址。

如果没有 DHCP 服务器对客户端的请求做出回应，可能的原因如下。

- 如果客户机使用的是 Windows 2000 及后续版本的 Windows 操作系统，且自动设置 IP 地址的功能处于激活状态，那么客户端将自动从微软保留 IP 地址段中选择一个自动专用 IP 地址（Automatic Private IP Addressing，APIPA）作为自己的 IP 地址。自动专用 IP 地址的范围是 169.254.0.1～169.254.255.254。使用自动专用 IP 地址可以确保在 DHCP 服务器不可用时，DHCP 客户端之间仍然可以利用自动专用 IP 地址进行通信。所以，即使网络中没有 DHCP 服务器，计算机之间仍能通过网上邻居功能发现彼此。

- 如果使用其他操作系统或自动设置 IP 地址的功能被禁用，则客户端无法获得 IP 地址，初始化失败。但客户端在后台会每隔 5 分钟发送 4 次 DHCP Discover 报文，直到它收到 DHCP Offer 报文。

③ 客户端一旦收到 DHCP Offer 报文，就会发送 DHCP Request 报文到服务器，表示它将使用服务器所提供的 IP 地址。

④ DHCP 服务器在收到 DHCP Request 报文后，立即发送 DHCP YACK（确认信息）报文，以确定租约成立，且此报文还包含其他 DHCP 选项信息。

客户端收到 DHCP YACK 报文后，利用其中的信息配置它的 TCP/IP 并加入网络中。DHCP 客户端第一次登录网络过程如图 8-1 所示。

2. DHCP 客户端第二次登录网络

DHCP 客户端获得 IP 地址后再次登录网络时，就不需要发送 DHCP Discover 报文了，而是直接发送包含前一次分配的 IP 地址的 DHCP Request 报文。DHCP 服务器收到 DHCP Request 报文后，会尝试让客户端继续使用原来的 IP 地址，并返回一个 DHCP YACK 报文。

如果 DHCP 服务器无法分配给客户端原来的 IP 地址，则返回一个 DHCP NACK（不确认信息）报文。当客户端接收到 DHCP NACK 报文后，就必须重新发送 DHCP Discover 报文来请求新的 IP 地址。

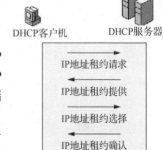

图 8-1 DHCP 客户端第一次登录网络过程

3. DHCP 租约的更新

DHCP 服务器将 IP 地址分配给 DHCP 客户端后，IP 地址有租用时间的限制，DHCP 客户端必须在该次租用过期前对它进行更新。客户端在 50%的租借时间过去以后，每隔一段时间就开始请求 DHCP 服务器更新当前租借。如果 DHCP 服务器应答，则租用延期。如果 DHCP 服务器始终没有应答，在有效租借期到达 87.5%时，客户端应该与其他任何一个 DHCP 服务器通信，并请求更新它的配置信息。如果客户端不能和任何 DHCP 服务器通信，租借到期后，它必须放弃当前的 IP 地址，并重新发送一个 DHCP Discover 报文进行 IP 地址的获得。

客户端可以主动向服务器发出 DHCP Release 报文，将当前的 IP 地址释放。

8.2 项目设计与准备

配置与管理 DHCP 服务器之前应该先进行规划，明确哪些 IP 地址用于自动分配给客户端（作用域中应包含的 IP 地址），哪些 IP 地址用于手动指定给特定的服务器。例如，在本项目中，将 IP 地址

192.168.10.10/24～192.168.10.200/24 用于自动分配方式；将 IP 地址 192.168.10.100/24～192.168.10.120/24、192.168.10.10/24、192.168.10.20/24 排除，预留给需要手动指定 TCP/IP 参数的服务器；将 192.168.10.200/24 用作保留地址等。

根据图 8-2 所示的拓扑来配置与管理 DHCP 服务器。虚拟机的网络连接模式全部采用"仅主机模式"。

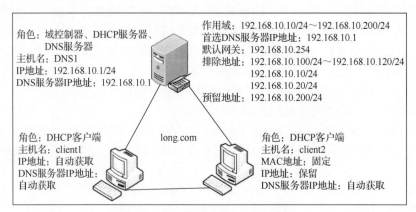

图 8-2　配置与管理 DHCP 服务器拓扑

> **注意**　用于手动配置的 IP 地址一定是 IP 地址池之外的地址，或者是 IP 地址池内已经被排除掉的地址，否则会造成 IP 地址冲突。请读者思考其原因。

8.3　项目实施

若利用虚拟环境来进行相关练习，请注意以下两点。

① 请将计算机所连接的虚拟网络的 DHCP 服务器功能禁用；如果利用物理计算机练习，请将网络中其他 DHCP 服务器关闭或停用，如停用 IP 共享设备或宽带路由器内的 DHCP 服务器功能。这些 DHCP 服务器都会干扰实验。

② 若 client1 与 client2 的硬盘是从同一个虚拟硬盘复制来的，则需要执行 c:\windows\system32\sysprep\sysprep 命令，并勾选"通用"复选框。

任务 8-1　安装 DHCP 服务器

微课 8-2　安装
DHCP 服务器

DNS1 已经安装了活动目录集成的 DNS 服务器。下面在其上安装 DHCP 服务器。

STEP 1　选择"开始"→"Windows 管理工具"→"服务器管理器"→"仪表板"→"添加角色和功能"命令，在弹出的对话框中持续单击"下一步"按钮，直到出现图 8-3 所示的"选择服务器角色"界面，勾选"DHCP 服务器"复选框，在弹出的"添加角色和功能向导"对话框中单击"添加功能"按钮。

STEP 2　持续单击"下一步"按钮，最后单击"安装"按钮，开始安装 DHCP 服务器。安装完毕，单击"关闭"按钮，也完成了 DHCP 服务器角色的安装。

STEP 3　选择"开始"→"Windows 管理工具"→"DHCP"命令，打开"DHCP"窗口，如图 8-4 所示，可以在此配置和管理 DHCP 服务器。

图 8-3 "选择服务器角色"界面 　　　　　图 8-4 "DHCP"窗口

 提示 由于 DHCP 服务器是安装在域控制器上的，尚没有被授权，且 IP 地址作用域尚没有新建和激活，所以在图 8-4 所示的"IPv4"处会显示向下的红色箭头。

任务 8-2 　授权 DHCP 服务器

Windows Server 2016 为使用活动目录的网络提供了集成的安全性支持。针对 DHCP 服务器，它提供了授权的功能。使用这一功能可以对网络中配置正确的合法 DHCP 服务器进行授权，允许其为客户端自动分配 IP 地址；同时，还能够检测未授权的非法 DHCP 服务器，以及防止这些服务器在网络中启动或运行，从而提高网络的安全性。

微课 8-3 　授权 DHCP 服务器

1. 对域中的 DHCP 服务器进行授权

如果 DHCP 服务器是域的成员，并且在安装 DHCP 服务器的过程中没有对其进行授权，那么它在安装完成后就必须先进行授权，才能为客户端计算机提供 IP 地址，独立服务器不需要授权。授权步骤如下。

在图 8-4 所示的窗口中，用鼠标右键单击 DHCP 服务器的"dns1.long.com"选项，选择快捷菜单中的"授权"命令，即可为 DHCP 服务器授权。重新打开"DHCP"窗口，显示 DHCP 服务器已授权，即"IPv4"前面图标中的红色向下箭头变为绿色对勾，如图 8-5 所示。

图 8-5 DHCP 服务器已授权

2. 为什么要授权 DHCP 服务器

由于 DHCP 服务器为客户端自动分配 IP 地址时均采用广播机制，而且客户端在发送 DHCP Request 报文进行 IP 地址租用选择时，也只是简单地选择收到的第一个 DHCP Offer 报文，这意味着在整个 IP 地址租用过程中，网络中所有的 DHCP 服务器都是平等的。如果网络中的 DHCP 服务器都是正确配置的，则网络能够正常运行。如果网络中出现了配置错误的 DHCP 服务器，则可能会引发网络故障。例如，配置错误的 DHCP 服务器可能会为客户端分配不正确的 IP 地址，导致客户端无法进行正常的网络通信。在图 8-6 所示的网络环境中，配置正确的 DHCP 服务器 DHCP1 为客户端提供的是符合网络规划的 IP 地址 192.168.10. 51/24～192.168.10.150/24，而配置错误的 DHCP 服务器 bad_dhcp 为客户端提供的是不符合网络规划的 IP 地址 10.0.0.21/24～10.0.0.100/24。对于网络中的 DHCP 客户端 client1 来说，由于在自动获得 IP 地址的过程中，两台 DHCP 服务器具有平等的被选择权，因此 client1 将有 50%的可能性获得一个由 bad_dhcp 提供的 IP 地址，这意味着网络出现故障的可能性将高达 50%。

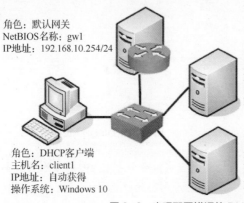

角色：默认网关
NetBIOS名称：gw1
IP地址：192.168.10.254/24

角色：配置正确的DHCP服务器
主机名：DHCP1
IP地址：192.168.10.1/24
网络操作系统：Windows Server 2016
IP地址范围：192.168.10.51/24～192.168.10.150/24

角色：DHCP客户端
主机名：client1
IP地址：自动获得
操作系统：Windows 10

角色：配置错误的DHCP服务器
主机名：bad_dhcp
IP地址：10.0.0.1/24
网络操作系统：Windows Server 2016
IP地址范围：10.0.0.21/24～10.0.0.100/24

图 8-6　出现配置错误的 DHCP 服务器的网络环境

为了解决这一问题，Windows Server 2016 引入了 DHCP 服务器的授权机制。通过授权机制，DHCP 服务器在服务客户端之前，需要验证是否已在活动目录中被授权。如果未被授权，它将不能为客户端分配 IP 地址。这样就可避免由于网络中出现配置错误的 DHCP 服务器而导致的大多数意外网络故障。

> **注意**　（1）在工作组环境中，DHCP 服务器肯定是独立服务器，无须授权（也不能授权）也能向客户端提供 IP 地址。
> （2）在域环境中，域控制器或拥有域成员身份的 DHCP 服务器能够被授权，为客户端提供 IP 地址。
> （3）在域环境中，拥有独立服务器身份的 DHCP 服务器不能被授权，若域中有被授权的 DHCP 服务器，则该服务器不能为客户端提供 IP 地址；若域中没有被授权的 DHCP 服务器，则该服务器可以为客户端提供 IP 地址。

任务 8-3　管理 DHCP 作用域

微课 8-4　管理 DHCP 作用域

在 Windows Server 2016 中，作用域可以在安装 DHCP 服务器的过程中创建，也可以在安装完成后在"DHCP"窗口中创建。

1. 创建 DHCP 作用域

一台 DHCP 服务器可以创建多个不同的作用域。如果在安装 DHCP 服务器时没有创建作用域，也可以单独创建 DHCP 作用域。具体步骤如下。

STEP 1　在 DNS1 上打开"DHCP"窗口，展开服务器名，用鼠标右键单击"IPv4"选项，在弹出的快捷菜单中选择"新建作用域"命令，运行新建作用域向导。

STEP 2　单击"下一步"按钮，显示"作用域名"界面，在"名称"文本框中输入新作用域的名称，用来与其他作用域区分。本例中为"作用域 1"。

STEP 3　单击"下一步"按钮，显示图 8-7 所示的"IP 地址范围"界面。在"起始 IP 地址"和"结束 IP 地址"文本框中输入欲分配的 IP 地址范围。

STEP 4　单击"下一步"按钮，显示图 8-8 所示的"添加排除和延迟"界面，设置客户端的排除 IP 地址。在"起始 IP 地址"和"结束 IP 地址"文本框中输入欲排除的 IP 地址或 IP 地址段，单击"添加"按钮，将其添加到"排除的地址范围"列表框中。

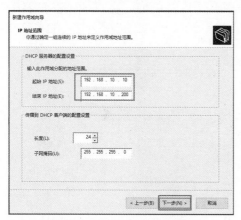 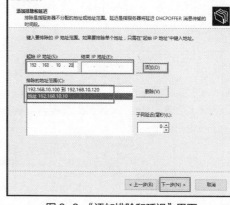

图 8-7 "IP 地址范围"界面   图 8-8 "添加排除和延迟"界面

STEP 5 单击"下一步"按钮，显示"租用期限"界面，设置客户端租用 IP 地址的时间。

STEP 6 单击"下一步"按钮，显示"配置 DHCP 选项"界面，提示是否配置 DHCP 选项，选中"是，我想现在配置这些选项"单选按钮。

STEP 7 单击"下一步"按钮，显示图 8-9 所示的"路由器(默认网关)"界面，在"IP 地址"文本框中输入要分配的默认网关，单击"添加"按钮添加到列表框中。本例中为 192.168.10.254。

STEP 8 单击"下一步"按钮，显示图 8-10 所示的"域名称和 DNS 服务器"界面。在"父域"文本框中输入进行 DNS 解析时所使用的父域，在"IP 地址"文本框中输入 DNS 服务器的 IP 地址，单击"添加"按钮添加到下面的列表框中。本例中为 192.168.10.1。

STEP 9 单击"下一步"按钮，显示"WINS 服务器"界面，设置 WINS 服务器。如果网络中没有配置 WINS 服务器，则不必设置。

图 8-9 "路由器(默认网关)"界面   图 8-10 "域名称和 DNS 服务器"界面

STEP 10 单击"下一步"按钮，显示"激活作用域"界面，询问是否要激活作用域。建议选中"是，我想现在激活此作用域"单选按钮。

STEP 11 单击"下一步"按钮，显示"正在完成新建作用域向导"界面。

STEP 12 单击"完成"按钮，作用域创建完成并自动激活。

Windows Server 网络操作系统项目教程（Windows Server 2016）
（微课版）（第 2 版）

2. 建立多个 IP 作用域

可以在一台 DHCP 服务器内建立多个 IP 作用域，以便为多个子网内的 DHCP 客户端提供服务。图 8-11 所示的 DHCP 服务器内有两个 IP 作用域：一个用来提供 IP 地址给左侧网络内的客户端，此网络的网络标识符为 192.168.10.0；另一个 IP 作用域用来提供 IP 地址给右侧网络内的客户端，其网络标识符为 192.168.20.0。

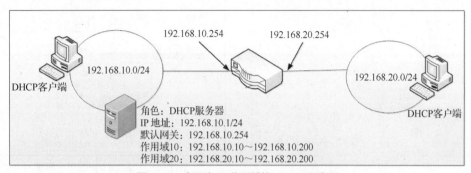

图 8-11　有两个 IP 作用域的 DHCP 服务器

右侧网络的客户端向 DHCP 服务器租用 IP 地址时，DHCP 服务器会选择 192.168.20.0 作用域中的 IP 地址，而不是 192.168.10.0 作用域中的 IP 地址：右侧网络的客户端所发出的租用 IP 数据包是通过路由器转发的，路由器会在这个数据包内的 GIADDR（gateway IP address）字段中填入路由器的 IP 地址（192.168.20.254），因此 DHCP 服务器便可以通过此 IP 地址得知 DHCP 客户端在 192.168.20.0/24 的网段内，并选择 192.168.20.0 作用域中的 IP 地址给客户端。

> **注意**　除了 GIADDR 之外，有些网络环境中的路由器还需要使用 DHCP option 82 的更多信息来判断应该出租什么 IP 地址给客户端。

在左侧网络的客户端向 DHCP 服务器租用 IP 地址时，DHCP 服务器会选择 192.168.10.0 作用域中的 IP 地址，而不是 192.168.20.0 作用域中的 IP 地址：左侧网络的客户端所发出的租用 IP 数据包是直接由 DHCP 服务器来接收的，因此，数据包内的 GIADDR 字段中的路由器 IP 地址为 0.0.0.0，当 DHCP 服务器发现此 IP 地址为 0.0.0.0 时，就会知道是同一个网段（192.168.10.0/24）内的客户端要租用 IP 地址，因此它会选择 192.168.10.0 作用域中的 IP 地址给客户端。

任务 8-4　保留特定的 IP 地址

微课 8-5　保留
特定的 IP 地址

如果用户想保留特定的 IP 地址给指定的客户端，以便 DHCP 客户端在每次启动时都获得相同的 IP 地址，就需要将该 IP 地址与客户端的 MAC（Medium Access Control，介质访问控制）地址绑定（Binding）。设置步骤如下。

STEP 1　打开"DHCP"窗口，在左侧窗格中单击作用域中的"保留"选项。

STEP 2　选择"操作"→"新建保留"命令，打开"新建保留"对话框，如图 8-12 所示。

STEP 3　在"保留名称"文本框中输入客户机名称。注意此名称只是一般的说明文字，并不是用户账号的名称，不能为空白。

STEP 4　在"IP 地址"文本框中输入要保留的 IP 地址。本例中为 192.168.10.200。

STEP 5　在"MAC 地址"文本框中输入 IP 地址要保留给哪一块网卡。本例中为 000C2917CF7A，

170

可以在目标客户端的命令提示符窗口中执行"ipconfig /all"命令查询 MAC 地址。

STEP 6 如果有需要，可以在"描述"文本框内输入一些描述客户机的说明文字，单击"添加"按钮。

添加完成后，用户可选择作用域中的"地址租用"选项进行查看。大部分情况下，客户端使用的仍然是以前的 IP 地址，可用以下命令进行更新。

- ipconfig /release：释放现有 IP 地址。
- ipconfig /renew：更新 IP 地址。

STEP 7 在 MAC 地址为 000C2917CF7A 的计算机 client2 上进行测试，该计算机的 IP 地址获取方式为保留地址。测试结果如图 8-13 所示。

图 8-12 "新建保留"对话框

图 8-13 测试结果

注意 如果在设置保留 IP 地址时，网络上有多台 DHCP 服务器存在，用户需要在其他服务器中将此保留 IP 地址排除，使客户端可以获得正确的保留 IP 地址。

任务 8-5 配置 DHCP 选项

DHCP 服务器除了可以为 DHCP 客户端提供 IP 地址外，还可以设置 DHCP 客户端启动时的工作环境，如可以设置客户端登录的域名称、DNS 服务器、WINS 服务器、路由器、默认网关等。

微课 8-6 配置 DHCP 选项

1. DHCP 选项

在客户端启动或更新租约时，DHCP 服务器可以自动设置客户端启动后的 TCP/IP 环境。由于目前大多数 DHCP 客户端均不能支持全部的 DHCP 选项，因此在实际应用中，通常只需对一些常用的 DHCP 选项进行配置。常用的 DHCP 选项如表 8-1 所示。

表 8-1 常用的 DHCP 选项

选项代码	选项名称	说明
003	路由器	DHCP 客户端所在 IP 子网的默认网关的 IP 地址
006	DNS 服务器	DHCP 客户端解析 FQDN 时需要使用的首选和备用 DNS 服务器的 IP 地址
015	DNS 域名	DHCP 客户端在解析只包含主机名但不包含域名的不完整 FQDN 时应使用的默认域名
044	WINS 服务器	DHCP 客户端解析 NetBIOS 名称时需要使用的首选和备用 WINS 服务器的 IP 地址
046	WINS/NBT 节点类型	DHCP 客户端使用的 NetBIOS 名称解析方法

DHCP 服务器提供了许多 DHCP 选项，如默认网关、DNS 域名、DNS 服务器、WINS 服务器、路由器等。DHCP 选项包括以下 4 种类型。

- 默认服务器选项：这些选项的设置影响"DHCP"窗口中相应服务器的所有作用域中的客户和类选项。
- 作用域选项：这些选项的设置只影响相应作用域下的 IP 地址租约。
- 类选项：这些选项的设置只影响被指定使用相应 DHCP 类 ID 的客户端。
- 保留客户选项：这些选项的设置只影响指定的保留客户。

如果在默认服务器选项与作用域选项中设置了不同的选项，则作用域选项起作用，即在应用时，作用域选项将覆盖服务器选项。同理，类选项会覆盖作用域选项、默认服务器选项，保留客户选项会覆盖以上 3 种选项，它们的优先级比较如下。

保留客户选项 > 类选项 > 作用域选项 > 默认服务器选项。

2. 配置 DHCP 默认服务器选项和作用域选项

为了进一步了解选项设置，以在作用域中添加 DNS 选项为例说明 DHCP 选项的设置。

STEP 1 打开"DHCP"窗口，在左侧窗格中展开服务器，单击"作用域选项"选项，选择"操作"→"配置选项"命令。

图 8-14 "作用域选项"对话框

STEP 2 打开"作用域选项"对话框，如图 8-14 所示。在"常规"选项卡的"可用选项"列表框中勾选"006 DNS 服务器"复选框，输入 IP 地址，单击"确定"按钮。

3. 配置 DHCP 类选项

（1）类别选项概述。

通过策略为特定的客户端计算机分配不同的 IP 地址与选项时，可以通过 DHCP 客户端所发送的用户类、供应商类别来区分客户端计算机。

① 用户类。可以为某些 DHCP 客户端计算机设置用户类标识符，例如，用户类标识符为"IT"，当这些客户端向 DHCP 服务器租用 IP 地址时，会将这个用户类标识符一并发送给服务器，而服务器会依据此用户类标识符来为这些客户端分配专用的选项设置。

② 供应商类别。可以根据操作系统厂商所提供的供应商类别标识符来设置 DHCP 选项。Windows Server 网络操作系统的 DHCP 服务器具备识别 Windows 客户端的能力，并通过以下 4 个内置的供应商类别选项来设置客户端的 DHCP 选项。

- DHCP Standard Options：适用于所有的客户端。
- Microsoft Windows 2000 Options：适用于 Windows 2000 操作系统（含）后的客户端。
- Microsoft Windows 98 Options：适用于 Windows 98/Me 操作系统的客户端。
- Microsoft Options：适用于其他的 Windows 客户端。

如果要支持其他操作系统的客户端，就先查询其供应商类别标识符，然后在 DHCP 服务器内新建此供应商类别标识符，并针对这些客户端来设置 DHCP 选项。安卓系统的供应商类别标识符的前 6 位为 dhcpcd，因此可以利用 dhcpcd*来代表所有的安卓设备。

（2）用户类实例的问题需求。

以下练习将通过用户类标识符来识别客户端计算机，且仍然采用图 8-2 所示的拓扑。假设客户端 Client1 的用户类标识符为 "IT"。当 Client1 向 DHCP 服务器租用 IP 地址时，会将此标识符 "IT" 传递给服务器，我们希望服务器根据此标识符来分配客户端的 IP 地址，IP 地址的范围为 192.168.10.150/24～192.168.10.180/24，并且将客户端的 DNS 服务器的 IP 地址设置为 192.168.10.1。

① 在 DHCP 服务器 DNS1 上新建用户类标识符。

STEP 1 选择 "IPv4" 选项后，单击鼠标右键，在弹出的快捷菜单中选择 "定义用户类" 命令，如图 8-15 所示。

STEP 2 在弹出的对话框中单击 "添加" 按钮，假设在 "显示名称" 文本框中输入 "技术部"，直接在 "ASCII" 处输入用户类标识符 "IT" 后，单击 "确定" 按钮，如图 8-16 所示。注意此处的字母区分大小写，例如，"IT" 与 "it" 是不同的。

图 8-15 选择 "定义用户类" 命令

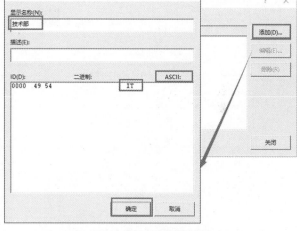
图 8-16 添加用户类标识符

提示 若要新建供应商类别标识符，则选择 "IPv4" 选项后，单击鼠标右键，在弹出的快捷菜单中选择 "定义供应商类" 命令。

② 在 DHCP 服务器内针对用户类标识符 "IT" 设置类别选项。

假设客户端计算机是通过前面所建立的作用域 "作用域 1" 来租用 IP 地址的，我们要通过此作用域的策略来将 DNS 服务器的 IP 地址 192.168.10.1 分配给用户类标识符为 "IT" 的客户端。

STEP 1 选择 "作用域[192.168.10.0]作用域 1" 内的 "策略" 选项后，单击鼠标右键，在弹出的快捷菜单中选择 "新建策略" 命令，如图 8-17 所示。

STEP 2 设置策略的名称（假设为 TestIT）后单击 "下一步" 按钮。

STEP 3 单击 "添加" 按钮来设置筛选条件，在弹出的对话框中将 "条件" 下拉列表的 "用户类" 设置为 "技术部"（其标识符为 IT），单击 "确定" 按钮，如图 8-18 所示。

STEP 4 回到前一个界面，单击 "下一步" 按钮。

STEP 5 根据需求，我们要在此策略内分配 IP 地址，设置 IP 地址的范围为 192.168.10.150～192.168.10.180，如图 8-19 所示，单击 "下一步" 按钮。

STEP 6 将 DNS 服务器的 IP 地址设置为 192.168.10.1，如图 8-20 所示，单击 "下一步" 按钮。

图 8-17　选择"新建策略"命令

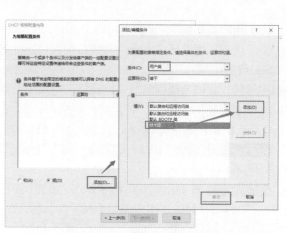

图 8-18　设置用户类为技术部

图 8-19　设置 IP 地址的范围

图 8-20　设置 DNS 服务器的 IP 地址

STEP 7　出现摘要界面时单击"完成"按钮。

STEP 8　图 8-21 所示的 TestIT 为上述所建立的策略，DHCP 服务器会将这个策略内的设置用于客户端计算机。

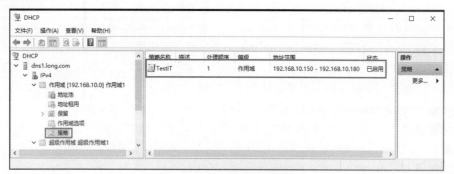

图 8-21　TestIT 策略已启用

③ DHCP 客户端的设置。

STEP 1　需要先将 DHCP 客户端的用户类标识符设置为"IT"。在客户端 Client1 上选择"开始"→"Windows 系统"命令,打开"Windows 系统"对话框,用鼠标右键单击"命令提示符"选项,在弹出的快捷菜单中选择"更多"→"以管理员身份运行"命令,利用"ipconfig /setclassid"命令来设置用户类标识符(用户类标识符区分字母大小写),如图 8-22 所示。

图 8-22　在客户端设置用户类标识符

提示　图 8-22 中的"Ethernet0"是网络连接的名称。对于 Windows 10 操作系统的客户端,可以用鼠标右键单击"开始"菜单,在弹出的快捷菜单中选择"命令提示符"命令,输入"control"后,按 Enter 键,选择"网络和 Internet"→"网络和共享中心"命令来查看网络连接的名称,如图 8-23 所示。每一个网络连接都可以设置一个用户类标识符。

图 8-23　查看网络连接的名称

STEP 2　客户端设置完成后,可以利用 ipconfig /all 命令来检查是否设置成功,如图 8-24 所示。

STEP 3　在这台用户类标识符为"IT"的客户端计算机上利用 ipconfig /renew 命令来向服务器租用 IP 地址或更新 IP 地址租约时,它所得到的 DNS 服务器的 IP 地址是我们所设置的 192.168.10.1,所得到的 IP 地址也应处在所设的 IP 地址范围之内。读者可在客户端计算机上利用图 8-25 所示的 ipconfig /all 命令查看 IPv4 地址和 DNS 服务器 IP 地址。可在客户端计算机上执行 ipconfig /setclassid"Ethernet0"命令来删除用户类标识符。

图 8-24　检查客户端是否设置成功　　图 8-25　查看 IPv4 地址和 DNS 服务器 IP 地址

任务 8-6　DHCP 中继代理

如果 DHCP 服务器与客户端分别位于不同的网络,由于 DHCP 消息以广播为主,而连接这两个网络的路由器不会将此 DHCP 消息转发到另外一个网络,因此这限制了 DHCP 的有效使用范围。

1. 跨网络 DHCP 服务器的使用

可采用以下方法来解决上述问题。

微课 8-7　DHCP 中继代理

在每一个网络内都安装一台 DHCP 服务器，它们各自为其所属网络内的客户端提供服务。

（1）选用符合请求评估（Request for Comments，RFC）1542 规范的路由器。

符合 RFC 1542 规范的路由器可以将 DHCP 消息转发到不同的网络。图 8-26 所示为左侧 DHCP 客户端 A 通过路由器转发 DHCP 消息的步骤，图中的序号就是其工作步骤。

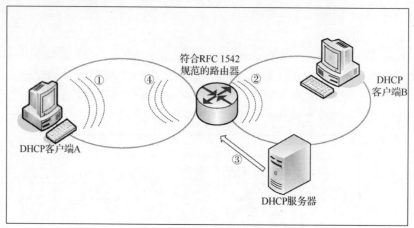

图 8-26　通过路由器转发 DHCP 消息

① DHCP 客户端 A 利用广播消息（DHCP DISCOVER）查找 DHCP 服务器。

② 路由器收到此消息后，将此消息转发到另一个网络。

③ 另一个网络内的 DHCP 服务器收到此消息后，直接响应一个消息（DHCP OFFER）给路由器。

④ 路由器将此消息（DHCP OFFER）广播给 DHCP 客户端 A。

之后由客户端发出的 DHCP REQUEST 消息以及由服务器发出的 DHCP ACK 消息也都是通过路由器来转发的。

（2）如果路由器不符合 RFC 1542 规范，可在没有 DHCP 服务器的网络内将一台 Windows 服务器设置为 DHCP 中继代理（DHCP Relay Agent），因为它具备将 DHCP 消息直接转发给 DHCP 服务器的功能。

下面说明图 8-27 所示的 DHCP 客户端 A 通过 DHCP 中继代理的工作步骤。

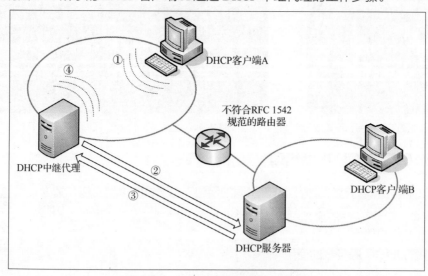

图 8-27　DHCP 中继代理的工作步骤

① DHCP 客户端 A 利用广播消息（DHCP DISCOVER）查找 DHCP 服务器。

② DHCP 中继代理收到此消息后，通过路由器将其直接发送给另一个网络内的 DHCP 服务器。

③ DHCP 服务器直接响应消息（DHCP OFFER）给 DHCP 中继代理。

④ DHCP 中继代理将此消息（DHCP OFFER）广播给 DHCP 客户端 A。

之后由客户端发出的 DHCP REQUEST 消息以及由服务器发出的 DHCP ACK 消息也都是通过 DHCP 中继代理来转发的。

2．中继代理拓扑

我们以图 8-28 为例来说明如何设置 DHCP 中继代理。当 DHCP 中继代理 GW1 收到 DHCP 客户端的 DHCP 消息时会将其转发到网络 B 的 DHCP 服务器。

完整的中继代理拓扑如图 8-28 所示。GW1 担任 DHCP 中继代理，同时代替路由器实现网络间的路由功能。DHCP1、client1 和 GW1 的网卡 1（对应的 IP 地址为 192.168.10.254/24）的虚拟机网络连接模式使用自定义网络的"VMnet1"，client2 和 GW1 的网卡 2（对应的 IP 地址为 192.168.20.254/24）的虚拟机网络连接模式使用自定义网络的"VMnet2"。注意：自定义网络的子网可以通过选择虚拟机的"编辑"→"虚拟网络编辑器"命令进行添加。

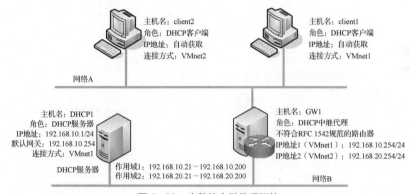

图 8-28　完整的中继代理拓扑

3．在 DHCP1 上新建两个作用域

以管理员身份登录计算机 DHCP1，打开"DHCP"窗口，新建两个作用域"DHCP10"和"DHCP20"。DHCP10 作用域要求：IP 地址范围是 192.168.10.21～192.168.10.200，默认网关是 192.168.10.254。DHCP20 作用域要求：IP 地址范围是 192.168.20.21～192.168.20.200，默认网关是 192.168.20.254。设置完成后，可以自行测试，保证 DHCP 服务器配置成功。

4．在 GW1 上配置并启用路由和远程访问

我们需要在 GW1 上配置并启用路由和远程访问，然后通过其所提供的路由和远程访问服务来设置 DHCP 中继代理。GW1 拥有双网卡。

STEP 1 打开"服务器管理器"窗口，单击"仪表板"处的"添加角色和功能"按钮，持续单击"下一步"按钮，直到出现图 8-29 所示的"选择服务器角色"界面时，勾选"远程访问"复选框。

STEP 2 持续单击"下一步"按钮，直到出现图 8-30 所示的"选择角色服务"界面时，勾选"DirectAccess 和 VPN (RAS)"复选框，单击"下一步"按钮，在弹出的"添加角色和功能向导"对话框中单击"添加功能"→"确定"按钮。

STEP 3 持续单击"下一步"按钮，直到出现"确认安装所选内容"界面时，单击"安装"按钮，完成安装后单击"关闭"按钮，重新启动计算机并登录。

Windows Server 网络操作系统项目教程（Windows Server 2016）
（微课版）（第 2 版）

图 8-29 "选择服务器角色"界面

图 8-30 "选择角色服务"界面

STEP 4 在"服务器管理器"窗口中选择右上方的"工具"→"路由和远程访问"命令，弹出"路由和远程访问"窗口，如图 8-31 所示，选择本地计算机对应的选项后，单击鼠标右键，在弹出的快捷菜单中选择"配置并启用路由和远程访问"命令，在打开的对话框中单击"下一步"按钮。

STEP 5 在图 8-32 所示的界面中选中"自定义配置"单选按钮，单击"下一步"按钮。

图 8-31 "路由和远程访问"窗口

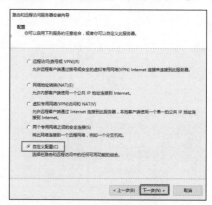
图 8-32 "配置"界面

STEP 6 在图 8-33 所示的界面中勾选"LAN 路由"复选框后单击"下一步"按钮，再单击"完成"按钮（此时若出现"无法启动路由和远程访问"警告界面，不必理会，直接单击"确定"按钮即可）。

STEP 7 在图 8-34 所示的界面中单击"启动服务"按钮。

图 8-33 "自定义配置"界面

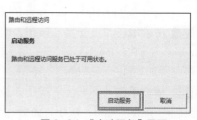
图 8-34 "启动服务"界面

178

5. 在 GW1 上设置中继代理

STEP 1 选择"IPv4"之下的"常规"选项后，单击鼠标右键，在弹出的快捷菜单中选择"新增路由协议"命令，在弹出的"新路由协议"对话框中选择"DHCP Relay Agent"选项后，单击"确定"按钮，如图 8-35 所示。

STEP 2 选择"DHCP 中继代理"选项后，单击"属性"按钮，在"服务器地址"文本框中输入 DHCP 服务器的 IP 地址（192.168.10.1），如图 8-36 所示，单击"确定"按钮。

图 8-35 新增路由协议

图 8-36 添加 DHCP 服务器的 IP 地址

STEP 3 选择"DHCP 中继代理"选项后，单击鼠标右键，在弹出的快捷菜单中选择"新增接口"命令，在弹出的对话框中选择"Ethernet1"选项，单击"确定"按钮，如图 8-37 所示。当 DHCP 中继代理收到通过 Ethernet1 传输的 DHCP 数据包时，就会将它转发给 DHCP 服务器。这里所选择的以太网就是图 8-28 所示的 IP 地址为 192.168.20.254 的网络接口（通过未选择的网络接口发送过来的 DHCP 数据包并不会被转发给 DHCP 服务器）。

> **注意** Ethernet0 连接在 VMnet1 上，其 IP 地址是 192.168.10.254；Ethernet1 连接在 VMnet2 上，其 IP 地址是 192.168.20.254。

STEP 4 在图 8-38 所示的对话框中直接单击"确定"按钮即可。该对话框中部分选项的说明如下。

图 8-37 新增接口

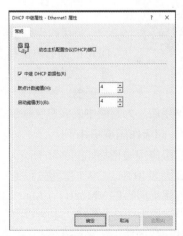

图 8-38 "DHCP 中继属性-Ethernet1 属性"对话框

- 跃点计数阈值：表示 DHCP 数据包在转发过程中最多能够经过多少个符合 RFC 1542 规范的路由器。
- 启动阈值(秒)：在 DHCP 中继代理收到 DHCP 数据包后，会等此处设置的时间过后将数据包转发给远程 DHCP 服务器。如果本地与远程网络内都有 DHCP 服务器，而又希望由本地网络的 DHCP 服务器优先提供服务，则此时可以通过此处的设置来延迟将消息发送到远程 DHCP 服务器，因为在这段时间内可以让本地网络内的 DHCP 服务器有机会先响应客户端的请求。

STEP 5 测试是否能成功路由。为了测试方便，请将 GW1 和 DHCP1 的防火墙关闭，使用 ping 命令进行测试，两台计算机间应该通信顺畅。

6. 在 client2 上测试 DHCP 中继

将客户端 client2 的 IP 地址设置为自动获取，在命令提示符窗口中进行测试，如图 8-39 所示。

图 8-39 在 client2 上测试 DHCP 中继是否成功

微课 8-8 配置超级作用域

任务 8-7 配置超级作用域

超级作用域是运行 Windows Server 2016 的 DHCP 服务器的一种管理功能。当 DHCP 服务器上有多个作用域时，它们就可组成超级作用域，作为单个实体来管理。超级作用域常用于多网。多网是指在同一物理网段上使用两个或多个 DHCP 服务器以管理分离的逻辑 IP 网络。在多网中，可以使用 DHCP 超级作用域来组合多个作用域，为网络中的客户端提供来自多个作用域的租约。

1. 超级作用域拓扑

超级作用域拓扑如图 8-40 所示。

在图 8-40 中，GW1 是网关服务器，可以由带 3 块网卡的 Windows Server 2016 充当，3 块网卡分别连接虚拟机的 VMnet1、VMnet2 和 VMnet3。DHCP1 是 DHCP 服务器，其作用域 1 的"003 路由器"选项为 192.168.10.254，作用域 2 的"003 路由器"选项为 192.168.20.254，作用域 3 的"003 路由器"选项为 192.168.30.254。

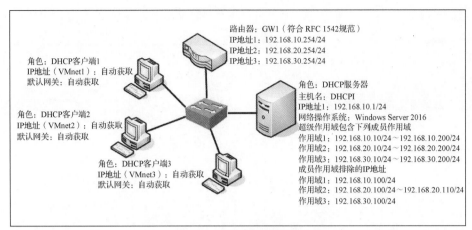

图 8-40　超级作用域拓扑

3 台 DHCP 客户端分别连接到虚拟机的 VMnet1、VMnet2 和 VMnet3，DHCP 客户端的 IP 地址获取方式是自动获取。

- DHCP 客户端 1 应该获取到 192.168.10.0/24 网络中的 IP 地址，默认网关是 192.168.10.254。
- DHCP 客户端 2 应该获取到 192.168.20.0/24 网络中的 IP 地址，默认网关是 192.168.20.254。
- DHCP 客户端 3 应该获取到 192.168.30.0/24 网络中的 IP 地址，默认网关是 192.168.30.254。

> **特别说明**　如果在实训中，GW1 由 Windows Server 2016 替代，则需满足以下两个条件。
> ① 安装 3 块网卡，启用路由。可参考任务 8-6 的"4. 在 GW1 上配置并启用路由和远程访问"相关内容。
> ② GW1 必须和 DHCP1 集成到一台安装 Windows Server 2016 的计算机上。因为 Windows Server 2016 替代路由器无法转发 DHCP 广播报文，除非在 GW1 上部署 DHCP 中继代理。

2. 超级作用域设置方法

（1）在 GW1 上配置并启用路由和远程访问。

可参考任务 8-6 中的"4. 在 GW1 上配置并启用路由和远程访问"进行配置，配置完成后进行路由测试。

（2）在 DHCP1 上新建超级作用域。

STEP 1　在"DHCP"窗口中，按要求分别新建作用域 1、作用域 2 和作用域 3。

STEP 2　用鼠标右键单击 DHCP 服务器对应选项下的"IPv4"选项，在弹出的快捷菜单中选择"新建超级作用域"命令，打开"选择作用域"界面。在"选择作用域"界面中，可选择要加入超级作用域的作用域。本例中将作用域 1、作用域 2 和作用域 3 全部选择，如图 8-41 所示，单击"下一步"按钮。

STEP 3　超级作用域创建以后会显示在"DHCP"窗口中，如图 8-42 所示。还可以将其他作用域也添加到该超级作用域中。

DHCP 客户端向 DHCP 服务器租用 IP 地址时，服务器会从超级作用域中的任何一个作用域中选择一个 IP 地址。使用超级作用域可以解决多网中的某些 DHCP 部署问题。比较典型的问题是，当前活动作用域的可用 IP 地址池几乎耗尽，而又要向网络中添加更多的计算机时，可使用另一个网络的 IP 地址范围，以扩展同一物理网段的地址空间。

图 8-41　选择作用域

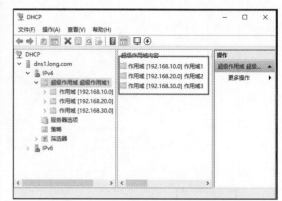

图 8-42　"DCHP"窗口中显示的超级作用域

> **注意**　超级作用域只是一个简单的容器，删除超级作用域时并不会删除其中的作用域。

（3）在 DHCP 客户端进行超级作用域测试。

分别在 DHCP 客户端 1、DHCP 客户端 2 和 DHCP 客户端 3 上进行超级作用域测试。

任务 8-8　配置和测试 DHCP 客户端

微课 8-9　配置
和测试 DHCP
客户端

目前常用的操作系统均可作为 DHCP 客户端，本任务仅以 Windows 操作系统为客户端。

1. 配置 DHCP 客户端

在 Windows 操作系统中配置 DHCP 客户端非常简单。

① 在客户端 client1 上打开"Internet 协议版本 4(TCP/IPv4)属性"对话框。

② 选中"自动获得 IP 地址"和"自动获得 DNS 服务器地址"两个单选按钮即可。

> **提示**　由于 DHCP 客户端是在开启的时候自动获得 IP 地址的，因此并不能保证每次获得的 IP 地址是相同的。

2. 测试 DHCP 客户端

在 DHCP 客户端上打开命令提示符窗口，使用 ipconfig /all 和 ping 命令对 DHCP 客户端进行测试。

3. 手动释放 DHCP 客户端 IP 地址租约

在 DHCP 客户端上打开命令提示符窗口，使用 ipconfig /release 命令手动释放 DHCP 客户端 IP 地址租约。请读者试着做一下。

4. 手动更新 DHCP 客户端 IP 地址租约

在 DHCP 客户端上打开命令提示符窗口，使用 ipconfig /renew 命令手动更新 DHCP 客户端 IP 地址租约。请读者试着做一下。

5. 在 DHCP 服务器上验证 IP 地址租约

使用具有管理员权限的用户账户登录 DHCP 服务器，打开"DHCP"窗口。在左侧窗格中双击"DHCP"，在展开的树中双击作用域，然后选择"地址租用"选项，能够看到从当前 DHCP 服务器的当前作用域中租用 IP 地址的租约，如图 8-43 所示。

图 8-43　IP 地址租约

6. 客户端的备用设置

客户端如果因故无法向 DHCP 服务器租用 IP 地址，客户端会每隔 5 分钟自动找 DHCP 服务器租用 IP 地址，在未租用到 IP 地址之前，客户端可以暂时使用其他 IP 地址，此 IP 地址可以通过图 8-44 所示的"备用配置"选项卡进行设置。部分选项的说明如下。

- 自动专用 IP 地址：默认选中，当客户端无法从 DHCP 服务器租用到 IP 地址时，它会自动使用 169.254.0.0/16 格式的专用 IP 地址。
- 用户配置：客户端会自动使用此处的 IP 地址与设置。它特别适合客户端计算机需要在不同网络中使用的场合，例如，客户端为笔记本电脑时，它在公司是向 DHCP 服务器租用 IP 地址的，但在家使用它时，如果家里没有 DHCP 服务器，无法租用到 IP 地址，就自动使用此处设置的 IP 地址。

图 8-44　"备用配置"选项卡

任务 8-9　部署复杂网络中的 DHCP 服务器

根据网络的规模，可在网络中安装一台或多台 DHCP 服务器。较复杂的网络主要涉及以下几种情况：在单物理子网中配置多个 DHCP 服务器、多宿主 DHCP 服务器和跨网段的 DHCP 中继代理。

1. 在单物理子网中配置多个 DHCP 服务器

在一些比较重要的网络中，通常单个物理子网中需要配置多个 DHCP 服务器。这样做有两大好处：一是提供容错功能，如果一个 DHCP 服务器出现故障或不可用，则另一个服务器就可以取代它，并继续提供租用新的 IP 地址或续租现有 IP 地址的服务；二是负载均衡，可以起到在网络中平衡 DHCP 服务器负载的作用。

为了平衡 DHCP 服务器负载，较好的方法是使用 80/20 规则划分两个 DHCP 服务器之间的作用域地址。例如，将服务器 1 配置成可使用大多数 IP 地址（约 80%），服务器 2 则可以配置成让客户端使用其他 IP 地址（约 20%）。图 8-45 所示为 80/20 规则的典型应用示例。

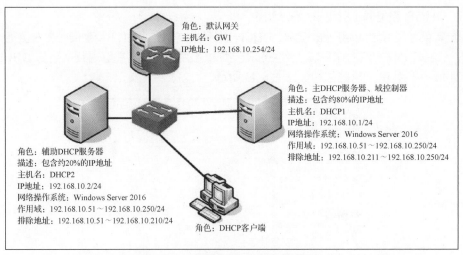

角色：默认网关
主机名：GW1
IP地址：192.168.10.254/24

角色：主DHCP服务器、域控制器
描述：包含约80%的IP地址
主机名：DHCP1
IP地址：192.168.10.1/24
网络操作系统：Windows Server 2016
作用域：192.168.10.51～192.168.10.250/24
排除地址：192.168.10.211～192.168.10.250/24

角色：辅助DHCP服务器
描述：包含约20%的IP地址
主机名：DHCP2
IP地址：192.168.10.2/24
网络操作系统：Windows Server 2016
作用域：192.168.10.51～192.168.10.250/24
排除地址：192.168.10.51～192.168.10.210/24

角色：DHCP客户端

图 8-45　80/20 规则的典型应用示例

> **注意**　要实现图 8-45 所示的目标，可以利用 DHCP 拆分作用域配置向导来帮助我们自动在辅助服务器上建立作用域，并自动将主、辅助两台服务器的 IP 地址分配率设置好。由于本书篇幅的限制，该内容请读者参考编者的相关图书。

2. 多宿主 DHCP 服务器

多宿主 DHCP 服务器是指一台 DHCP 服务器为多个独立的网段提供服务，其中每个网络连接都必须连入独立的物理网络。在这种情况下，可以在计算机上使用额外的硬件，如安装多块网卡。

例如，某个 DHCP 服务器连接了两个网络，网卡 1 的 IP 地址为 192.168.10.100，网卡 2 的 IP 地址为 192.168.10.200，在服务器上创建两个作用域，一个面向的网络为 192.168.10.0，另一个面向的网络为 192.168.20.0。这样当与网卡 1 位于同一网段的 DHCP 客户端访问 DHCP 服务器时，将从与网卡 1 对应的作用域中获取 IP 地址；同样，与网卡 2 位于同一网段的 DHCP 客户端也将获得相应的 IP 地址。

> **提示**　跨网段的 DHCP 中继代理内容，请向编者索要电子版资料进行学习，在此不赘述。

微课 8-10　维护
DHCP 数据库

任务 8-10　维护 DHCP 数据库

DHCP 服务器的数据库（简称 DHCP 数据库）文件内存储着 DHCP 的配置数据，如 IP 作用域、出租地址、保留地址与选项设置等，系统默认将数据库文件存储在 %Systemroot%\ System32\dhcp 文件夹内，如图 8-46 所示。其中最主要的是数据库文件 dhcp.mdb，其他是辅助文件，请勿随意更改或删除这些文件，否则 DHCP 服务器可能无法正常运行。

>
> **注意**　可以用鼠标右键单击 DHCP 服务器后，在弹出的快捷菜单中选择"内容"→"数据库路径"命令来变更存储数据库的文件夹。

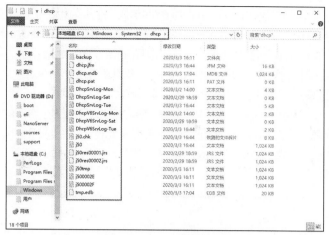

图 8-46　DHCP 数据库文件

1. 数据库的备份

可以对 DHCP 数据库进行备份，以便数据库有问题时利用它来修复。数据库的备份方式如下。

* 自动备份。DHCP 服务默认会每隔 60 分钟就自动将 DHCP 数据库文件备份到图 8-46 所示的 dhcp\backup\new 文件夹内。要更改此间隔时间，可修改 BackupInterval 注册表的设置，它位于以下路径：

```
HKEY_LOCAL_MACHINE\SYSTEM\CurrentControlSet\Services\DHCPServer\Parameters
```

* 手动备份。可以用鼠标右键单击 DHCP 服务器后，在弹出的快捷菜单中选择"备份"命令，手动将 DHCP 数据库文件备份到指定文件夹内，系统默认将其备份到%Systemroot%\System32\dhcp\backup 文件夹下的 new 文件夹内。

> **注意**　可以用鼠标右键单击 DHCP 服务器后，在弹出的快捷菜单中选择"属性"→"备份路径"命令来更改备份的默认路径。

2. 数据库的还原

数据库的还原有以下两种方式。

* 自动还原。如果 DHCP 服务检查到数据库已损坏，就会自动修复数据库。它利用存储在%Systemroot%\System32\dhcp\backup\new 文件夹内的备份文件来还原数据库。DHCP 服务启动时会自动检查数据库是否损坏。
* 手动还原。可以用鼠标右键单击 DHCP 服务器后，在弹出的快捷菜单中选择"还原"命令来手动还原 DHCP 数据库。

特别说明一下，即使数据库没有损坏，也可以实现 DHCP 服务在启动时修复数据库（将备份的数据库文件复制到 DHCP 文件夹内），方法是先将位于以下路径的注册表值 RestoreFlag 设置为 1，然后重新启动 DHCP 服务。

```
HKEY_LOCAL_MACHINE\SYSTEM\CurrentControlSet\Services\DHCPServer\Parameters
```

3. 作用域的协调

DHCP 服务器会将作用域内的 IP 地址租用详细信息存储在 DHCP 数据库内，同时也会将摘要信息存储到注册表中。如果 DHCP 数据库与注册表之间出现了不一致的情况，例如，IP 地址

192.168.10.120 已经出租给客户端 A，在 DHCP 数据库与注册表内也都记载了此租用信息，不过后来 DHCP 数据库因故损坏，而在利用备份数据库（这是旧的数据库）还原数据库后，虽然注册表内记录着 IP 地址 192.168.10.120 已出租给客户端 A，但是还原的 DHCP 数据库内并没有此记录，此时可以执行协调（Reconcile）操作，让系统根据注册表的内容更新 DHCP 数据库，之后就可以在"DHCP"窗口中看到这条租用记录。

要协调某个作用域，请进行如下操作：用鼠标右键单击该作用域，在弹出的快捷菜单中选择"协调"命令，如图 8-47 所示，然后单击"验证"按钮来协调此作用域；或用鼠标右键单击"IPv4"选项，在弹出的快捷菜单中选择"协调所有的作用域"命令，然后单击"验证"按钮来协调此服务器内的所有 IPv4 作用域。

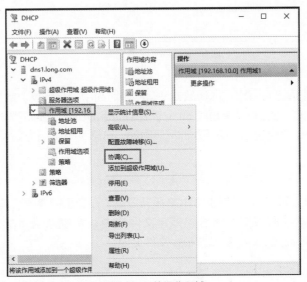

图 8-47　协调作用域

4．将 DHCP 数据库移动到其他的服务器中

当需要将现有的一台 Windows Server 网络操作系统的 DHCP 服务器删除，改由另外一台 Windows Server 网络操作系统的 DHCP 服务器来提供 DHCP 服务时，可以通过以下步骤将原先存储在旧 DHCP 服务器内的数据库移动到新 DHCP 服务器中。

STEP 1 在旧 DHCP 服务器上打开"DHCP"窗口，用鼠标右键单击"DHCP"选项，在弹出的快捷菜单中选择"备份"命令来备份 DHCP 数据库，假设将其备份到 C:\DHCPBackup 文件夹内，其中包含 new 文件夹。

STEP 2 用鼠标右键单击"DHCP"选项，在弹出的快捷菜单中选择"所有任务"→"停止"命令或执行"net stop dhcpserver"命令，将 DHCP 服务停止。此步骤可防止 DHCP 服务器继续出租 IP 地址给 DHCP 客户端。

STEP 3 选择"开始"→"Windows 管理工具"→"服务"命令，双击"DHCP Server"选项，在"启动类型"下拉列表中选择"禁用"选项。此步骤可避免 DHCP 服务器被重新启动。

STEP 4 将 STEP 1 备份的数据库文件复制到新的 DHCP 服务器内，假设将其复制到 C:\DHCPBackup 文件夹内，其中包含 new 文件夹。

STEP 5 如果新 DHCP 服务器尚未安装 DHCP 服务器角色，就打开"服务器管理器"窗口，单击"仪表板"处的"添加角色和功能"按钮来安装。

STEP 6 新 DHCP 服务器中的 DHCPBackup 文件夹需要被授予 NETWORK SERVICE 组修改的 NTFS 权限。用鼠标右键单击新 DHCP 服务器中的 DHCPBackup 文件夹，选择"属性"命令，在"DHCPBackup 属性"对话框中单击"安全"选项卡，单击"编辑"按钮。在弹出的"DHCPBackup 的权限"对话框中添加"NETWORK SERVICE"组，并勾选允许"修改"复选框，单击"应用"→"确定"按钮，如图 8-48 所示。

STEP 7 在新 DHCP 服务器上打开"DHCP"窗口，用鼠标右键单击"DHCP 服务器"选项，在弹出的快捷菜单中选择"还原"命令将 DHCP 数据库还原，并选择从旧 DHCP 服务器复制来的文件。

注意，请选择 C:\DHCPBackup 文件夹，而不是 C:\ DHCPBackup\ new 文件夹。

图 8-48　设置 DHCPBackup 文件夹的 NTFS 权限

任务 8-11　监视 DHCP 服务器的运行

收集、查看与分析 DHCP 服务器的相关信息，可以帮助我们了解 DHCP 服务器的工作情况，找出效能瓶颈、问题所在，以便进行改善。

1. 服务器的统计信息

可以查看整台服务器或某个作用域的统计信息。首先启用 DHCP 统计信息的自动更新功能，选择"IPv4"选项，单击窗口上方的"属性"按钮，在弹出的对话框中勾选"自动更新统计信息的时间间隔"复选框，设置自动更新间隔时间，单击"确定"按钮，如图 8-49 所示。

微课 8-11　监视 DHCP 服务器的运行

接下来如果要查看整台 DHCP 服务器的统计信息，则可以在"DCHP"窗口中用鼠标右键单击"IPv4"选项，在弹出的快捷菜单中选择"显示统计信息"命令，如图 8-50 所示。

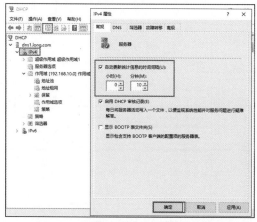

图 8-49　设置自动更新统计信息的时间间隔

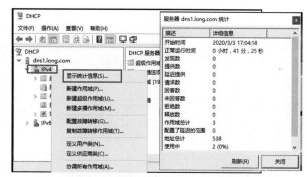

图 8-50　查看整台 DHCP 服务器的统计信息

打开的"服务器 dns1.long.com 统计"对话框中的"描述"说明如下。

- 开始时间：DHCP 服务的启动时间。
- 正常运行时间：DHCP 服务已经持续运行的时间。

- 发现数：已收到的 DHCPDISCOVER 数据包数量。
- 提供数：已发出的 DHCPOFFER 数据包数量。
- 延迟提供：被延迟发出的 DHCPOFFER 数据包数量。
- 请求数：已收到的 DHCPREQUEST 数据包数量。
- 回答数：已发出的 DHCPACK 数据包数量。
- 未回答数：已发出的 DHCPNACK 数据包数量。
- 拒绝数：已收到的 DHCPDECLINE 数据包数量。
- 释放数：已收到的 DHCPRELEASE 数据包数量。
- 作用域总计：DHCP 服务器内现有的作用域数量。
- 配置了延迟的范围：DHCP 服务器内设置了延迟响应客户端请求的作用域数量。
- 地址总计：DHCP 服务器可提供给客户端的 IP 地址总数。
- 使用中：DHCP 服务器内已出租的 IP 地址总数。
- 可用：DHCP 服务器内尚未出租的 IP 地址总数。

如果要查看某个作用域的统计信息，请用鼠标右键单击该作用域后，选择"显示统计信息"命令。

2. DHCP 审核日志

DHCP 审核日志中记录着与 DHCP 服务有关的事件，如服务的启动与停止时间、服务器是否已被授权、IP 地址的出租、更新、释放、拒绝等信息。

系统默认已启用 DHCP 审核日志功能，如果要更改设置，请选中"IPv4"选项后单击鼠标右键，在弹出的快捷菜单中选择"属性"命令，在弹出的对话框中勾选或取消勾选"启用 DHCP 审核记录"复选框，如图 8-49 所示。日志文件默认是被存储到%Systemroot%\System32\dhcp 文件夹内的，其文件格式为 DhcpV6SrvLog-day.log，其中，day 为星期一到星期日的英文缩写，例如，星期六对应的文件名为 DhcpV6SrvLog-Sat.log，审核日志文件内容如图 8-51 所示。

如果要更改审核日志文件的存储位置，请用鼠标右键单击"IPv4"选项后，在弹出的快捷菜单中选择"属性"命令，打开"IPv4 属性"对话框，通过"高级"选项卡的"审核日志文件路径"来设置，如图 8-52 所示。

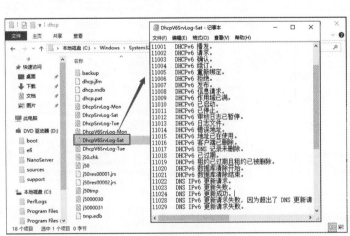

图 8-51　审核日志文件内容

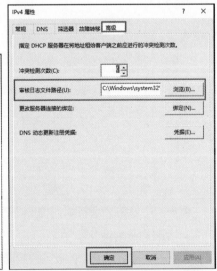

图 8-52　更改审核日志文件的存储路径

8.4 拓展阅读 "雪人计划"

"雪人计划（Yeti DNS Project）"是基于全新技术架构的全球下一代互联网（IPv6）根服务器测试和运营实验项目，旨在打破现有的根服务器困局，为下一代互联网提供更多的根服务器解决方案。

"雪人计划"是 2015 年 6 月 23 日在 ICANN 第 53 届会议上正式发布的。其发起者包括中国"下一代互联网关键技术和评测北京市工程中心"、日本 WIDE 机构（现国际互联网 M 根运营者）、国际互联网名人堂入选者保罗·维克西（Paul Vixie）博士等组织和个人。

2019 年 6 月 26 日，工业和信息化部同意中国互联网络信息中心设立域名根服务器及其运行机构。"雪人计划"于 2016 年在中国、美国、日本、印度、俄罗斯、德国、法国等全球 16 个国家完成 25 台 IPv6 根服务器的架设，其中，1 台主根服务器和 3 台辅根服务器部署在中国，形成了 13 台原有根服务器加 25 台 IPv6 根服务器的新格局，为建立多边、透明的国际互联网治理体系打下坚实基础。

8.5 习题

一、填空题

1. DHCP 在工作过程中会使用到_____、_____、_____、_____4 种报文。

2. 如果 Windows 操作系统的 DHCP 客户端无法获得 IP 地址，将自动从微软保留地址段_____中选择一个作为自己的地址。

3. 在 Windows Server 2016 的 DHCP 服务器中，根据不同的应用范围划分的不同级别的 DHCP 选项包括_____、_____、_____、_____。

4. 在 Windows Server 2016 环境下，使用_____命令可以查看 IP 地址配置，释放 IP 地址使用_____命令，续租 IP 地址使用_____命令。

5. 在域环境中，_____服务器能够被授权，_____服务器不能被授权。

6. 通过策略为特定的客户端计算机分配不同的 IP 地址与选项时，可以通过 DHCP 客户端所发送的_____、_____来区分客户端计算机。

7. 当 DHCP 服务器上有多个作用域时，它们就可组成_____，作为单个实体来管理。

8. 为了平衡 DHCP 服务器负载，较好的方法是使用_____规则划分两个 DHCP 服务器之间的作用域地址。

9. DHCP 服务器系统默认将数据库文件存储在_____文件夹内，其中最主要的数据库文件是_____。

10. DHCP 服务默认每隔_____分钟自动将数据库文件备份到_____文件夹内。

二、选择题

1. 在一个局域网中利用 DHCP 服务器为网络中的所有主机提供动态 IP 地址分配功能，DHCP 服务器的 IP 地址为 192.168.2.1/24，在服务器上创建一个作用域（IP 地址为 192.168.2.11/24～192.168.2.200/24）并激活。在 DHCP 服务器选项中设置"003 路由器"为 192.168.2.254，在作用域选项中设置"003 路由器"为 192.168.2.253，则网络中租用到 IP 地址 192.168.2.20 的 DHCP 客户端所获得的默认网关应为（   ）。

    A．192.168.2.1   B．192.168.2.254   C．192.168.2.253   D．192.168.2.20

2. DHCP 选项中，不可以设置的是（   ）。

    A．DNS 服务器   B．DNS 域名   C．WINS 服务器   D．计算机名

3. 使用 Windows Server 2016 的 DHCP 服务器时，当客户机租约使用时间超过租约的 50%时，客户机会向服务器发送（　　）数据包，以更新现有的 IP 地址租约。

  A. DHCPDISCOVER B. DHCPOFFER   C. DHCPREQUEST D. DHCPIACK

4. 下列哪个命令是用来显示网络适配器的 DHCP 类别信息的？（　　）

  A. ipconfig /all   B. ipconfig /release

  C. ipconfig /renew   D. ipconfig /showclassid

三、简答题

1. 动态 IP 地址方案有什么优点和缺点？简述 DHCP 服务器的工作过程。

2. 如何配置 DHCP 作用域选项？如何备份与还原 DHCP 数据库？

四、案例分析

1. 某企业用户反映，他的一台计算机从人事部搬到财务部后就不能连接 Internet 了。这是什么原因？应该怎么处理？

2. 因为计算机数量的增加，学校在 DHCP 服务器上添加了一个新的作用域。可用户反映客户端计算机并不能从服务器获得新的作用域中的 IP 地址。这可能是什么原因？如何处理？

8.6 项目实训　配置与管理 DHCP 服务器

一、项目实训目的

- 掌握 DHCP 服务器的配置方法。
- 掌握 DHCP 的用户类的配置方法。
- 掌握测试 DHCP 服务器的方法。

二、项目实训环境

本项目实训根据图 8-2 所示的拓扑来部署 DHCP 服务。

三、项目实训要求

① 将 DHCP 服务器的 IP 地址池设为 192.168.20.10/24～192.168.20.200/24。

② 将 IP 地址 192.168.20.104/24 预留给需要手动指定 TCP/IP 参数的服务器。

③ 将 IP 地址 192.168.20.100 用作保留地址。

④ 使客户端 Client1 与客户端 Client2 自动获取的默认网关和 DNS 服务器的 IP 地址不同。

⑤ 完成"任务 8-7　配置超级作用域"。注意 GW1 和 DHCP1 可以用一台 Windows Server 2016 来替代。

四、做一做

独立完成项目实训，检查学习效果。

项目9
配置与管理Web服务器

目前，大部分公司都有自己的网站，它们用来实现信息发布、资料查询、数据处理、网络办公、远程教育和视频点播等功能，还可以用来实现电子邮件服务。搭建网站要靠 Web 服务来实现，而在中小型网络中使用最多的网络操作系统之一是 Windows Server，因此微软的互联网信息服务（Internet Information Services，IIS）系统提供的 Web 服务和 FTP 服务也成为使用较为广泛的服务。

学习要点

- 掌握安装与配置 IIS 的方法。
- 掌握配置与管理 Web 站点的方法。
- 掌握创建 Web 站点和虚拟主机的方法。
- 掌握管理 Web 站点的目录的方法。

素质要点

- 在全球浮点运算性能最强的 500 台超级计算机中，中国部署的超级计算机数量多年领先。这是中国的自豪，也是中国崛起的重要见证。
- "三更灯火五更鸡，正是男儿读书时。黑发不知勤学早，白首方悔读书迟。"祖国的发展日新月异，我们如何报效祖国？唯有勤奋学习，惜时如金，才无愧盛世年华。

9.1　项目基础知识

IIS 提供了基本服务，包括发布信息、传输文件、支持用户通信和更新这些服务所依赖的数据存储。

1. 万维网发布服务

通过将客户端 HTTP 请求连接到在 IIS 中运行的网站上，万维网（World Wide Web，WWW，后文简称 Web）发布服务向 IIS 最终用户提供 Web 发布功能。Web 服务管理 IIS 的核心组件，这些组件用于处理 HTTP 请求并配置和管理 Web 应用程序。

微课 9-1　WWW 与 FTP 服务器

2. FTP 服务

通过 FTP 服务，IIS 提供对管理和处理文件的完全支持。该服务使用 TCP，从而确保了文件传输的完成和数据传输的准确性。该版本的 FTP 支持在站点级别上隔离用户，以帮助管理员保护其 Internet 站点的安全并使之商业化。

3．SMTP 服务

通过 SMTP 服务，IIS 能够发送和接收电子邮件。例如，为确认用户提交表格成功，可以对服务器编程，以自动发送电子邮件来响应事件。也可以使用 SMTP 服务接收来自网站客户反馈的消息。SMTP 不支持完整的电子邮件服务，要提供完整的电子邮件服务，可使用 Exchange Server。

4．网络新闻传送协议服务

可以使用网络新闻传送协议（Network News Transfer Protocol，NNTP）服务主控单个计算机上的 NNTP 本地讨论组。因为该功能完全符合 NNTP，所以用户可以使用任何新闻阅读客户端程序加入新闻组进行讨论。

5．管理服务

管理服务用于管理 IIS 配置数据库，并为 WWW 服务、FTP 服务、SMTP 服务和 NNTP 服务更新 Windows 操作系统注册表。配置数据库用来保存 IIS 的各种配置参数。管理服务可对其他应用程序公开配置数据库，这些应用程序包括 IIS 核心组件、在 IIS 上建立的应用程序，以及独立于 IIS 的第三方应用程序（如管理或监视工具）。

9.2　项目设计与准备

在架设 Web 服务器之前，读者需要了解本项目实例部署的需求和环境。

1．部署需求

在部署 Web 服务前需满足以下要求。

- 设置 Web 服务器的 TCP/IP 属性，手动指定 IP 地址、子网掩码、默认网关和 DNS 服务器的 IP 地址等。

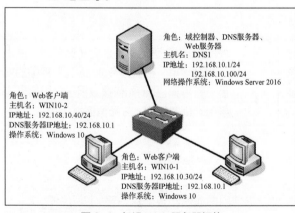

图 9-1　架设 Web 服务器拓扑

- 部署域环境，域名为 long.com。

2．部署环境

本项目任务所有实例都部署在一个域环境下，域名为 long.com。其中，Web 服务器主机名为 DNS1，其本身也是域控制器和 DNS 服务器，IP 地址为 192.168.10.1。Web 客户端有主机两台，分别命名为 WIN10-1 和 WIN10-2，客户端主机安装 Windows 10 操作系统，IP 地址分别为 192.168.10.30 和 192.168.10.40。架设 Web 服务器拓扑如图 9-1 所示。

9.3　项目实施

任务 9-1　安装 Web 服务器（IIS）

微课 9-2　安装 Web 服务器（IIS）

在计算机 DNS1 上的"服务器管理器"窗口中安装 Web 服务器（IIS），具体步骤如下。

STEP 1 选择"开始"→"服务器管理器"→"仪表板"→"添加角色和功能"命令，在弹出的对话框中持续单击"下一步"按钮，直到出现图 9-2 所示的"选择服务器角色"界面，勾选"Web 服务器(IIS)"复选框，勾选"安全性"下的所有复选框，勾选"常见 HTTP 功能"下的所有复选框，以及勾选"FTP 服务器"复选框。

图 9-2 "选择服务器角色"界面

提示 如果在前面安装某些角色时安装了某些功能和部分 Web 角色，界面将稍有不同，这时请注意勾选"FTP 服务器"、"安全性"和"常见 HTTP 功能"复选框。

STEP 2 持续单击"下一步"按钮，直到出现"安装"按钮，单击"安装"按钮开始安装 Web 服务器。安装完成后，显示"安装结果"界面，单击"关闭"按钮完成安装。

提示 在此勾选"FTP 服务器"复选框，在安装 Web 服务器的同时，也安装了 FTP 服务器。建议将"角色服务"的全部选项都安装上，特别是身份验证方式。如果"角色服务"安装不完全，后面进行有关"网站安全"的实训时会有部分功能不能使用。

安装完 IIS 以后，还应对该 Web 服务器进行测试，以检测网站是否正确安装并能运行。在局域网中的一台计算机（本例中为 WIN10-1）上打开浏览器，使用以下 3 种地址格式进行测试。

- DNS 域名地址（延续前面的 DNS 设置）：http://DNS1.long.com/。
- IP 地址：http://192.168.10.1/。
- 计算机名：http://DNS1/。

如果 IIS 安装成功，则会在浏览器中显示图 9-3 所示的网页。如果没有显示该网页，则可以检查 IIS 是否出现问题或重新启动 IIS 服务，也可以删除 IIS 并重新安装。

图 9-3 IIS 安装成功后的网页

任务 9-2　创建 Web 站点

微课 9-3　创建
Web 网站

在 Web 服务器上创建一个 Web 站点，使用户在客户端计算机上能通过 IP 地址和域名进行访问。

1. 创建使用 IP 地址访问的 Web 站点

创建使用 IP 地址访问的 Web 站点的具体步骤如下。

（1）停止正在运行的默认网站（Default Web Site）。

使用域管理员账户登录 Web 服务器，选择"开始"→"Windows 管理工具"→"Internet Information Services(IIS)管理器"命令，打开"Internet Information Services(IIS)管理器"窗口。在左侧窗格中依次展开服务器和"网站"选项。用鼠标右键单击"Default Web Site"选项，在弹出的快捷菜单中选择"管理网站"→"停止"命令，即可停止正在运行的默认网站，如图 9-4 所示。停止后，默认网站的状态显示为"已停止"。

图 9-4　停止正在运行的默认网站

（2）准备 Web 站点内容。

在 C 盘上创建文件夹 C:\web 作为网站的主目录，并在该文件夹中存放网页 index.htm 作为网站的首页，网站首页可以用记事本或 Dreamweaver 软件编写。

（3）创建 Web 站点。

STEP 1　在"Internet Information Services(IIS)管理器"窗口的左侧窗格中展开服务器选项，用鼠标右键单击"网站"选项，在弹出的菜单中选择"添加网站"命令，打开"添加网站"对话框。在该对话框中可以指定网站名称、应用程序池、传递身份验证、网站类型、IP 地址、端口号、主机名以及是否立即启动网站等。在此设置网站名称为 Test Web，物理路径为 C:\web，类型为 http，IP 地址为 192.168.10.1，默认端口为 80，如图 9-5 所示。单击"确定"按钮，完成 Web 站点的创建。

STEP 2　返回"Internet Information Services(IIS)管理器"窗口，如图 9-6 所示，可以看到创建的网站已经启动。

STEP 3　用户在客户端计算机 WIN10-1 上打开浏览器，在其地址栏中输入"http://192.168.10.1"并按 Enter 键就可以访问建立的网站。

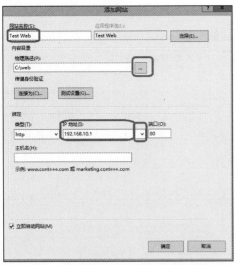

图 9-5　"添加网站"对话框中的设置　　　图 9-6　"Internet Information Services(IIS)管理器"窗口

特别注意　在图 9-6 所示的窗口中双击右侧窗格中的"默认文档",打开图 9-7 所示的界面,可以对默认文档进行添加、删除及更改顺序的操作。

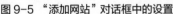

图 9-7　设置默认文档

　　默认文档是指在 Web 浏览器中输入 Web 站点的 IP 地址或域名后按 Enter 键即显示出来的 Web 页面,也就是通常所说的主页(Home Page)。IIS 8.0 默认文档的文件名有 5 种,分别为 Default.htm、Default.asp、index.htm、index.html 和 iisstar.htm。这也是一般网站中常用的主页名。如果在 Web 站点无法找到这 5 个文件中的任何一个,那么将在 Web 浏览器上显示"该页无法显示"的提示。默认文档既可以是一个,也可以是多个。当设置为多个默认文档时,IIS 将按照排列的前后顺序依次调用这些文档。当第一个文档存在时,将直接把它显示在用户的浏览器上,而不再调用后面的文档;第一个文档不存在时,将第二个文件显示给用户,以此类推。

思考与实践　由于本任务中主页文件名为 index.htm,所以在客户端中直接输入 IP 地址并按 Enter 键即可浏览网站。如果网站主页的文件名不在列出的 5 个默认文档的文件名中,该如何处理?请读者试着实践一下。

2．创建使用域名访问的 Web 站点

创建使用域名 www.long.com 访问的 Web 站点，具体步骤如下。

STEP 1 在 DNS1 上打开"DNS 管理器"窗口，依次展开服务器和"正向查找区域"选项，单击区域 long.com。

STEP 2 创建别名记录。用鼠标右键单击区域 long.com，在弹出的快捷菜单中选择"新建别名"命令，出现"新建资源记录"对话框。在"别名"文本框中输入 www，在"目标主机的完全合格的域名（FQDN）"文本框中输入 DNS1.long.com，或者单击"浏览"按钮，查找 DNS1 的 FQDN 并选中。

STEP 3 单击"确定"按钮，别名创建完成。

STEP 4 用户在客户端计算机 WIN10-1 上打开浏览器，在其地址栏中输入 http://www.long.com 后按 Enter 键就可以访问建立的网站。

> **注意** 保证客户端计算机 WIN10-1 的 DNS 服务器的 IP 地址是 192.168.10.1。

任务 9-3 管理 Web 站点的目录

微课 9-4 管理 Web 网站的目录

在 Web 站点中，Web 内容文件都会保存在一个或多个目录树下，包括 HTML 内容文件、Web 应用程序文件和数据库文件等，甚至会保存在多台计算机上的多个目录中。因此，为了使其他目录中的内容和信息也能够通过 Web 站点发布，可通过创建虚拟目录来实现。当然，也可以在物理目录下直接创建目录来管理内容。

1．虚拟目录与物理目录

在 Internet 上浏览网页时，经常会看到一个网站下面有许多子目录，这就是虚拟目录。虚拟目录只是一个文件夹，并不一定位于主目录，但在浏览 Web 站点的用户看来它就像位于主目录一样。

对于任何一个网站，都需要使用目录来保存文件，即将所有的网页及相关文件都存放到网站的主目录之下，也就是在主目录之下建立文件夹，然后将相关文件放到这些文件夹内，这些文件夹也称物理目录。也可以将文件保存到其他物理文件夹内，如本地计算机或其他计算机内，然后通过虚拟目录映射到这个文件夹，每个虚拟目录都有一个别名。使用虚拟目录的好处是在不需要改变别名的情况下，可以随时改变其对应的文件夹。

在 Web 站点中默认发布主目录中的内容。但如果要发布其他物理目录中的内容，就需要创建虚拟目录。虚拟目录也就是网站的子目录，每个网站都可能会有多个子目录，不同的子目录内容不同，在磁盘中会用不同的文件夹来存放不同的文件。例如，使用 BBS 文件夹存放论坛程序，用 image 文件夹存放网站图片等。

2．创建虚拟目录

在 www.long.com 对应的网站上创建一个名为 BBS 的虚拟目录，其路径为本地磁盘中的 C:\MY_BBS 文件夹，该文件夹下有一个文档 index.htm。具体创建过程如下。

STEP 1 以域管理员身份登录 DNS1。在"Internet Information Services(IIS)管理器"窗口中展开左侧窗格的"网站"选项，选择要创建虚拟目录的网站 Test Web，单击鼠标右键，在弹出的快捷菜单中选择"添加虚拟目录"命令，显示虚拟目录创建向导。利用该向导便可为该虚拟网站创建不同的虚拟目录。

STEP 2 在"别名"文本框中设置该虚拟目录的别名,本例中为 bbs,用户用该别名来连接虚拟目录。该别名必须唯一,不能与其他网站或虚拟目录的名称相同。在"物理路径"文本框中输入该虚拟目录的路径,或单击"浏览"按钮选择路径,本例中为 C:\MY_BBS,如图 9-8 所示。这里既可以使用本地计算机上的路径,又可以使用网络中的路径。

STEP 3 用户在客户端计算机 WIN10-1 上打开浏览器,在其地址栏中输入 http://www.long.com/bbs 并按 Enter 键就可以访问 C:\MY_BBS 中的默认网站。

图 9-8　添加虚拟目录设置

任务 9-4　架设多个 Web 站点

使用 IIS 8.0 的虚拟主机技术,通过分配 TCP 端口、IP 地址和主机头名,可以在一台服务器上建立多个虚拟 Web 站点。每个网站都具有唯一的,由端口号、IP 地址和主机头名 3 个部分组成的网站标识,它们用来接收来自客户端的请求。不同的 Web 站点可以提供不同的 Web 服务,而且每一个虚拟主机都和一台独立的主机完全一样。这种方式适用于企业或组织需要创建多个网站的情况,可以节省成本。

微课 9-5　架设多个 Web 站点

不过,这种虚拟主机技术将一个物理主机分割成多个逻辑上的虚拟主机使用,虽然这样能够节省经费,对于访问量较小的网站来说比较经济实惠,但由于这些虚拟主机共享这台物理主机的硬件资源和带宽,所以在访问量较大时容易出现资源不够用的情况。

可以通过以下 3 种方式架设多个 Web 站点。
- 使用不同端口号架设多个 Web 站点。
- 使用不同主机头名架设多个 Web 站点。
- 使用不同 IP 地址架设多个 Web 站点。

在创建一个 Web 站点时,要根据企业现有的条件,如投资的多少、可用的 IP 地址、网站性能的要求等,选择不同的虚拟主机技术。

1. 使用不同端口号架设多个 Web 站点

如今 IP 地址资源越来越紧张,有时需要在 Web 服务器上架设多个网站,但计算机只有一个 IP 地址,这该怎么办呢?利用这一个 IP 地址,使用不同的端口号可以达到架设多个网站的目的。

其实,用户访问所有的网站都需要使用相应的 TCP 端口。不过,Web 服务器默认的 TCP 端口为 80,在用户访问时不需要输入网址;但如果网站的 TCP 端口不为 80,在输入网址时就必须添加端口号。利用 Web 服务的这个特点,可以架设多个网站,每个网站均使用不同的端口号。使用这种方式创建的网站,其域名或 IP 地址部分相同,仅端口号不同。用户在使用网址访问时,必须添加相应的端口号。

在同一台 Web 服务器上使用同一个 IP 地址、两个不同的端口号(80、8080)创建两个网站,具体步骤如下。

(1)新建第 2 个 Web 站点。

STEP 1 使用域管理员账户登录 Web 服务器 DNS1。

STEP 2 在"Internet Informetion Services(IIS)管理器"窗口中创建第 2 个 Web 站点,网站名称为 web8080,物理路径为 C:\web2,IP 地址为 192.168.10.1,端口号为 8080,如图 9-9 所示。

图 9-9 "添加网站"对话框的设置

（2）在客户端上访问两个网站。

在 WIN10-1 上打开 IE 浏览器，在其地址栏中分别输入 http://192.168.10.1 和 http://192.168.10.1:8080
并按 Enter 键，这时会发现打开了两个不同的网站，即 Test Web 和 web8080。

提示 如果在访问第 2 个 Web 站点时出现不能访问的情况，请检查防火墙设置，最好将全部防火墙（包括域的防火墙）关闭，后面若出现类似问题不再说明。

2. 使用不同主机头名架设多个 Web 站点

使用 www.long.com 访问第 1 个 Web 站点 Test Web，使用 www1.long.com 访问第 2 个 Web 站点
web8080。具体步骤如下。

（1）在区域 long.com 上创建别名记录。

STEP 1 使用域管理员账户登录 Web 服务器 DNS1。

STEP 2 打开"DNS 管理器"窗口，依次展开服务器和"正向查找区域"选项，单击区域
long.com。

STEP 3 创建别名记录。用鼠标右键单击区域 long.com，在弹出的快捷菜单中选择"新建别名"命令，出现"新建资源记录"对话框。在"别名"文本框中输入 www1，在"目标主机的完全合格的域名(FQDN)"文本框中输入 dns1.long.com。

STEP 4 单击"确定"按钮，别名创建完成，如图 9-10 所示。

图 9-10 DNS 配置结果

（2）设置 Web 站点的主机名等。

STEP 1 使用域管理员账户登录 Web 服务器，用鼠标右键单击第 1 个 Web 站点 "Test Web"，在弹出的快捷菜单中选择 "编辑绑定" 命令，在对话框中选择 "192.168.10.1" 地址行，单击 "编辑" 按钮，打开 "编辑网站绑定" 对话框。在 "主机名" 文本框中输入 www.long.com，将端口设为 80，将 IP 地址设为 192.168.10.1，如图 9-11 所示，单击 "确定" 按钮即可。

STEP 2 用鼠标右键单击第 2 个 Web 站点 "web8080"，在弹出的快捷菜单中选择 "编辑绑定" 命令，在对话框中选择 "192.168.10.1" 地址行，单击 "编辑" 按钮，打开 "编辑网站绑定" 对话框，在 "主机名" 文本框中输入 www1.long.com，将端口设为 80，将 IP 地址设为 192.168.10.1，如图 9-12 所示，单击 "确定" 按钮即可。

图 9-11 设置第 1 个 Web 站点的主机名等

图 9-12 设置第 2 个 Web 站点的主机名等

（3）在客户端上访问两个网站。

在 WIN10-1 上，保证 DNS 首要地址是 192.168.10.1。打开 IE 浏览器，在其地址栏中分别输入 http://www. long.com 和 http://www1.long.com 并按 Enter 键，这时会发现打开了两个不同的网站，即 Test Web 和 web8080。

3. 使用不同 IP 地址架设多个 Web 站点

如果要在一台 Web 服务器上创建多个网站，为了使每个网站域名都能对应独立的 IP 地址，一般使用多个 IP 地址来实现。这种方案称为 IP 虚拟主机技术，也是传统的解决方案。当然，为了使用户在浏览器中可使用不同的域名来访问不同的 Web 站点，必须将主机名及其对应的 IP 地址添加到域名解析系统（Domain Name System，DNS）中。使用此方案在 Internet 上维护多个网站，也需要通过 InterNIC 注册域名。

要使用多个 IP 地址架设多个网站，需要先在一台服务器上绑定多个 IP 地址。而 Windows Server 2008 及 Windows Server 2012 R2 网络操作系统均支持在一台服务器上安装多块网卡，一张网卡可以绑定多个 IP 地址，再将这些 IP 地址分配给不同的虚拟网站，就可以达到一台服务器利用多个 IP 地址来架设多个 Web 站点的目的。例如，要在一台服务器上创建 Linux.long.com 和 Windows.long.com 两个网站，其对应的 IP 地址分别为 192.168.10.1 和 192.168.10.5，需要在服务器网卡中添加这两个地址，具体步骤如下。

（1）在 DNS1 上添加第 2 个 IP 地址。

STEP 1 使用域管理员账户登录 Web 服务器，用鼠标右键单击桌面右下角任务托盘区域的网络连接图标，选择快捷菜单中的 "打开网络和共享中心" 命令，打开 "网络和共享中心" 窗口。

STEP 2 单击 "本地连接" 按钮，打开 "本地连接状态" 对话框。

STEP 3 单击 "属性" 按钮，显示 "本地连接属性" 对话框。Windows Server 2016 中包含

IPv6 和 IPv4 两个版本的 Internet 协议，并且默认都已启用。

STEP 4 在"此连接使用下列项目"列表框中选择"Internet 协议版本 4(TCP/IP)"，单击"属性"按钮，显示"Internet 协议版本 4(TCP/IPv4)属性"对话框。单击"高级"按钮，打开"高级 TCP/IP 设置"对话框。

STEP 5 单击"添加"按钮，在"Internet 协议版本 4(TCP/IP)属性"对话框中输入 IP 地址 192.168.10.5，子网掩码为 255.255.255.0。单击"确定"按钮，完成设置，如图 9-13 所示。

（2）更改第 2 个网站的 IP 地址和端口号。

使用域管理员账户登录 Web 服务器。用鼠标右键单击第 2 个 Web 站点"web8080"，在弹出的快捷菜单中选择"编辑绑定"命令，在对话框中选中"192.168.10.1"地址行，单击"编辑"按钮，打开"编辑网站绑定"对话框。在"主机名"文本框中不输入内容（清空原有内容），将端口设为 80，将 IP 地址设为 192.168.10.5，如图 9-14 所示，最后单击"确定"按钮即可。

图 9-13 "高级 TCP/IP 设置"对话框的设置

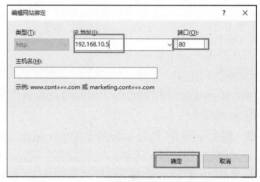

图 9-14 "编辑网站绑定"对话框的设置

（3）在客户端上进行测试。

在 WIN10-1 上打开 IE 浏览器，在其地址栏中分别输入 http://192.168.10.1 和 http://192.168.10.5 并按 Enter 键，这时会发现打开了两个不同的网站，即 Test Web 和 web8080。

9.4 拓展阅读 中国的超级计算机

你知道全球超级计算机 500 强榜单吗？你知道中国目前的水平吗？

2022 年 11 月发布的第 60 期全球超级计算机排行榜 TOP500 榜单显示，在全球浮点运算性能最强的 500 台超级计算机中，中国部署的超级计算机数量继续位列全球第一，达到 162 台，比欧洲多 31 台，比美国多 36 台，稳居世界第一的宝座。其中，"神威·太湖之光"和"天河 2A"分列榜单第七位、第十位。

全球超级计算机 500 强榜单始于 1993 年，每半年发布一次，是给全球已安装的超级计算机排名的知名榜单。

9.5 习题

一、填空题

1. 微软 Windows Server 2016 家族的 IIS 在＿＿＿＿＿、＿＿＿＿＿＿或＿＿＿＿＿上提供了集成、可靠、可伸缩、安全和可管理的 Web 服务器功能，是为动态网络应用程序创建强大的通信平台的工具。

2. Web 中的目录分为两种类型：＿＿＿＿＿和＿＿＿＿＿。

二、简答题

1. 简述架设多个 Web 站点的方法。
2. IIS 8.0 提供的服务有哪些？
3. 什么是虚拟主机？

9.6 项目实训　配置与管理 Web 服务器

一、项目实训目的

掌握 Web 服务器的配置方法。

二、项目实训环境

本项目实训根据图 9-1 所示的拓扑来部署 Web 服务器。

三、项目实训要求

根据拓扑（见图 9-1），完成如下任务。

（1）安装 Web 服务器。

（2）创建 Web 站点。

（3）管理 Web 站点目录。

（4）架设多个 Web 站点。

四、做一做

独立完成项目实训，检查学习效果。

项目10
配置与管理FTP服务器

10

FTP 是用于在两台计算机之间传输文件的通信协议，这两台计算机，一台是 FTP 服务器，一台是 FTP 客户端。FTP 客户端可以从 FTP 服务器上下载文件，也可以将文件上传到 FTP 服务器。

学习要点

- 理解 FTP 服务的具体工作过程。
- 掌握安装 FTP 服务器的方法。
- 掌握创建虚拟目录的方法。

- 掌握创建虚拟机的方法。
- 掌握配置与使用 FTP 客户端的方法。
- 掌握在配置域环境下隔离 FTP 服务器的方法。

素质要点

- "龙芯"是中国人的骄傲。大学生应为与"龙芯""863""973""核高基"等相关的国家重大项目自豪。

- "人无刚骨，安身不牢。"骨气是人的脊梁，是人前行的支柱。新时代的大学生要有"富贵不能淫，贫贱不能移，威武不能屈"的气节，要有"自信人生二百年，会当水击三千里"的勇气，还要有"我将无我，不负人民"的担当。

10.1 项目基础知识

以 HTTP 为基础的 WWW 服务功能虽然强大，但对于文件传输来说略显不足。因此一种专门用于文件传输的服务——FTP 服务应运而生。

FTP 服务就是一种文件传输服务，它具备更强的文件传输可靠性和更高的效率。

10.1.1 FTP 工作原理

FTP 大大简化了文件传输的复杂性，它能够使文件通过网络从一台主机传送到另一台计算机上，却不受计算机和操作系统类型的限制。无论是 PC、服务器、大型计算机，还是 iOS、Linux、Windows 操作系统，只要双方都支持 FTP，就可以方便、可靠地传送文件。

FTP 服务的具体工作过程如图 10-1 所示。

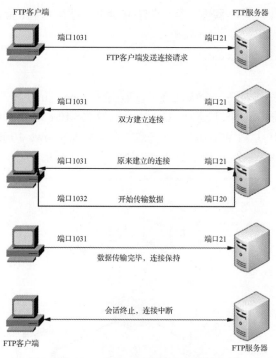

图 10-1 FTP 服务的具体工作过程

（1）FTP 客户端向 FTP 服务器发出连接请求，同时 FTP 客户端系统动态地打开一个大于 1024 的端口（如 1031 端口）等候 FTP 服务器连接。

（2）若 FTP 服务器在端口 21 侦听到该请求，则会在 FTP 客户端的 1031 端口和 FTP 服务器的 21 端口之间建立一个 FTP 会话连接。

（3）当需要传输数据时，FTP 客户端动态地打开一个大于 1024 的端口（如 1032 端口）连接到 FTP 服务器的 20 端口，并在这两个端口之间传输数据。当数据传输完毕，这两个端口（1032 和 20 端口）会自动关闭。

（4）FTP 客户端的 1031 端口和 FTP 服务器的 21 端口之间的会话连接继续保持，等待接收其他客户进程发起的请求。

（5）当 FTP 客户端断开与 FTP 服务器的连接时，FTP 客户端上动态分配的端口将自动释放。

10.1.2 匿名用户

FTP 服务不同于 WWW 服务，它首先要求登录服务器，然后传输文件，这对于很多公开提供软件下载功能的服务器来说十分不便，于是匿名用户访问就诞生了。使用一个共同的用户名 anonymous、密码（一般使用用户的电子邮箱作为密码即可）不限的管理策略，任何用户都可以很方便地从服务器上下载软件。

10.2 项目设计与准备

在架设 FTP 服务器之前，需要了解本项目实例的部署需求和环境。

1. 部署需求

在部署 FTP 服务前需满足以下要求。

- 设置 FTP 服务器的 TCP/IP 属性，手动指定 IP 地址、子网掩码、默认网关和 DNS 服务器 IP 地址等。
- 部署域环境，域名为 long.com。

2. 部署环境

本项目任务所有实例都部署在一个域环境下，域名为 long.com。其中，FTP 服务器主机名为 DNS1，其本身也是域控制器和 DNS 服务器，IP 地址为 192.168.10.1 和 192.168.10.5。FTP 客户端主机有两台，分别命名为 WIN10-1 和 WIN10-2，客户端主机安装 Windows 10 操作系统，IP 地址分别为 192.168.10.30 和 192.168.10.40。架设 FTP 服务器拓扑如图 10-2 所示。

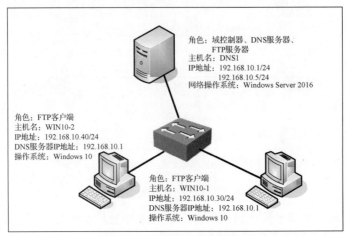

图 10-2 架设 FTP 服务器拓扑

10.3 项目实施

任务 10-1 创建和访问 FTP 站点

微课 10-1 创建
和访问 FTP 站点

在计算机 DNS1 上的"服务器管理器"窗口中安装 Web 服务器（IIS），同时安装 FTP 服务器。

在 FTP 服务器上创建一个新网站 Test FTP，使用户在客户端计算机上能通过 IP 地址和域名进行访问。

1. 创建使用 IP 地址访问的 FTP 站点

创建使用 IP 地址访问的 FTP 站点的具体步骤如下。

（1）准备 FTP 主目录

在 C 盘上创建文件夹 C:\ftp 作为 FTP 主目录，并在该文件夹内存放一个文件 test.txt，供用户在客户端计算机上进行下载和上传测试。

（2）创建 FTP 站点

STEP 1 在"Internet Information Services(IIS)管理器"窗口的左侧窗格中，用鼠标右键单击服务器 DNS1，在弹出的快捷菜单中选择"添加 FTP 站点"命令，如图 10-3 所示，打开"添加 FTP 站点"对话框。

STEP 2 在"FTP 站点名称"文本框中输入 Test FTP，设置物理路径为 C:\ftp，如图 10-4 所示。

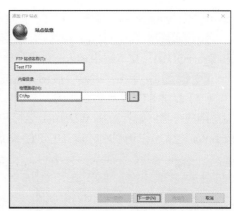

图 10-3 选择"添加 FTP 站点"命令   图 10-4 "添加 FTP 站点"对话框的设置

STEP 3 单击"下一步"按钮，打开图 10-5 所示的"绑定和 SSL 设置"界面，在"IP 地址"文本框中输入 192.168.10.1，设置端口为 21，在"SSL"选项组中选中"无 SSL"单选按钮。

STEP 4 单击"下一步"按钮，打开图 10-6 所示的"身份验证和授权信息"界面，输入相应信息。本例中允许匿名访问，也允许特定用户访问。

图 10-5 "绑定和 SSL 设置"界面   图 10-6 "身份验证和授权信息"界面

>
> **注意** 访问 FTP 服务器主目录的最终权限由此处的权限与用户对 FTP 主目录的 NTFS 权限共同决定，哪一个严格就采用哪一个。

（3）测试 FTP 站点

用户在客户端计算机 WIN10-1 上用鼠标右键单击"开始"菜单，在弹出的快捷菜单中选择"文件资源管理器"命令，输入"ftp://192.168.10.1"并按 Enter 键，就可以访问上述建立的 FTP 站点。或者在浏览器的地址栏中输入"ftp://192.168.10.1"并按 Enter 键，也可以访问 Test FTP 网站。

2. 创建使用域名访问的 FTP 站点

创建使用域名访问的 FTP 站点的具体步骤如下。

（1）在 DNS 区域中创建别名

STEP 1 使用管理员账户登录 DNS 服务器 DNS1，打开"DNS 管理器"窗口，在左侧窗格中依次展开服务器和"正向查找区域"选项，然后用鼠标右键单击区域 long.com，在弹出的快捷菜单中选择"新建别名"命令，打开"新建资源记录"对话框。

STEP 2　在"别名(如果为空则使用父域)"文本框中输入别名 ftp，在"目标主机的完全合格的域名(FQDN)"文本框中输入 FTP 服务器的 FQDN，在此输入 dns1.long.com，如图 10-7 所示。

STEP 3　单击"确定"按钮，完成别名的创建。

（2）测试 FTP 站点

用户在客户端计算机 WIN10-1 上打开文件资源管理器窗口或浏览器，输入 ftp://ftp.long.com 并按 Enter 键就可以访问刚才建立的 FTP 站点，如图 10-8 所示。

图 10-7　新建别名

图 10-8　使用 FQDN 访问 FTP 站点

任务 10-2　创建虚拟目录

微课 10-2　创建
虚拟目录

使用虚拟目录可以在服务器硬盘上创建多个物理目录，或者引用其他计算机上的主目录，从而为需要不同上传或下载服务的用户提供不同的目录，并且可以为不同的目录分别设置不同的权限，如读取、写入等权限。使用 FTP 虚拟目录时，由于用户不知道文件的具体存储位置，所以文件更加安全。

在 FTP 站点上创建虚拟目录 xunimulu 的具体步骤如下。

（1）准备虚拟目录内容

以管理员账户登录 DNS 服务器 DNS1，创建文件夹 C:\xuni 作为 FTP 虚拟目录的主目录，在该文件夹下存入一个文件 test1.txt 供用户在客户端计算机上下载。

（2）创建虚拟目录

图 10-9　"添加虚拟目录"对话框的设置

STEP 1　在"Internet Information Services(IIS)管理器"窗口的左侧窗格中依次展开服务器"DNS1"和"网站"选项，用鼠标右键单击站点 Test FTP，在弹出的快捷菜单中选择"添加虚拟目录"命令，打开"添加虚拟目录"对话框。

STEP 2　在"别名"文本框中输入 xunimulu，在"物理路径"文本框中输入 C:\xuni，如图 10-9 所示。

（3）测试 FTP 站点的虚拟目录

用户在客户端计算机 WIN10-1 上打开文件资源管理器窗口和浏览器，输入 ftp://ftp.long.com/xunimulu 或者 ftp://192.168.10.1/xunimulu 并按 Enter 键，就可以访问任务 10-1 中建立的 FTP 站点的虚拟目录。

特别注意 在进行各种服务器的配置时，要时刻注意账户的 NTFS 权限，避免由于 NTFS 权限设置不当而无法完成相关配置，同时要注意防火墙的影响。

任务 10-3　安全设置 FTP 服务器

FTP 服务的配置和 Web 服务的配置相比要简单得多，主要是站点的安全性设置，包括指定不同的授权用户，如允许不同权限的用户访问，允许来自不同 IP 地址的用户访问，或限制不同 IP 地址的不同用户的访问等。和 Web 站点一样，FTP 服务器也要设置 FTP 站点的主目录和性能等。

微课 10-3　安全设置 FTP 服务器

1. 设置 IP 地址和端口

STEP 1 在 "Internet Information Services(IIS)管理器" 窗口的左侧窗格中依次展开服务器 "DNS1" 和 "网站" 选项，选择 FTP 站点 Test FTP，然后选择 "操作" 窗格的 "绑定" 选项，弹出 "网站绑定" 对话框，如图 10-10 所示。

图 10-10　"网站绑定" 对话框

STEP 2 选择 ftp 条目后，单击 "编辑" 按钮，在 "编辑网站绑定" 对话框中完成 IP 地址和端口号的更改，如将端口改为 2121。

STEP 3 测试 FTP 站点。用户在客户端计算机 WIN10-1 上打开浏览器或文件资源管理器窗口，输入 ftp://192.168.10.1:2121 并按 Enter 键，就可以访问刚才建立的 FTP 站点。

STEP 4 为了继续完成后面的实训，测试完毕，请再将端口号改为默认端口号，即 21。

2. 其他配置

在 "Internet Information Services(IIS)管理器" 窗口的左侧窗格中依次展开 FTP 服务器，选择 FTP 站点 Test FTP，可以分别进行 "FTP IP 地址和域限制" "FTP SSL 设置" "FTP 当前会话" "FTP 防火墙支持" "FTP 目录浏览" "FTP 请求筛选" "FTP 日志" "FTP 身份验证" "FTP 授权规则" "FTP 消息" "FTP 用户隔离" 等内容的设置或浏览，如图 10-11 所示。

图 10-11　Test FTP 主页可进行的内容设置或浏览

在"操作"窗格中，可以进行"浏览""编辑权限""绑定""基本设置""查看应用程序""查看虚拟目录""重新启动""启动""停止""高级设置"等操作。

任务 10-4　创建虚拟主机

微课 10-4　创建
虚拟主机

1. 虚拟主机简介

一个 FTP 站点是由一个 IP 地址和一个端口号唯一标识的，改变其中任意一项均可标识不同的 FTP 站点。但是在 FTP 服务器上，通过"Internet Information Services(IIS)管理器"窗口只能创建一个 FTP 站点。在实际应用环境中，有时需要在一台服务器上创建两个不同的 FTP 站点，这就涉及虚拟主机的问题。

在一台服务器上创建的两个 FTP 站点，默认只能启动其中一个站点，用户可以使用更改 IP 地址和更改端口号两种方法来解决这个问题。

可以使用多个 IP 地址和多个端口来创建多个 FTP 站点。尽管使用多个 IP 地址来创建多个站点是常见并且推荐的操作，但在默认情况下，使用 FTP 时，客户端会调用端口 21，这样情况会变得非常复杂。因此，如果要使用多个端口来创建多个 FTP 站点，就需要将新端口号通知给用户，以便其 FTP 客户端能够找到并连接到该端口。

2. 使用相同 IP 地址、不同端口号创建两个 FTP 站点

在同一台服务器上使用相同的 IP 地址、不同的端口号（21、2121）创建两个 FTP 站点。创建第 2 个 FTP 站点 FTP2 的具体步骤如下。

STEP 1 使用域管理员账户登录 FTP 服务器 DNS1，创建 C:\ftp2 文件夹作为 FTP2 站点的主目录，并在该文件夹内放入一些文件。

STEP 2 创建 FTP2 站点，站点的创建可参见"任务 10-1 创建和访问 FTP 站点"的相关内容，只是将端口设为 2121。

STEP 3 测试 FTP 站点。用户在客户端计算机 WIN10-1 上打开文件资源管理器窗口或浏览器，输入 ftp://192.168.10.1:2121 并按 Enter 键就可以访问 FTP2 站点。

3. 使用两个不同的 IP 地址创建两个 FTP 站点

在同一台服务器上用相同的端口号、不同的 IP 地址（192.168.10.1、192.168.10.5）同时创建两个 FTP 站点，具体步骤如下。

（1）设置 FTP 服务器网卡的两个 IP 地址

前面已在 DNS1 上设置了两个 IP 地址，即 192.168.10.1、192.168.10.5，此处不赘述。

（2）更改 FTP2 站点的 IP 地址和端口号

STEP 1 在"Internet Information Services(IIS)管理器"窗口的左侧窗格中，依次展开 FTP 服务器，选择 FTP 站点 FTP2。然后选择"操作"窗格的"绑定"选项，弹出"网站绑定"对话框。

STEP 2 选择 ftp 条目后，单击"编辑"按钮，将 IP 地址改为 192.168.10.5，端口改为 21，如图 10-12 所示。

STEP 3 单击"确定"按钮完成更改。

（3）测试 FTP2 站点

在客户端计算机 WIN10-1 上打开浏览器，在其地址栏中输入 ftp://192.168.10.5 并按 Enter 键就可以访问 FTP2 站点。

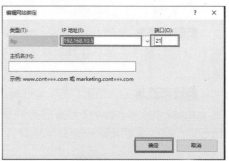

图 10-12　"编辑网站绑定"对话框的设置

> **试一试**　请读者参照任务 9-4 中的"2. 使用不同主机头名架设多个 Web 站点"的相关内容，自行完成"使用不同主机头名架设多个 FTP 站点"的实训。

任务 10-5　实现活动目录环境下 FTP 用户隔离

1. 任务需求

某公司已经搭建好域环境，业务组因业务需求，需要在服务器上存储相关业务数据，但是业务组希望各用户目录相互隔离（仅允许访问自己的目录而无法访问他人的目录），每一个业务员允许使用的 FTP 磁盘空间大小为 100MB。为此，公司决定通过活动目录中的 FTP 用户隔离来实现此服务。

微课 10-5　实现活动目录环境下 FTP 用户隔离

建立基于域的隔离用户的 FTP 站点并使用磁盘配额技术可以完成本任务。在完成本任务前，请将前文所创建的 FTP 站点删除或停止，以避免影响本实训。

2. 创建业务组组织单元及用户

STEP 1 在 DNS1 中新建一个名为 sales 的组织单元，在 sales 中新建用户，用户名分别为 salesuser1、salesuser2、sales_master，用户密码为 P@ssw0rd，如图 10-13 所示。

STEP 2 用鼠标右键单击"sales"选项，在弹出的快捷菜单中选择"委派控制"命令，接着单击"下一步"→"添加"按钮，添加 sales_master 用户，勾选"读取所有用户信息"复选框，如图 10-14 所示。

图 10-13　创建的业务组组织单元及用户

图 10-14　勾选"读取所有用户信息"复选框

STEP 3 单击"下一步"→"完成"按钮。这样就委派了 sales_master 用户（sales_master 为 FTP 的服务账号）对 sales 组织单元有读取所有用户信息的权限。

3. 配置 FTP 服务器

STEP 1 使用 long\administrator 登录 FTP 服务器 DNS1（该服务器集域控制器、DNS 服务器和 FTP 服务器于一体，在真实环境中可能需要单独的 FTP 服务器）。FTP 服务器的角色和功能已经添加。

STEP 2 在 C 盘（或其他任意盘）中建立主目录 FTP_sales，在 FTP_sales 中分别建立用户名 salesuser1 和 salesuser2 对应的文件夹 salesuser1 和 salesuser2，如图 10-15 所示。为了测试方便，请在两个文件夹中新建一些文件或文件夹。

图 10-15 新建文件夹

STEP 3 选择"服务器管理器"→"工具"→"Internet Information Server(IIS)管理器"命令，在弹出的对话框中用鼠标右键单击"网站"选项，在弹出的快捷菜单中选择"添加 FTP 站点"命令，在弹出的"添加 FTP 站点"对话框中输入 FTP 站点名称和选择物理路径，如图 10-16 所示。

STEP 4 在"绑定和 SSL 设置"界面中选择 IP 地址，在"SSL"选项组中选中"无 SSL"单选按钮，如图 10-17 所示。

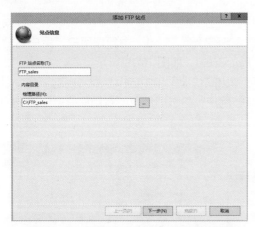

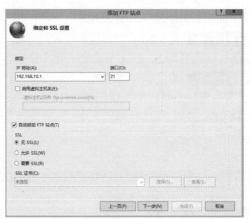

图 10-16 "添加 FTP 站点"对话框的设置 　　图 10-17 "绑定和 SSL 设置"界面的设置

STEP 5 在"身份验证和授权信息"界面的"身份验证"选项组中勾选"匿名"和"基本"复选框，在"允许访问"下拉列表中选择"所有用户"，勾选"权限"选项组中的"读取"和"写入"复选框，如图 10-18 所示，单击"完成"按钮。

STEP 6 在"Internet Information Services(IIS)管理器"窗口中选择"FTP 用户隔离"，如图 10-19 所示。

图 10-18 "身份验证和授权信息"界面的设置

图 10-19 选择"FTP 用户隔离"

STEP 7 在"FTP 用户隔离"中选中"在 Active Directory 中配置的 FTP 主目录"单选按钮，单击"设置"按钮添加上述委派的用户，再选择"应用"选项，如图 10-20 所示。

STEP 8 选择 DNS1 的"服务器管理器"→"工具"→"ADSI 编辑器"→"操作"→"连接到"命令，打开"连接设置"对话框，如图 10-21 所示，单击"确定"按钮。

图 10-20 配置 FTP 用户隔离

图 10-21 "连接设置"对话框

STEP 9 在左侧窗格中展开相关选项，用鼠标右键单击 sales 组织单元中的 salesuser1 用户，在弹出的快捷菜单中选择"属性"命令，在弹出的对话框中找到 msIIS-FTPDir，该选项用于设置用户对应的目录，将其修改为 salesuser1；msIIS-FTPRoot 用于设置用户对应的路径，将其设为 C:\FTP_sales，如图 10-22 所示。

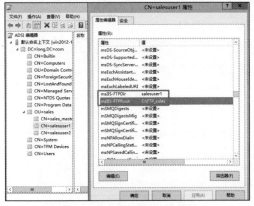

图 10-22 修改隔离用户属性

> **注意** msIIS-FTPRoot 对应用户的 FTP 根目录，msIIS-FTPDir 对应用户的 FTP 主目录，用户的 FTP 主目录必须是 FTP 根目录的子目录。

STEP 10 使用同样的方法配置 salesuser2 用户。

4. 配置磁盘配额

在 DNS1 上打开"文件资源管理器"窗口，选中 C 盘并单击鼠标右键，在弹出的快捷菜单中选择"属性"命令，在弹出的属性对话框中单击"配额"选项卡，勾选"启用配额管理"和"拒绝将磁盘空间给超过配额限制的用户"复选框，并将"将磁盘空间限制为"设置成 100MB，将"将警告等级设为"设置成 90MB，勾选"用户超出配额限制时记录事件"和"用户超过警告等级时记录事件"复选框，如图 10-23 所示，然后单击"应用"按钮。

图 10-23　配置磁盘配额

5. 测试验证

STEP 1 在 WIN10-1 的文件资源管理器窗口中，使用 salesuser1 用户账号和其密码登录 FTP 服务器，如图 10-24 所示。

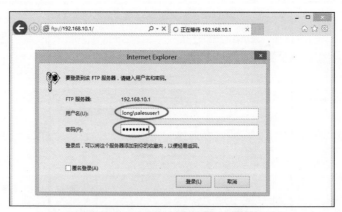

图 10-24　在客户端登录 FTP 服务器

注意　必须使用 long\salesuser1 或 salesuser1@long.com 登录。为了不受防火墙的影响，建议暂时关闭所有的防火墙。

STEP 2　在 WIN10-1 上使用 salesuser1 用户账户访问 FTP 服务器，并成功上传文件，如图 10-25 所示。

图 10-25　使用 salesuser1 用户账户访问 FTP 服务器并成功上传文件

STEP 3　使用 salesuser2 用户账户访问 FTP 服务器并成功上传文件，如图 10-26 所示。

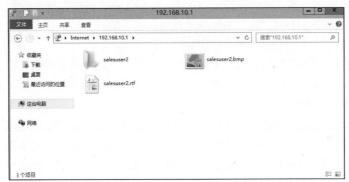

图 10-26　使用 salesuser2 用户账户访问 FTP 服务器并成功上传文件

STEP 4　当 salesuser1 用户上传文件超过 100MB 时，会提示上传失败。例如，将大于 100MB 的 Administrator 文件夹上传到 FTP 服务器时会上传失败，如图 10-27 所示。

图 10-27　提示上传失败

STEP 5　在 DNS1 上打开"文件资源管理器"窗口，选中 C 盘并单击鼠标右键，在弹出的快捷菜单中选择"属性"命令，在弹出的"属性"对话框中单击"配额"选项卡，单击"配额项"按钮可以查看用户使用的磁盘空间情况，如图 10-28 所示。

图 10-28　查看用户使用的磁盘空间情况

10.4　拓展阅读　中国的"龙芯"

你知道"龙芯"吗？你知道"龙芯"的应用水平吗？

通用处理器是信息产业的基础部件，是电子设备的核心器件。通用处理器是关系到国家命运的战略产业之一，其发展直接关系到国家技术创新能力，关系到国家安全，是国家的核心利益所在。

"龙芯"是我国最早研制的高性能通用处理器系列，于 2001 年在中国科学院计算所开始研发，得到了"863""973""核高基"等项目的大力支持，完成了多年的核心技术积累。2010 年，中国科学院和北京市政府共同牵头出资，龙芯中科技术有限公司（简称龙芯中科）正式成立，开始市场化运作，旨在将龙芯处理器的研发成果产业化。

龙芯中科研制的处理器产品包括龙芯 1 号、龙芯 2 号、龙芯 3 号三大系列。为了将国家重大创新成果产业化，龙芯中科努力探索，在国防、教育、工业、物联网等行业取得了重大市场突破，龙芯处理器取得了良好的应用效果。

目前龙芯处理器在各领域得到了广泛应用。在安全领域，龙芯处理器已经通过了严格的可靠性实验，作为核心元器件应用在几十种型号和系统中。2015 年，龙芯处理器成功应用于北斗二代导航卫星。在通用领域，龙芯处理器已经应用在 PC、服务器及高性能计算机、行业计算机终端，以及云计算终端等方面。在嵌入式领域，基于龙芯 CPU 的防火墙等网络安全系列产品已达到规模销售；龙芯处理器应用于国产高端数控机床等系列工控产品，显著提升了我国工控领域的自主化程度和产业化水平。龙芯处理器提供了 IP 设计服务，在国产数字电视领域也与国内多家知名厂家展开合作，其 IP 地址授权量已达百万。

10.5　习题

一、填空题

1．FTP 服务就是一种_____服务，FTP 的英文全称是_____。

2．FTP 服务使用一个共同的用户名_____、密码不限的管理策略，让任何用户都可以很方便地从服务器上下载软件。

3．FTP 服务有两种工作模式：_____和_____。

4．FTP 命令的格式为：_____。

5．打开 FTP 服务器的命令是_____，浏览其下目录列表的命令是_____。如果要匿名登录，在用户名(ftp.long.com:(none))处输入匿名账户_____，在密码处输入_____或直接按 Enter 键，即可登录 FTP 站点。

6. 比较有名的 FTP 客户端软件有_____、_____、_____等。

7. FTP 身份验证方法有两种：_____和_____。

二、选择题

1. 虚拟主机技术不能通过（   ）架设网站。

    A. 计算机名　　　　　B. TCP 端口　　　　　C. IP 地址　　　　　D. 主机头名

2. 虚拟目录不具备的特点是（   ）。

    A. 便于扩展　　　　　B. 增删灵活　　　　　C. 易于配置　　　　　D. 动态分配空间

3. FTP 服务使用的端口是（   ）。

    A. 21　　　　　　　　B. 23　　　　　　　　C. 25　　　　　　　　D. 53

4. 从 Internet 上获得软件常采用（   ）。

    A. WWW　　　　　　B. Telnet　　　　　　C. FTP　　　　　　　D. DNS

三、判断题

1. 若 Web 站点中的信息非常敏感，为防止其在传输途中被人截获，可采用 SSL 加密方式。

                                                         （   ）

2. IIS 提供了基本服务，包括发布信息、传输文件、支持用户通信和更新这些服务所依赖的数据存储。

                                                           （   ）

3. 虚拟目录是一个文件夹，一定位于主目录。   （   ）

4. FTP 的全称是 File Transfer Protocol（文件传输协议），是用于传输文件的协议。 （   ）

5. 当使用用户隔离模式时，所有用户的主目录都在单一 FTP 主目录下，每个用户均被限制在自己的主目录中，且用户名必须与相应的主目录匹配，不允许用户浏览除自己的主目录之外的其他内容。

                                                           （   ）

四、简答题

1. 非域的用户隔离和域用户隔离的主要区别是什么？

2. 能否使用不存在的域用户进行多用户配置？

3. 磁盘配额的作用是什么？

10.6 项目实训　配置与管理 FTP 服务器

本项目实训根据图 10-2 所示的拓扑来部署 FTP 服务器。

（1）安装 FTP 服务器。

（2）创建和访问 FTP 站点。

（3）创建虚拟目录。

（4）安全设置 FTP 服务器。

（5）创建虚拟主机。

（6）配置与使用 FTP 客户端。

（7）设置活动目录隔离用户 FTP 服务器，测试用户为 Jane 和 Mike，可参考任务 10-5。

做一做

独立完成实训项目，检查学习效果。

项目11
配置与管理VPN服务器

11

作为网络管理员，必须熟悉网络安全保护的各种策略环节以及可以采取的安全措施，这样才能合理地进行安全管理，使得网络和计算机处于安全的状态。

VPN 可以让远程用户通过 Internet 来安全地访问公司内部网络的资源。

学习要点

- 理解 VPN 的基本概念和基本原理。
- 理解 VPN 的构成和连接过程。

- 掌握配置并测试远程访问 VPN 的方法。
- 掌握 VPN 服务器的网络策略的配置方法。

素质要点

- 国产操作系统的前途光明！只有瞄准核心科技埋头攻关，助力我国软件产业从价值链中低端向高端迈进，才能为高质量发展和国家信息产业安全插上腾飞的"翅膀"。

- 广大青年一定要勇于创新创造。正所谓"苟日新，日日新，又日新"。生活总是将更多机遇留给善于和勇于创新的人。青年是社会上最富活力、最具创造性的群体，理应走在创新创造前列。

11.1 项目基础知识

微课 11-1　VPN
服务器

远程访问（Remote Access）也称为远程接入。使用这种技术，可以将远程或移动用户连接到组织内部网络上，使远程用户可以像他们的计算机物理地连接到内部网络上一样工作。实现远程访问最常用的方式之一就是使用 VPN 技术。目前，Internet 中的多个企业网络常常选择使用 VPN 技术（通过加密技术、验证技术、数据确认技术的共同应用）连接起来，就可以轻易地在 Internet 上建立一个专用网络，让远程用户通过 Internet 来安全地访问网络内部的资源。

VPN 是指在公共网络（通常为 Internet）中建立的一个虚拟的、专用的网络，是 Internet 与 Intranet（内联网）之间的专用通道，为企业提供一个高安全、高性能、简便易用的环境。当远程的 VPN 客户端通过 Internet 连接到 VPN 服务器时，它们之间所传送的信息会被加密，所以信息即使在 Internet 传送的过程中被拦截，也会因为已被加密而无法识别，因此可以确保信息的安全性。

11.1.1 VPN 的构成

VPN 的构成如下。

1. 远程访问 VPN 服务器

远程访问 VPN 服务器用于接收并响应 VPN 客户端的连接请求，并建立 VPN 连接。它可以是专用的 VPN 服务器设备，也可以是运行 VPN 服务的主机。

2. VPN 客户端

VPN 客户端用于发起连接 VPN 的请求，通常为 VPN 连接组件的主机。

3. 隧道协议

VPN 的实现依赖于隧道协议，通过隧道协议，可以将一种协议用另一种协议或相同协议封装，同时还可以提供加密、认证等安全服务。VPN 服务器和 VPN 客户端必须支持相同的隧道协议，以便建立 VPN 连接。目前常用的隧道协议有点到点隧道协议（Point-to-Point Tunneling Protocol，PPTP）和第二层隧道协议（Layer Two Tunneling Protocol，L2TP）。

（1）PPTP 是点到点协议（Point-to-Point Protocol，PPP）的扩展，可协调使用 PPP 的身份验证、数据压缩和加密机制。PPTP 的客户端支持内置于 Windows XP 操作系统的远程访问客户端。只有 IP 网络（如 Internet）才可以建立 PPTP 的 VPN。两个局域网之间若通过 PPTP 来连接，则两端直接连接到 Internet 的 VPN 服务器必须执行 TCP/IP，但网络内的其他计算机不一定需要支持 TCP/IP，它们可执行 TCP/IP、网间分组交换（Internetwork Packet Exchange，IPX）或 NetBEUI 通信协议，因为当它们通过 VPN 服务器与远程计算机通信时，这些不同的通信协议的数据包会被封装到 PPP 的数据包内，然后经过 Internet 传送，数据包到达目的地后，再由远程的 VPN 服务器将其还原为 TCP/IP、IPX 或 NetBEUI 的数据包。PPTP 是利用微软点到点加密（Microsoft Point-to-Point Encryption，MPPE）来将信息加密的。PPTP 的 VPN 服务器支持内置于 Windows Server 2003 家族的成员。PPTP 与 TCP/IP 一同安装，根据"路由和远程访问服务器安装向导"对话框中所做的选择，可以配置 5 个或 128 个 PPTP 端口。

（2）L2TP 是基于 RFC 的隧道协议，也是一种业内标准。L2TP 同时具有身份验证、加密与数据压缩的功能。L2TP 的验证与加密都采用 IPSec。与 PPTP 类似，L2TP 也可以将 IP、IPX 或 NetBEUI 的数据包封装到 PPP 的数据包内。与 PPTP 不同，运行在 Windows Server 2016 服务器上的 L2TP 不利用 MPPE 来加密 PPP 数据包。L2TP 依赖于加密服务的 IPSec。L2TP 和 IPSec 的组合被称为 L2TP/IPSec。L2TP/IPSec 提供专用数据的封装和加密的主要 VPN 服务。VPN 客户端和 VPN 服务器必须支持 L2TP 和 IPSec。对于 VPN 客户端，L2TP 支持 Windows 8/10 等远程访问客户端。对于 VPN 服务器，L2TP 支持 Windows Server 家族的成员。L2TP 与 TCP/IP 一同安装，根据"路由和远程访问服务器安装向导"对话框中所做的选择，可以配置 5 个或 128 个 L2TP 端口。

4. Internet 连接

VPN 服务器和 VPN 客户端必须都接入 Internet，并且能够通过 Internet 进行正常的通信。

11.1.2 VPN 的应用场合

VPN 的实现可以分为软件和硬件两种方式。Windows 服务器版的操作系统以完全基于软件的方式实现了 VPN，成本低。无论身处何地，只要能连接到 Internet，就可以与企业网在 Internet 上的 VPN 连接，登录内部网络浏览或交换信息。

一般来说，VPN 有以下两种应用场合。

1. 远程客户端通过 VPN 连接到局域网

总公司的网络（局域网）已经连接到 Internet，而用户通过远程拨号连接 ISP 连上 Internet 后，就可以通过 Internet 来与总公司（即局域网）的 VPN 服务器建立 PPTP 或 L2TP 的 VPN，并通过 VPN 安全地传送信息。

2. 两个局域网通过 VPN 互连

两个局域网的 VPN 服务器都连接到 Internet，并且通过 Internet 建立 PPTP 或 L2TP 的 VPN，它可以让两个网络安全地传送信息，不用担心在 Internet 上传送信息时泄密。

除了使用软件外，VPN 的实现还需要建立在交换机、路由器等硬件设备的基础上。目前，在 VPN 技术和产品方面，具有代表性的为思科和华为 3Com。

11.1.3　VPN 的连接过程

VPN 的连接过程如下。

（1）客户端向服务器中连接 Internet 的接口发送建立 VPN 连接的请求。

（2）服务器接收到客户端建立连接的请求之后，对客户端的身份进行验证。

（3）如果身份验证未通过，则拒绝客户端的连接请求；如果身份验证通过，则允许客户端建立 VPN 连接，并为客户端分配一个内部网络的 IP 地址。

（4）客户端将获得的 IP 地址与 VPN 连接组件绑定，并使用该地址与内部网络进行通信。

11.1.4　认识网络策略

1. 什么是网络策略

部署网络访问保护（Network Access Protection，NAP）时，向网络策略配置中添加健康策略，以便在授权的过程中使用网络策略服务器（Network Policy Server，NPS）执行客户端健康检查。

当处理远程用户拨号认证（Remote Authentication Dial In User Service，RADIUS）服务器的连接请求时，NPS 对此连接请求既执行身份验证，又执行授权。在身份验证过程中，NPS 验证连接到网络的用户或计算机的身份。在授权过程中，NPS 决定是否允许用户或计算机访问网络。

若允许，则 NPS 使用在 NPS 微软管理窗口（Microsoft Management Console，MMC）管理单元中配置的网络策略。NPS 还检查 AD DS 中账户的拨入属性以执行授权。

可以将网络策略视为规则。每个规则都具有一组条件和设置。NPS 将规则的条件与连接请求的属性进行对比。如果规则和连接请求匹配，则规则中定义的设置会应用于连接。

当在 NPS 中配置了多个网络策略时，它们是一组有序的规则。NPS 根据列表中的第一个规则检查每个连接请求，然后根据第二个规则检查每个连接请求，以此类推，直到找到匹配项为止。

每个网络策略都有"策略状态"设置，使用该设置可以启用或禁用网络策略。如果禁用网络策略，则授权连接请求时，NPS 不评估网络策略。

2. 网络策略属性

每个网络策略中都有以下 4 种类别的属性。

（1）概述

使用概述属性可以指定是否启用策略、允许或拒绝访问策略，以及连接请求是需要特定网络连接方法，还是需要网络访问服务器类型。使用概述属性还可以指定是否忽略 AD DS 中的用户账户的拨入属性。如果选择忽略，则 NPS 只使用网络策略中的设置来确定是否授权连接。

（2）条件

使用条件属性，可以指定为了匹配网络策略，连接请求所必须具有的条件；如果策略中配置的条件与连接请求匹配，则 NPS 将把网络策略中指定的设置应用于连接。例如，将网络访问服务器（Network Access Server，NAS）IPv4 地址指定为网络策略的条件，并且 NPS 从具有指定 IP 地址的 NAS 接收连接请求，则策略中的条件与连接请求相匹配。

（3）约束

约束是匹配连接请求所需的网络策略的附加属性。如果连接请求与约束不匹配，则 NPS 自动拒绝该请求。与 NPS 对网络策略中不匹配条件的响应不同，如果约束不匹配，NPS 不评估附加网络策略，只拒绝连接请求。

（4）设置

使用设置属性，可以指定在策略的所有网络策略条件都匹配时，NPS 应用于连接请求的设置。

11.2 项目设计与准备

1. 项目设计

本项目的所有任务将根据图 11-1 所示的拓扑部署远程访问 VPN 服务器。

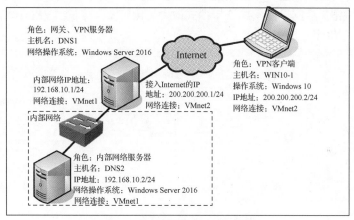

图 11-1 远程访问 VPN 服务器拓扑

DNS1、DNS2、WIN10-1 可以是 VMware 的虚拟机。内部网络的网络连接方式是 VMnet1，外部网络的网络连接方式是 VMnet2。VPN 客户端与内部网络间的实际应用中应该有路由通达，图 11-1 仅是本项目所用的拓扑，请读者注意。

2. 项目准备

在部署远程访问 VPN 服务器之前，应做如下准备。

（1）使用提供远程访问 VPN 服务的 Windows Server 2016 网络操作系统。

（2）VPN 服务器 DNS1 至少要有两个网络连接，IP 地址如图 11-1 所示。

（3）VPN 服务器 DNS1 必须与内部网络相连，因此需要配置与内部网络连接所需的 TCP/IP 参数（私有 IP 地址）。本例的 DNS1 的 IP 地址为 192.168.10.1/24，内部网络中的 DNS2 的 IP 地址为 192.168.10.2/24，默认网关为 192.168.10.1（必须设置）。

（4）VPN 服务器必须同时与 Internet 相连，因此需要建立和配置与 Internet 的连接。VPN 服务器与 Internet 的连接通常采用较快的连接方式，如专线连接。在本例中，其 IP 地址为 200.200.200.1/24。

（5）合理规划分配给 VPN 客户端的 IP 地址。VPN 客户端在请求建立 VPN 连接时，VPN 服务器需要为其分配内部网络的 IP 地址。分配的 IP 地址必须是内部网络中未使用的 IP 地址，IP 地址的数量根据同时建立 VPN 连接的客户端数量来确定。在本项目中部署远程访问 VPN 服务器时，使用静态 IP 地址池为远程访问客户端分配 IP 地址，IP 地址范围为 192.168.100.100/24～192.168.100.200/24。

（6）在客户端请求建立 VPN 连接时，服务器要对其进行身份验证，因此应合理规划需要建立 VPN 连接的用户账户。客户端的 IP 地址为 200.200.200.2/24。

11.3 项目实施

任务 11-1 架设 VPN 服务器

微课 11-2 架设 VPN 服务器

在架设 VPN 服务器之前，读者需要了解本任务实例部署的需求和环境。本任务使用 VMware Workstation 或 Hyper-V 服务器构建虚拟环境。

1. 为 VPN 服务器 DNS1 添加第二块网卡

选中 DNS1，依次选择"虚拟机"→"设置"命令，单击"添加"按钮，打开"硬件类型"界面，选择"网络适配器"选项，如图 11-2 所示，单击"完成"按钮，将网卡的网络连接模式改为"自定义"中的"VMnet2(仅主机模式)"，如图 11-3 所示，单击"确定"按钮。

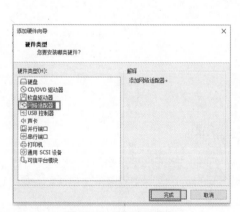

图 11-2 选择硬件类型

图 11-3 选择网络连接模式

2. 未连接到 VPN 服务器时的测试

`STEP 1` 以管理员身份登录 WIN10-1，打开 Windows PowerShell 或者在"运行"对话框中输入"cmd"。

`STEP 2` 在 WIN10-1 上使用 ping 命令测试与 DNS1 和 DNS2 的连通性，如图 11-4 所示。

3. 安装路由和远程访问服务角色

要配置 VPN 服务器，必须安装路由和远程访问服务角色。在 Windows Server 2016 中，路由和远程访问服务角色是远程访问角色的一个组成部分，并且默认没有安装。用户可以根据自己的需要选择安装需要的服务组件。

路由和远程访问服务角色的安装步骤如下。

STEP 1 以管理员身份登录服务器 DNS1，打开"服务器管理器"窗口的"仪表板"，单击"添加角色"超链接，打开图 11-5 所示的"选择服务器角色"界面，勾选"网络策略和访问服务"和"远程访问"复选框。

图 11-4　测试连通性

图 11-5　"选择服务器角色"界面

STEP 2 持续单击"下一步"按钮，显示"网络策略和访问服务"的"角色服务"列表框，网络策略和访问服务中包括"网络策略服务器"、"健康注册机构"和"主机凭据授权协议"角色服务，勾选"网络策略服务器"复选框。

STEP 3 单击"下一步"按钮，显示"远程访问"的"角色服务"列表框，将"角色服务"列表框中的复选框全部勾选，如图 11-6 所示。

图 11-6　勾选"远程访问"的"角色服务"列表框中的全部复选框

STEP 4 单击"安装"按钮即可开始安装，完成后显示"安装结果"界面。

4. 配置并启用 VPN 服务

在已经安装路由和远程访问服务角色的计算机 DNS1 上通过"路由和远程访问"窗口配置并启用 VPN 服务，具体步骤如下。

（1）打开"路由和远程访问服务器安装向导"对话框

STEP 1 使用域管理员账户登录需要配置 VPN 服务的计算机 DNS1，选择"开始"→"Windows
管理工具"→"路由和远程访问"命令，打开图 11-7 所示的"路由和远程访问"窗口。

STEP 2 在左侧窗格中用鼠标右键单击服务器"DNS1（本地）"选项，在弹出的快捷菜单中
选择"配置并启用路由和远程访问"命令，打开"路由和远程访问服务器安装向导"对话框。

（2）选择 VPN 连接

STEP 1 单击"下一步"按钮，出现"配置"界面，在该界面中可以配置 NAT、VPN 以及
路由服务等，在此选中"远程访问(拨号或 VPN)"单选按钮，如图 11-8 所示。

图 11-7 "路由和远程访问"窗口

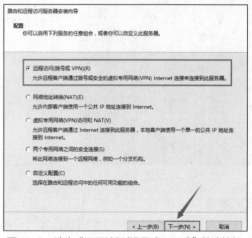

图 11-8 选中"远程访问(拨号或 VPN)"单选按钮

STEP 2 单击"下一步"按钮，出现"远程访问"界面，在该界面中可以选择拨号连接或
VPN 连接，在此勾选"VPN"复选框，如图 11-9 所示。

（3）选择连接到 Internet 的网络接口

单击"下一步"按钮，出现"VPN 连接"界面，在该界面中选择连接到 Internet 的网络接口，
在此选择"Ethernet1"，如图 11-10 所示。

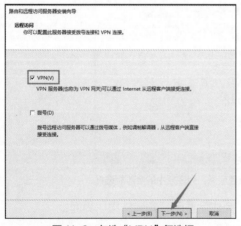

图 11-9 勾选"VPN"复选框

图 11-10 选择连接到 Internet 的网络接口

（4）设置 IP 地址分配方式

STEP 1 单击"下一步"按钮，出现"IP 地址分配"界面，在该界面中可以设置分配给 VPN

客户端计算机的 IP 地址从 DHCP 服务器分配或为其指定一个范围，在此选中"来自一个指定的地址范围"单选按钮，如图 11-11 所示。

STEP 2 单击"下一步"按钮，出现"地址范围分配"界面，在该界面中指定 VPN 客户端计算机的 IP 地址范围。

STEP 3 单击"新建"按钮，出现"新建 IPv4 地址范围"对话框，在"起始 IP 地址"文本框中输入"192.168.100.100"，在"结束 IP 地址"文本框中输入"192.168.100.200"，如图 11-12 所示，然后单击"确定"按钮即可。

图 11-11　设置 IP 地址分配方式

图 11-12　输入 VPN 客户端计算机 IP 地址范围

STEP 4 返回到"地址范围分配"界面，可以看到已经指定了一个 IP 地址范围。

（5）结束 VPN 配置

STEP 1 单击"下一步"按钮，出现"管理多个远程访问服务器"界面。在该界面中可以指定身份验证的方法是使用路由和远程访问还是 RADIUS 服务器，在此选中"否，使用路由和远程访问来对连接请求进行身份验证"单选按钮，如图 11-13 所示。

STEP 2 单击"下一步"按钮，出现"摘要"界面，在该界面中会显示之前步骤所设置的信息。

STEP 3 单击"完成"按钮，最后单击"确定"按钮即可。

（6）查看 VPN 服务器的状态

STEP 1 完成 VPN 服务器的创建后，返回到图 11-14 所示的"路由和远程访问"窗口。由于目前已经启用了 VPN 服务，所以 DNS1 前的图标中显示绿色向上的标识箭头。

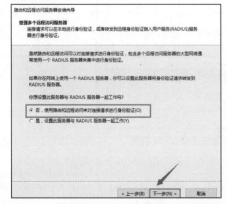

图 11-13　"管理多个远程访问服务器"界面设置

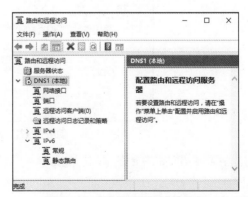

图 11-14　"路由和远程访问"窗口

STEP 2　在"路由和远程访问"窗口的左侧窗格中展开服务器，选择"端口"选项，在右侧窗格中显示所有端口的状态为"不活动"，如图 11-15 所示。

STEP 3　在"路由和远程访问"窗口的左侧窗格中展开服务器，选择"网络接口"选项，在右侧窗格中显示 VPN 服务器上的所有网络接口，如图 11-16 所示。

图 11-15　查看端口状态　　　　　　　　图 11-16　查看网络接口

5. 停止和启动 VPN 服务

要停止或启动 VPN 服务，可以使用 net 命令、"路由和远程访问"窗口或"服务"窗口，具体步骤如下。

（1）使用 net 命令

使用域管理员账户登录 VPN 服务器 DNS1，在命令行提示符窗口中执行命令"net stop remoteaccess"停止 VPN 服务，执行命令"net start remoteaccess"启动 VPN 服务。

（2）使用"路由和远程访问"窗口

在"路由和远程访问"窗口中，用鼠标右键单击服务器 DNS1，在弹出的快捷菜单中选择"所有任务"→"停止"或"启动"命令，即可停止或启动 VPN 服务。

VPN 服务停止以后，"路由和远程访问"窗口如图 11-7 所示，其中 DNS1 前的图标中显示红色向下的标识箭头。

（3）使用"服务"窗口

选择"服务器管理器"→"工具"→"服务"命令，打开"服务"窗口，找到服务"Routing and Remote Access"，选择"停止此服务"或"重启动此服务"选项即可停止或启动 VPN 服务，如图 11-17 所示。

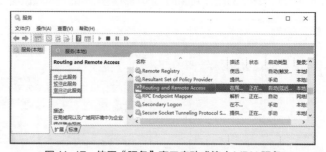

图 11-17　使用"服务"窗口启动或停止 VPN 服务

6. 配置域用户账户允许 VPN 连接

在域控制器 DNS1 上设置允许用户 Administrator@long.com 使用 VPN 连接到 VPN 服务器的具体步骤如下。

STEP 1 使用域管理员账户登录域控制器 DNS1，打开"Active Directoy 用户和计算机"窗口。依次展开"long.com"和"Users"选项，用鼠标右键单击用户"Administrator"，在弹出的快捷菜单中选择"属性"命令，打开"Administrator 属性"对话框。

STEP 2 在"Administrator 属性"对话框中单击"拨入"选项卡。在"网络访问权限"选项组中选中"允许访问"单选按钮，如图 11-18 所示，最后单击"确定"按钮即可。

图 11-18 "Administrator 属性"对话框的设置

7. 在 VPN 客户端计算机上建立 VPN 连接并连接到 VPN 服务器

在 VPN 客户端计算机 WIN10-1 上建立 VPN 连接并连接到 VPN 服务器，具体步骤如下。

（1）在 VPN 客户端计算机上新建 VPN 连接。

STEP 1 使用本地管理员账户登录 VPN 客户端计算机 WIN10-1，选择"开始"→"Windows 系统"→"控制面板"→"网络和 Internet"→"网络和共享中心"命令，打开图 11-19 所示的"网络和共享中心"窗口。

图 11-19 "网络和共享中心"窗口

STEP 2 单击"设置新的连接或网络"超链接，打开"设置连接或网络"窗口，通过该窗口可以建立连接以连接到 Internet 或专用网络，在此选择"连接到工作区"选项，如图 11-20 所示。

STEP 3 单击"下一步"按钮，出现"你希望如何连接？"界面，在该界面中指定是使用 Internet 还是拨号方式连接到 VPN 服务器，在此选择"使用我的 Internet 连接(VPN)"选项，如图 11-21 所示。

图 11-20 选择"连接到工作区"选项

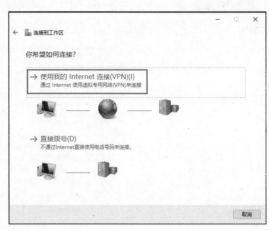
图 11-21 选择"使用我的 Internet 连接(VPN)"选项

STEP 4 出现"你想在继续之前设置 Internet 连接吗？"界面，在该界面中设置 Internet 连接，由于本实例的 VPN 服务器和 VPN 客户机是物理上直接连接在一起的，所以选择"我将稍后设置 Internet 连接"选项，如图 11-22 所示。

STEP 5 出现图 11-23 所示的"键入要连接的 Internet 地址"界面，在"Internet 地址"文本框中输入 VPN 服务器的外网网卡 IP 地址"200.200.200.1"，并设置目标名称为"VPN 连接"。

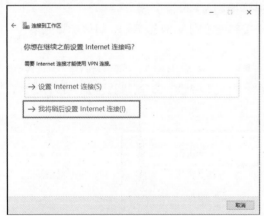
图 11-22 选择"我将稍后设置 Internet 连接"选项

图 11-23 "键入要连接的 Internet 地址"界面

STEP 6 单击"创建"按钮创建 VPN 连接。

（2）连接到 VPN 服务器。

STEP 1 用鼠标右键单击"开始"菜单，在弹出的快捷菜单中选择"网络连接"命令，在打开的界面中单击"VPN"→"VPN 连接"→"连接"按钮，如图 11-24 所示，打开图 11-25 所示的对话框。在该对话框中输入允许 VPN 连接的账户和密码，在此使用账户 administrator@long.com 建立连接。

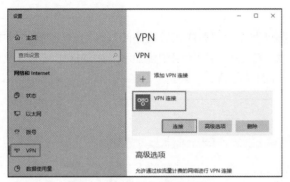

图 11-24　单击"连接"按钮

图 11-25　"Windows 安全中心"对话框

STEP 2 单击"确定"按钮，经过身份验证后即可连接到 VPN 服务器，在图 11-26 所示的界面中可以看到"VPN 连接"的状态是"已连接"。

8. 验证 VPN 连接

当 VPN 客户端计算机 WIN10-1 连接到 VPN 服务器 DNS1 之后，可以访问内部网络中的共享资源，具体步骤如下。

（1）查看 VPN 客户机获取到的 IP 地址

STEP 1 在 VPN 客户端计算机 WIN10-1

图 11-26　"VPN"界面

上打开 Windows PowerShell 或者命令提示符窗口，使用命令"ipconfig /all"查看 IP 地址信息，如图 11-27 所示，可以看到 VPN 连接获得的 IP 地址为"192.168.100.101"。

STEP 2 先后执行命令"ping 192.168.10.1"和"ping 192.168.10.2"测试 VPN 客户端计算机和 VPN 服务器以及内部网络服务器的连通性，但这时执行命令"ping 200.200.200.1"是不成功的，如图 11-28 所示。

图 11-27　查看 VPN 客户机获取到的 IP 地址

图 11-28　测试 VPN 连接

（2）在VPN服务器上的验证

STEP 1 使用域管理员账户登录VPN服务器，在"路由和远程访问"窗口的左侧窗格中展开服务器选项，选择"远程访问客户端(1)"选项，在窗口右侧窗格中会显示连接的持续时间以及连接的用户名，如图11-29所示，已经有一个客户端建立了VPN连接。

图 11-29　查看远程访问客户端

STEP 2 选择"端口"选项，在窗口右侧窗格中可以看到其中一个端口的状态为"活动"，表明有客户端连接到VPN服务器。

STEP 3 双击该活动端口，打开"端口状态"对话框，该对话框中会显示连接时间、用户以及分配给VPN客户端计算机的IP地址，如图11-30所示。

（3）访问内部网络的共享资源

STEP 1 使用管理员账户登录内部网络服务器DNS2，在"文件资源管理器"窗口中创建文件夹 C:\share 作为测试目录，在该文件夹内存入一些文件，并将该文件夹共享给特定用户，如administrator。

STEP 2 使用本地管理员账户登录VPN客户端计算机WIN10-1，选择"开始"→"运行"命令，输入内部网络服务器DNS2上共享文件夹的UNC路径\\192.168.10.2。由于已经连接到VPN服务器，所以可以访问内部网络中的共享资源，但需要输入网络凭据，在这里一定要输入DNS2的管理员账户和密码，不要输错了，如图11-31所示。单击"确定"按钮后就可以访问DNS2上的共享资源。

图 11-30　VPN 活动端口状态

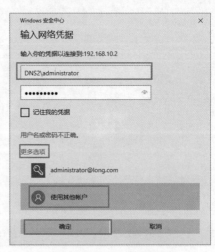

图 11-31　输入网络凭据

（4）断开 VPN 连接

断开 VPN 连接有以下两种方法。

① 在客户端 WIN10-1 上单击"断开"按钮断开客户端计算机的 VPN 连接。

② 以域管理员账户登录 VPN 服务器 DNS1，在"路由和远程访问"窗口的左侧窗格中依次展开服务器和"远程访问客户端(1)"选项，在窗口右侧窗格中，用鼠标右键单击连接的远程客户端，在弹出的快捷菜单中选择"断开"命令，即可断开客户端计算机的 VPN 连接。

任务 11-2　配置 VPN 服务器的网络策略

本任务要求如下：在 VPN 服务器 DNS1 上创建网络策略"VPN 策略"，使用户在进行 VPN 连接时可使用该网络策略，其拓扑如图 11-1 所示。具体步骤如下。

微课 11-3　配置 VPN 服务器的网络策略

1. 新建网络策略

STEP 1　使用域管理员账户登录 VPN 服务器 DNS1，选择"开始"→"Windows 管理工具"→"网络策略服务器"命令，打开图 11-32 所示的"网络策略服务器"窗口。

STEP 2　用鼠标右键单击"网络策略"选项，在弹出的快捷菜单中选择"新建"命令，打开"新建网络策略"对话框，在"指定网络策略名称和连接类型"界面中指定"策略名称"为"VPN 策略"，指定"网络访问服务器的类型"为"远程访问服务器(VPN 拨号)"，如图 11-33 所示。

图 11-32　"网络策略服务器"窗口

图 11-33　设置网络策略名称和连接类型

2. 指定网络策略条件

STEP 1　单击"下一步"按钮，出现"指定条件"对话框，在该对话框中设置网络策略的条件，如日期和时间、用户组等。

STEP 2　单击"添加"按钮，出现"选择条件"对话框。在该对话框中选择要配置的条件属性，选择"日期和时间限制"选项，如图 11-34 所示，该选项表示允许和不允许用户连接的日期和时间。

STEP 3　单击"添加"按钮，出现"日期和时间限制"对话框，在该对话框中设置允许建立 VPN 连接的日期和时间，如图 11-35 所示，设置允许访问的时间后，单击"确定"按钮。

STEP 4　返回图 11-36 所示的"指定条件"界面，在其中可以看到已经添加了一个条件。

图 11-34　选择"日期和时间限制"选项

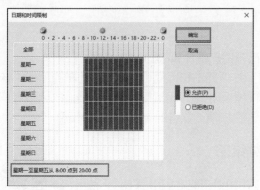

图 11-35　设置日期和时间限制

图 11-36　"指定条件"界面

3. 授予访问权限

单击"下一步"按钮，出现"指定访问权限"界面，在该界面中指定访问权限是允许还是拒绝，在此选中"已授予访问权限"单选按钮，如图 11-37 所示。

图 11-37　选中"已授予访问权限"单选按钮

4. 配置身份验证方法

单击"下一步"按钮，出现图 11-38 所示的"配置身份验证方法"界面，在该界面中指定身份验证的方法和可扩展认证协议（Extensible Authentication Protocol，EAP）类型。

图 11-38　"配置身份验证方法"界面

5. 配置约束

单击"下一步"按钮，出现图 11-39 所示的"配置约束"界面，在该界面中配置网络策略的约束，如空闲超时、会话超时、被叫站 ID、日期和时间限制、NAS 端口类型等。

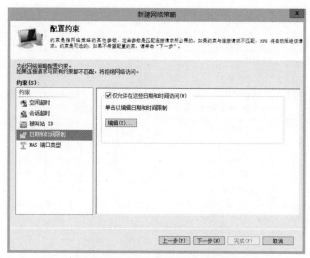

图 11-39 "配置约束"界面

6. 配置设置

单击"下一步"按钮，出现图 11-40 所示的"配置设置"界面，在该界面中配置此网络策略的设置，如 RADIUS 属性以及多链路和带宽分配协议（BAP）、IP 筛选器、加密、IP 设置等。

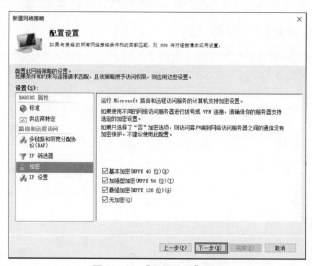

图 11-40 "配置设置"界面

7. 完成新建网络策略

单击"下一步"按钮，出现"正在完成新建网络策略"界面，最后单击"完成"按钮即可完成网络策略的创建。

8. 设置用户远程访问权限

使用域管理员账户登录域控制器 DNS1，打开"Active Directory 用户和计算机"窗口，依次展开"long.com"和"Users"选项，用鼠标右键单击用户"Administrator"选项，在弹出的快捷菜单中选择"属性"命令，打开"Administrator 属性"对话框。单击"拨入"选项卡，在"网络访问权限"选项组中选中"通过 NPS 网络策略控制访问"单选按钮，如图 11-41 所示，设置完毕，单击"确定"按钮即可。

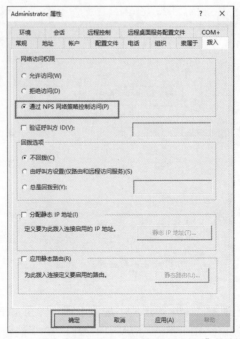

图 11-41　选中"通过 NPS 网络策略控制访问"单选按钮

9. 测试客户端能否连接到 VPN 服务器

使用本地管理员账户登录 VPN 客户端计算机 WIN10-1，打开 VPN 连接，使用 administrator@long.com 账户连接到 VPN 服务器，此时是按网络策略进行身份验证的，若验证成功，连接到 VPN 服务器。如果验证不成功，出现图 11-42 所示的错误连接提示，请单击"更改适配器选项"超链接，在弹出的对话框中选择"VPN 连接"→"属性"→"安全"命令，打开"VPN 连接 属性"对话框，选中"允许使用这些协议"单选按钮，如图 11-43 所示，单击"确定"按钮。完成后，重新启动计算机即可。

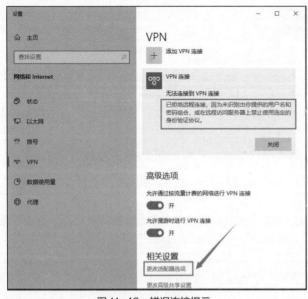

图 11-42　错误连接提示

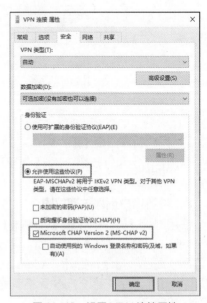

图 11-43　设置 VPN 连接属性

11.4 拓展阅读 国产操作系统"银河麒麟"

你了解国产操作系统银河麒麟 V10 吗？它的深远影响是什么？

国产操作系统银河麒麟 V10 面世引发了业界和公众关注。这一操作系统不仅可以充分满足"5G 时代"需求，其独创的 Kydroid 技术支持海量安卓应用，将 300 余万款安卓适配软硬件无缝迁移到国产平台。银河麒麟 V10 作为国内安全等级最高的操作系统之一，是首款实现具有内生安全体系的操作系统，有能力成为承载国家基础软件的安全基石。

银河麒麟 V10 的推出，让人们看到了国产操作系统与日俱增的技术实力和不断攀登科技高峰的坚实脚步。

核心技术从不是别人给予的，必须依靠自主创新。从 2019 年 8 月华为发布自主研发的操作系统鸿蒙，到 2020 年银河麒麟 V10 面世，我国操作系统正加速走向独立创新的发展新阶段。当前，银河麒麟操作系统在海关、交通、统计、农业等很多部门得到规模化应用，采用这一操作系统的机构和企业已经超过 1 万家。这一数字证明，银河麒麟操作系统已经获得了市场一定程度的认可。只有坚持开放兼容，让操作系统与更多产品适配，才能推动产品性能更新迭代，让用户拥有更好的使用体验。

操作系统的自主发展是一项重大而紧迫的课题。实现核心技术的突破，需要多方齐心合力、协同攻关，为创新创造营造更好的发展环境。只有瞄准核心科技埋头攻关、不断释放政策"红利"，助力我国软件产业从价值链中低端向高端迈进，才能为高质量发展和国家信息产业安全插上腾飞"翅膀"。

11.5 习题

一、填空题

1. VPN 是_____的简称，中文是_____。
2. 一般来说，VPN 有以下两种应用场合：_____、_____。
3. VPN 使用的两种隧道协议分别是_____和_____。
4. 在 Windows Server 网络操作系统的命令提示符窗口中，可以使用_____命令查看本机的路由表信息。
5. 每个网络策略中都有以下 4 种类别的属性:_____、_____、_____、_____。

二、简答题

1. 什么是专用地址和公用地址？
2. 简述 VPN 的连接过程。
3. 简述 VPN 的构成。

11.6 项目实训 配置与管理 VPN 服务器

一、项目实训目的

- 掌握远程访问服务的实现方法。
- 掌握 VPN 的实现方法。

二、项目实训环境

本项目实训根据图 11-1 所示的拓扑来部署 VPN 服务器。

三、项目实训要求

根据图 11-1，完成如下任务。

① 部署 VPN 服务器的需求和环境。

② 为 VPN 服务器添加第二块网卡。

③ 安装远程访问服务角色。

④ 配置并启用 VPN 服务。

⑤ 停止和启动 VPN 服务。

⑥ 配置域用户账户允许 VPN 连接。

⑦ 在 VPN 客户端建立并测试 VPN 连接。

⑧ 验证 VPN 连接。

⑨ 通过网络策略控制访问 VPN。

四、做一做

独立完成项目实训，检查学习效果。

项目12
配置与管理NAT服务器

Windows Server 2016 的 NAT 让位于内部网络的多台计算机只需要共享一个公用地址，就可以同时连接 Internet、浏览网页与收发电子邮件等。

学习要点

- 理解 NAT 的基本概念和基本原理。
- 理解 NAT 的工作过程。
- 掌握配置并测试 NAT 服务器的方法。

- 掌握外部网络计算机访问内部网络Web服务器的方法。
- 理解 DHCP 分配器与 DHCP 中继代理的相关知识。

素质要点

- 国产数据库系统的前途光明。工业互联网、车联网、物联网等大规模产业和企业互联网，都为数据库创新提供了前所未有的机遇。

- 青年正处于学习的黄金时期，应该把学习作为首要任务，作为一种责任、一种精神追求、一种生活方式，树立梦想从学习开始、事业靠本领成就的观念，让勤奋学习成为青春远航的动力，让增长本领成为青春搏击的能量。

12.1 项目基础知识

12.1.1 NAT 概述

NAT 位于使用专用地址的 Intranet 和使用公用地址的 Internet 之间。从 Intranet 传出的数据包由 NAT 将它们的专用地址转换为公用地址，从 Internet 传入的数据包由 NAT 将它们的公用地址转换为专用地址。这样在内部网络中，计算机使用未注册的专用地址，而在与外部网络通信时使用注册的公用地址，大大降低了连接成本。同时 NAT 也起到将内部网络隐藏起来，保护内部网络的作用，因为对于外部用户来说，只有使用公用地址的 NAT 是可见的。

微课 12-1 NAT 服务器

12.1.2　认识 NAT 的工作过程

NAT 的工作过程主要有以下 4 个步骤，如图 12-1 所示。

① 客户机将数据包发给运行 NAT 的计算机。

② NAT 将数据包中的端口号和专用地址换成它自己的端口号和公用地址，然后将数据包发给外部网络的目的主机，同时记录一个跟踪信息在映射表中，以便向客户机发送应答信息。

③ 外部网络发送应答信息给 NAT。

④ NAT 将收到的数据包的端口号和公用地址转换为客户机的端口号和内部网络使用的专用地址并转发给客户机。

以上步骤对于内部网络的主机和外部网络的主机都是透明的，对于它们来讲就如同直接通信。运行 NAT 的计算机有两块网卡、两个 IP 地址。IP 地址 1 为 192.168.0.1，IP 地址 2 为 202.162.4.1。

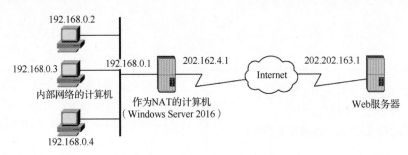

图 12-1　NAT 的工作过程

下面举例来说明。

① IP 地址为 192.168.0.2 的用户计算机使用 Web 浏览器连接到 IP 地址为 202.202.163.1 的 Web 服务器，则用户计算机将创建带有下列信息的 IP 数据包。

- 目的 IP 地址：202.202.163.1。
- 源 IP 地址：192.168.0.2。
- 目的端口：TCP 端口 80。
- 源端口：TCP 端口 1350。

② IP 数据包转发到作为 NAT 的计算机上，它将要传出的 IP 数据包的地址转换成下面的形式，用自己的 IP 地址新打包后转发。

- 目的 IP 地址：202.202.163.1。
- 源 IP 地址：202.162.4.1。
- 目的端口：TCP 端口 80。
- 源端口：TCP 端口 2500。

③ NAT 在表中保留了 {192.168.0.2,TCP 1350} 到 {202.162.4.1,TCP 2500} 的映射，以便回传。

④ 转发的 IP 数据包是通过 Internet 发送的。Web 服务器响应通过 NAT 发回和接收。当接收时，IP 数据包包含下面的公用地址信息。

- 目的 IP 地址：202.162.4.1。
- 源 IP 地址：202.202.163.1。
- 目的端口：TCP 端口 2500。
- 源端口：TCP 端口 80。

⑤ NAT 检查转换表，将公用地址映射到专用地址，并将 IP 数据包转发给 IP 地址为 192.168.0.2 的计算机。转发的 IP 数据包包含以下地址信息。

- 目的 IP 地址：192.168.0.2。
- 源 IP 地址：202.202.163.1。
- 目的端口：TCP 端口 1350。
- 源端口：TCP 端口 80。

说明 对于 NAT 的传出数据包，源 IP 地址（专用地址）被映射到 ISP 分配的 IP 地址（公用地址），并且 TCP/IP 端口号也会被映射到不同的 TCP/IP 端口号。对于 NAT 的传入数据包，目的 IP 地址（公用地址）被映射到源 Internet 地址（专用地址），并且 TCP/UDP 端口号被映射回源 TCP/UDP 端口号。

12.2 项目设计与准备

在架设 NAT 服务器之前，读者需要了解本项目的部署需求和环境。

1. 部署需求

在部署 NAT 服务前需满足以下要求。

- 设置 NAT 服务器的 TCP/IP 属性，手动指定 IP 地址、子网掩码、默认网关和 DNS 服务器的 IP 地址等。
- 部署域环境，域名为 long.com。

2. 部署环境

本项目所有实例都被部署在图 12-2 所示的拓扑下，其中，DNS1、DNS 2、DNS 3、Client 是 VMware 的虚拟机。

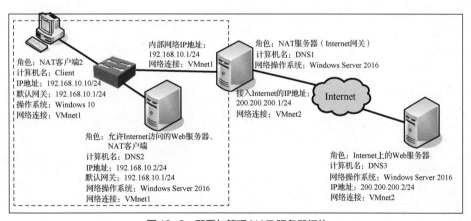

图 12-2　配置与管理 NAT 服务器拓扑

NAT 服务器主机名为 DNS1，该服务器连接内部网络网卡的 IP 地址为 192.168.10.1/24，连接外部网络网卡的 IP 地址为 200.200.200.1/24；NAT 客户端主机名为 DNS2，它同时也是内部 Web 服务器，其 IP 地址为 192.168.10.2/24，默认网关为 192.168.10.1；Internet 上的 Web 服务器主机名为 DNS3，其 IP 地址为 200.200.200.2/24。对于 NAT 客户端 2 即计算机 Client，本次实训可以不进行配置。

12.3　项目实施

任务 12-1　安装并配置路由和远程访问服务器

微课 12-2　安装
并配置路由和
远程访问服务器

1. 安装路由和远程访问服务角色

STEP 1　按照图 12-2 所示的拓扑配置各计算机的 IP 地址等参数。

STEP 2　在计算机 DNS1 上通过"服务器管理器"窗口安装路由和远程访问服务角色，具体步骤参见任务 11-1。注意安装的角色名称是"远程访问"。

2. 配置并启用 NAT 服务

在计算机 DNS1 上通过"路由和远程访问"窗口配置并启用 NAT 服务，具体步骤如下。

（1）禁用路由和远程访问。

使用管理员账户登录需要添加 NAT 服务的计算机 DNS1，打开"服务器管理器"窗口，选择"工具"→"路由和远程访问"命令，打开"路由和远程访问"窗口。用鼠标右键单击服务器 DNS1，在弹出的快捷菜单中选择"禁用路由和远程访问"命令（清除 VPN 实训的影响）。

（2）选择网络地址转换。

用鼠标右键单击服务器 DNS1，在弹出的快捷菜单中选择"配置并启用路由和远程访问"命令，打开"路由和远程访问服务器安装向导"对话框，单击"下一步"按钮，出现"配置"界面，在该界面中可以配置 NAT、VPN 以及路由服务，在此选中"网络地址转换(NAT)"单选按钮，如图 12-3 所示。

（3）选择连接到 Internet 的网络接口。

单击"下一步"按钮，出现"NAT Internet 连接"界面，在该界面中指定连接到 Internet 的网络接口，即 NAT 服务器连接到外部网络的网卡，选中"使用此公共接口连接到 Internet"单选按钮，并选择接口"Ethernet1"，如图 12-4 所示。

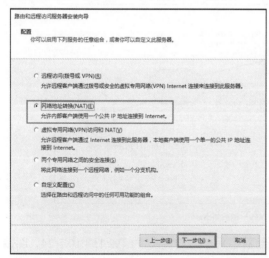

图 12-3　选中"网络地址转换(NAT)"单选按钮

图 12-4　选择连接到 Internet 的网络接口

（4）结束 NAT 配置。

单击"下一步"按钮，出现"正在完成路由和远程访问服务器安装向导"界面，最后单击"完成"按钮即可完成 NAT 服务的配置和启用。

3. 停止 NAT 服务

可以使用"路由和远程访问"窗口停止 NAT 服务，具体步骤如下。

STEP 1 使用管理员账户登录 NAT 服务器，打开"路由和远程访问"窗口，NAT 服务启用后，NAT 服务器图标中显示绿色向上标识箭头。

STEP 2 用鼠标右键单击 NAT 服务器，在弹出的快捷菜单中选择"所有任务"→"停止"命令，停止 NAT 服务。

STEP 3 NAT 服务停止以后，NAT 服务器图标中显示红色向下标识箭头，表示 NAT 服务已停止。

4. 禁用 NAT 服务

要禁用 NAT 服务，可以使用"路由和远程访问"窗口实现，具体步骤如下。

STEP 1 使用管理员账户登录 NAT 服务器，打开"路由和远程访问"窗口，用鼠标右键单击服务器，在弹出的快捷菜单中选择"禁用路由和远程访问"命令。

STEP 2 弹出"禁用 NAT 服务警告信息"界面。其中的信息表示禁用路由和远程访问服务后，如要重新启用路由器，需要重新配置。

STEP 3 禁用路由和远程访问服务后的窗口中，NAT 服务器图标中显示红色向下标识箭头。

任务 12-2　配置 NAT 客户端计算机和测试连通性

配置 NAT 客户端计算机，并测试内部网络和外部网络计算机之间的连通性，步骤如下。

1. 设置 NAT 客户端计算机的默认网关

以管理员账户登录 NAT 客户端计算机 DNS2，打开"Internet 协议版本 4(TCP/IPv4)属性"对话框。设置"默认网关"为 NAT 服务器的 LAN 网卡的 IP 地址，在此文本框中输入"192.168.10.1"，如图 12-5 所示。最后单击"确定"按钮即可。

微课 12-3　NAT 客户端计算机配置和测试

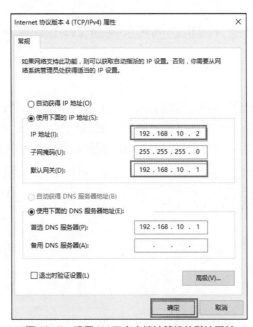

图 12-5　设置 NAT 客户端计算机的默认网关

2. 测试内部网络 NAT 客户端计算机与外部网络计算机的连通性

在 NAT 客户端计算机 DNS2 上打开命令提示符窗口，测试它与 Internet 上的 Web 服务器（DNS3）的连通性，执行命令"ping 200.200.200.2"，如图 12-6 所示，结果显示能连通。

3. 测试外部网络计算机与 NAT 服务器、内部网络 NAT 客户端计算机的连通性

使用本地管理员账户登录外部网络计算机 DNS3，打开命令提示符窗口，依次执行命令"ping 200.200.200.1""ping 192.168.10.1""ping 192.168.10.2"测试外部网络计算机 DNS3 与 NAT 服务器外部网络网卡和内部网络网卡以及内部网络 NAT 客户端计算机的连通性，如图 12-7 所示，结果显示除了 NAT 服务器外部网络网卡外，均不能连通。

图 12-6 测试内部网络 NAT 客户端计算机与外部网络计算机的连通性

图 12-7 测试外部网络计算机与 NAT 服务器、内部网络 NAT 客户端计算机的连通性

任务 12-3 外部网络计算机访问内部网络 Web 服务器

微课 12-4 外部网络计算机访问内部网络 Web 服务器

要让外部网络计算机 DNS3 能够访问内部网络 Web 服务器 DNS2，具体步骤如下。

1. 在内部网络计算机 DNS2 上安装 Web 服务器

如何在 DNS2 上安装 Web 服务器，请参考"项目 9 配置与管理 Web 服务器"。

2. 将内部网络计算机 DNS2 配置成 NAT 客户端

使用管理员账户登录 NAT 客户端计算机 DNS2，打开"Internet 协议版本4(TCP/IPv4)属性"对话框。设置"默认网关"为 NAT 服务器的内部网络网卡的 IP 地址，在此文本框中输入"192.168.10.1"。最后单击"确定"按钮即可。

特别注意 使用端口映射等功能时，内部网络计算机一定要配置成 NAT 客户端。

3. 设置端口地址转换

STEP 1 使用管理员账户登录 NAT 服务器，打开"路由和远程访问"窗口，依次展开服务

器 "DNS1" 和 "IPv4" 选项，选择 "NAT" 选项，在窗口右侧，用鼠标右键单击 NAT 服务器的外部网络网卡 "Ethernet1"，在弹出的快捷菜单中选择 "属性" 命令，如图 12-8 所示，打开 "Ethernet1 属性" 对话框。

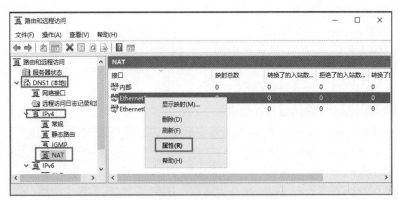

图 12-8　选择 "属性" 命令

STEP 2　在打开的 "Ethernet1 属性" 对话框中单击图 12-9 所示的 "服务和端口" 选项卡，在此可以设置将 Internet 用户重定向到内部网络上的服务。

STEP 3　勾选 "服务" 列表框中的 "Web 服务器(HTTP)" 复选框，打开 "编辑服务" 对话框，如图 12-10 所示，在 "专用地址" 文本框中输入安装 Web 服务器的内部网络计算机的 IP 地址，在此文本框中输入 "192.168.10.2"，最后单击 "确定" 按钮即可。

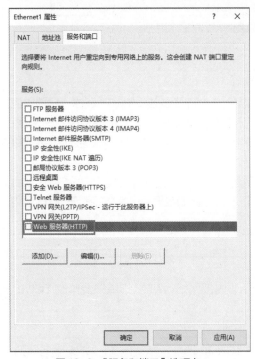

图 12-9　"服务和端口" 选项卡

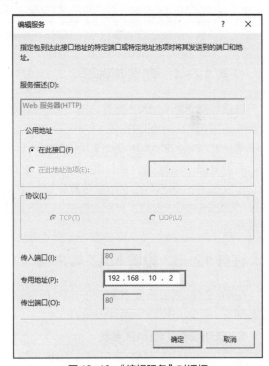

图 12-10　"编辑服务" 对话框

STEP 4　返回 "服务和端口" 选项卡，可以看到已经勾选了 "Web 服务器（HTTP）" 复选框，然后单击 "应用" → "确定" 按钮即可完成端口地址转换的设置。

4. 从外部网络访问内部网络 Web 服务器

STEP 1 使用管理员账户登录外部网络计算机 DNS3。

STEP 2 打开 IE 浏览器，在其地址栏中输入 http://200.200.200.1 并按 Enter 键，会打开内部
网络计算机 DNS2 上的 Web 站点。请读者试一试。

> **注意** "200.200.200.1" 是 NAT 服务器外部网络网卡的 IP 地址。

5. 在 NAT 服务器上查看地址转换信息

STEP 1 使用管理员账户登录 NAT 服务器 DNS1，打开"路由和远程访问"窗口，依次展开
服务器"DNS1"和"IPv4"选项，选择"NAT"选项，在窗口右侧会显示 NAT 服务器正在使用的
连接内部网络的网络接口。

STEP 2 用鼠标右键单击"Ethernet1"选项，在弹出的快捷菜单中选择"显示映射"命令，
打开图 12-11 所示的"DNS1-网络地址转换会话映射表格"对话框。其中显示 IP 地址为 200.200.200.2 的
外部网络计算机访问 IP 地址为 192.168.10.2 的内部网络计算机的 Web 服务，NAT 服务器将 NAT 服务
器外部网络网卡的 IP 地址 200.200.200.1 转换成内部网络计算机的 IP 地址 192.168.10.2。

协议	方向	专用地址	专用端口	公用地址	公用端口	远程地址	远程端口	空闲时间
TCP	入站	192.168.10.2	80	200.200.200.1	80	200.200.200.2	61,311	43

图 12-11 "DNS1-网络地址转换会话映射表格"对话框

任务 12-4 配置筛选器

数据包筛选器用于 IP 数据包的过滤。数据包筛选器分为入站筛选器和出站筛选器，分别对应接
收到的数据包和发出的数据包。对于某一个接口而言，入站数据包指的是从此接口接收到的数据包，
而不考虑此数据包的源 IP 地址和目的 IP 地址的具体情况；出站数据包指的是从此接口发出的数据
包，而不考虑此数据包的源 IP 地址和目的 IP 地址的具体情况。

可以在入站筛选器和出站筛选器中定义 NAT 服务器只允许筛选器中所定义的 IP 数据包或者允
许除了筛选器中定义的 IP 数据包外的所有数据包。对于没有允许的数据包，NAT 服务器默认会将此
数据包丢弃。

任务 12-5 设置 NAT 客户端

前面已经实践过设置 NAT 客户端，在这里总结一下。内部网络 NAT 客户端只要修改 TCP/IP 的
设置即可。可以选择以下两种设置方式。

1. 自动获得 TCP/IP 参数

客户端会自动向 NAT 服务器或 DHCP 服务器请求获取 IP 地址、默认网关、DNS 服务器的 IP
地址等参数。

2. 手动设置 TCP/IP 参数

手动设置 IP 地址要求客户端的 IP 地址必须与 NAT 服务器内部网络网卡的 IP 地址在相同的网

段内，也就是网络 ID 必须相同。默认网关必须设置为 NAT 服务器内部网络网卡的 IP 地址，本例中为 192.168.10.1。首选 DNS 服务器 IP 地址可以设置为 NAT 服务器内部网络网卡的 IP 地址，或任何一台合法的 DNS 服务器的 IP 地址。

设置完成后，客户端的用户只要上网、收发电子邮件、连接 FTP 服务器等，NAT 就会自动通过以太网点到点协议（Point-to-Point Protocol over Ethernet，PPPoE）请求拨号来连接 Internet。

任务 12-6　配置 DHCP 分配器与 DNS 代理

NAT 服务器还具备以下两个功能。

- DHCP 分配器（DHCP Allocator）：用来分配 IP 地址给内部网络客户端计算机。
- DNS 代理（DNS Proxy）：可以替内部网络内的计算机查询 IP 地址。

1. 配置 DHCP 分配器

DHCP 分配器扮演着类似 DHCP 服务器的角色，用来给内部网络的客户端分配 IP 地址。若要修改 DHCP 分配器的设置，展开"IPv4"选项，选择"NAT"选项，单击上方的属性图标，在弹出的"NAT 属性"对话框中单击"地址分配"选项卡，如图 12-12 所示。

> **注意**　在配置 NAT 服务器时，若系统检测到内部网络上有 DHCP 服务器，就不会自动启动 DHCP 分配器。

图 12-12 所示的 DHCP 分配器分配给客户端的 IP 地址为 192.168.10.0，这个默认值是根据 NAT 服务器内部网络网卡的 IP 地址（192.168.10.1）产生的。可以修改此默认值，不过该值必须与 NAT 服务器内部网络网卡的 IP 地址一致，也就是网络 ID 须相同。

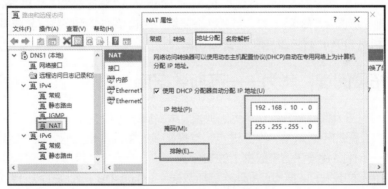

图 12-12　单击"地址分配"选项卡

若内部网络内某些计算机的 IP 地址是手动设置的，且这些 IP 地址位于上述 IP 地址范围内，则可通过对话框中的"排除"按钮来将这些 IP 地址排除，以免这些 IP 地址被发放给其他客户端计算机。

若内部网络包含多个子网或 NAT 服务器拥有多个专用网络接口，由于 NAT 服务器的 DHCP 分配器只能够分配一个网段的 IP 地址，因此其他网络内的计算机的 IP 地址须手动设置或通过其他 DHCP 服务器来分配。

2. 配置 DNS 代理

当内部网络计算机需要查询主机的 IP 地址时，它们可以将查询请求发送到 NAT 服务器，然后由 NAT 服务器的 DNS 代理来替它们查询 IP 地址。可以通过图 12-13 所示的"名称解析"选项卡来启动或修改 DNS 代理的设置，勾选"使用域名系统(DNS)的客户端"复选框，启用 DNS 代理的功能，以后只要客户端要查询主机（这些主机可能位于 Internet 或内部网络）的 IP 地址，NAT 服务器就可以代替客户端来向 DNS 服务器查询。

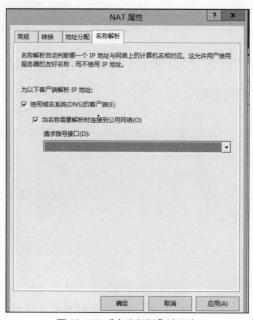

图 12-13 "名称解析"选项卡

NAT 服务器会向哪一台 DNS 服务器查询呢？它会向其 TCP/IP 配置的首选 DNS 服务器（备用 DNS 服务器）来查询。若此 DNS 服务器位于 Internet，而且 NAT 服务器是通过 PPPoE 请求拨号来连接 Internet 的，则勾选图 12-13 所示的"当名称需要解析时连接到公用网络"复选框，以便让 NAT 服务器可以自动利用 PPPoE 请求拨号来连接 Internet。

12.4 拓展阅读 华为——高斯数据库

目前国产最强的三大数据库分别是华为、阿里、中兴旗下的数据库产品。正是由于华为、阿里、中兴这些国产科技公司的不断研发、不断进步，越来越多的中国本土企业才能开始用上我们自己的数据库，从而进一步保障我国在信息数据上的安全。

华为目前最新研发出来的数据库产品叫作高斯数据库（GaussDB），相关的统计数据显示，目前华为高斯数据库的总出货量已经突破了 3 万套，在整个国产数据库产品的应用总数量位居首位。

华为从 2007 年就开始研发的高斯数据库，在经过了多年的不断发展完善之后，经历了 GaussDB 100、GaussDB 200、GaussDB 30。三代数据库产品迭代后，如今华为高斯数据库已经正式得到了招商银行、工商银行的要求验证，更达到了国内三大运营商的使用标准，为我们老百姓的通信通话提供了安全保障。

12.5 习题

一、填空题

1. NAT 是_____的简称，中文是_____。

2. NAT 位于使用专用地址的_____和使用公用地址的_____之间。从 Intranet 传出的数据包由 NAT 将它们的_____地址转换为_____地址。从 Internet 传入的数据包由 NAT 将它们的_____地址转换为_____地址。

3. NAT 起到将_____网络隐藏起来，保护_____网络的作用，因为对于外部网络用户来说，只有使用_____地址的 NAT 是可见的。

4. NAT 让位于内部网络的多台计算机只需要共享一个_____地址，就可以同时连接 Internet、浏览网页与收发电子邮件等。

二、简答题

1. NAT 的功能是什么？
2. 简述地址转换的原理，即 NAT 的工作过程。
3. 下列不同技术有何异同？
① NAT 与路由；② NAT 与代理服务器；③ NAT 与 Internet 共享。

12.6 项目实训 配置与管理 NAT 服务器

一、项目实训目的
- 掌握使内部网部的计算机连接到 Internet 的方法。
- 掌握使用 NAT 实现网络互连的方法。
- 掌握远程访问服务的实现方法。

二、项目实训环境
本项目实训根据图 12-2 所示的拓扑来部署 NAT 服务器。

三、项目实训要求
根据图 12-2 完成如下任务。
① 了解架设 NAT 服务器的部署需求和部署环境。
② 安装路由和远程访问服务角色。
③ 配置并启用 NAT 服务。
④ 停止 NAT 服务。
⑤ 禁用 NAT 服务。
⑥ 配置 NAT 客户端计算机并测试连通性。
⑦ 使用外部网络计算机访问内部网络 Web 服务器。
⑧ 配置筛选器。
⑨ 设置 NAT 客户端。
⑩ 配置 DHCP 分配器与 DNS 代理。

四、做一做
独立完成项目实训，检查学习效果。

项目13
配置与管理证书服务器

13

对于大型的计算机网络，数据的安全和管理的自动化历来都是人们追求的目标。特别是随着 Internet 的迅猛发展，在 Internet 上处理事务、交流信息和进行交易等越来越频繁，越来越多的重要数据在网上传输，网络安全问题也更应该被重视。尤其是在电子商务活动中，必须保证交易双方能够互相确认身份，安全地传输敏感信息，同时还要防止信息被人截获、篡改，或者假冒对方进行交易等。因此，如何保证重要数据不受到恶意的破坏，成为网络管理最关键的问题之一。而部署公钥基础设施（Public Key Infrastructure，PKI），利用 PKI 提供的密钥体系来实现数字证书签发、身份认证、数据加密和数字签名等功能，可以确保收发电子邮件、电子商务交易、文件传送等各类数据传输的安全。

学习要点

- 理解 PKI 的基本知识。
- 掌握配置与管理证书服务的方法。
- 理解 SSL 网站证书实例。

素质要点

- 大学生要树立正确的世界观、人生观、价值观。
- "博学之，审问之，慎思之，明辨之，笃行之。"青年学生要讲究学习方法，珍惜现在的时光，做到不负韶华。

13.1 项目基础知识

13.1.1 PKI 概述

用户通过网络将数据发送给接收者时，可以利用 PKI 提供的以下 3 种功能来确保数据传输的安全。
- 将传输的数据加密（Encryption）。
- 接收者的计算机会验证收到的数据是否是由发件人本人发送来的，即认证（Authentication）。
- 接收者的计算机还会确认数据的完整性（Integrity），也就是检查数据在传输过程中是否被篡改。

PKI 根据公钥密码（Public Key Cryptography）来提供上述功能，而用户需要拥有以下的一组密钥来支持这些功能。

- 公钥：某用户的公钥（Public Key）可以公开给其他用户。
- 私钥：某用户的私钥（Private Key）是该用户私有的，且存储在该用户的计算机内，只有该用户能够访问。

用户需要通过向认证机构（Certification Authority，CA）申请证书（Certificate）的方法来拥有与使用这一组密钥。

1. 公钥加密法

数据被加密后，必须经过解密才能读取。PKI 使用公钥加密（Public Key Encryption）法来对数据进行加密与解密。发件人利用收件人的公钥将数据加密，而收件人利用自己的私钥将数据解密。例如，图 13-1 所示为用户 Bob 发送一封经过加密的电子邮件给用户 Alice 的流程。

图 13-1　发送一封经过加密的电子邮件的流程

在图 13-1 中，Bob 必须先取得 Alice 的公钥，才可以将电子邮件加密，而因为 Alice 的私钥只存储在她的计算机内，故只有她的计算机可以将此电子邮件解密，因此她可以正常读取此电子邮件。其他用户即使拦截这封电子邮件，也无法读取电子邮件的内容，因为他们没有 Alice 的私钥，无法将其解密。

> **注意**　公钥加密法使用公钥来加密，使用私钥来解密，此方法又称为非对称式（Asymmetric）加密法。另一种加密法是密钥加密（Secret Key Encryption），又称为对称式（Symmetric）加密法，其加密、解密都使用同一个密钥。

2. 公钥验证

发件人可以利用公钥验证（Public Key Authentication）来将待发送的数据进行数字签名（Digital Signature），而收件人的计算机在收到数据后，便能够通过此数字签名来验证数据是否确实是由发件人本人发出的，同时还会检查数据在传输过程中是否被篡改。

发件人是利用自己的私钥对数据进行签名的，而收件人的计算机会利用发件人的公钥来验证数据。例如，图 13-2 所示为用户 Bob 发送一封经过数字签名的电子邮件给用户 Alice 的流程。

图 13-2　发送一封经过数字签名的电子邮件的流程

由于图 13-2 所示的电子邮件经过 Bob 的私钥进行数字签名，而公钥与私钥是一对的，因此收件人 Alice 必须在取得发件人 Bob 的公钥后，才可以验证这封电子邮件是否是由 Bob 本人发送过来的，并检查这封电子邮件是否被篡改。

数字签名是如何产生的，又是如何用来验证用户身份的呢？其流程步骤如下。

STEP 1 发件人的电子邮件经过消息哈希算法（Message Hash Algorithm）的运算处理后，产生一个消息摘要（Message Digest），它是一个数字指纹（Digital Fingerprint）。

STEP 2 发件人的电子邮件软件利用发件人的私钥将此消息摘要加密，使用的加密方法为公钥加密算法（Public Key Encryption Algorithm），加密后的结果被称为数字签名。

STEP 3 发件人的电子邮件软件将原电子邮件与数字签名一并发送给收件人。

STEP 4 收件人的电子邮件软件会将收到的电子邮件与数字签名分开处理。

- 电子邮件重新经过消息哈希算法的运算处理后，产生一个新的消息摘要。
- 在数字签名经过公钥加密算法的解密处理后，可得到发件人传来的原消息摘要。

STEP 5 新消息摘要与原消息摘要应该相同，否则表示这封电子邮件已被篡改或是冒用发件人身份发来的。

3. 网站安全连接

微课 13-1 SSL
网站安全连接

安全套接字层（Secure Socket Layer，SSL）是一个以 PKI 为基础的安全性通信协议，若要让网站拥有 SSL 安全连接功能，就需要为网站向 CA 申请 SSL 证书（Web 服务器证书），此证书内包含公钥、证书有效期限、发放此证书的 CA、CA 的数字签名等数据。

在网站拥有 SSL 证书之后，浏览器与网站之间就可以通过 SSL 安全连接来通信，也就是将统一资源定位符（Uniform Resource Locator，URL）中的 http 改为 https，例如，网站为 www.long.com，则浏览器是利用 https://www.long.com 来连接网站的。

以图 13-3 为例来说明浏览器与网站之间如何建立 SSL 安全连接。建立 SSL 安全连接时，会建立一个双方都同意的会话密钥（Session Key），并利用此密钥来将双方所传送的数据加密、解密并确认数据是否被篡改。

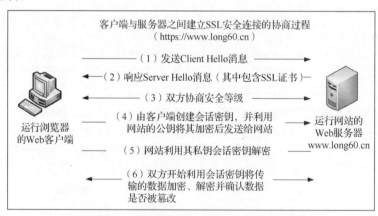

图 13-3 浏览器与网站之间建立 SSL 安全连接

STEP 1 客户端浏览器利用 https://www.long.com 来连接网站时，客户端发出 Client Hello 信息给 Web 服务器。

STEP 2 Web 服务器响应 Server Hello 信息给客户端，此信息内包含网站的 SSL 证书信息（内含公钥）。

STEP 3 客户端浏览器与网站开始协商 SSL 安全连接的安全等级,例如,选择 40 或 128 位加密密钥。密钥位数越多,越难破解,数据越安全,但网站性能就越差。

STEP 4 客户端根据双方同意的安全等级来创建会话密钥,利用网站的公钥将会话密钥加密,将加密后的会话密钥发送给网站。

STEP 5 网站利用它自己的私钥来将会话密钥解密。

STEP 6 客户端与网站之间传送的所有数据都会利用这个会话密钥进行加密与解密,并确认数据是否被篡改。

13.1.2 CA 概述

无论是电子邮件保护还是 SSL 安全连接,都需要申请证书后才可以使用公钥与私钥来执行数据加密与身份验证的操作。证书就好像机动车驾驶证一样,必须拥有机动车驾驶证(证书)才能开车(使用密钥)。而负责发放证书的机构被称为 CA。

用户或网站的公钥与私钥是如何产生的呢?在申请证书时,需要输入姓名、IP 地址与电子邮件地址等数据,这些数据会被发送给一个称为加密服务提供者(Cryptographic Service Provider,CSP)的程序,此程序已经被安装在申请者的计算机内或此计算机可以访问的设备内。

CSP 会自动创建一对密钥:一个公钥与一个私钥。CSP 会将私钥存储到申请者的计算机的注册表中,然后将证书申请数据与公钥一并发送给 CA。CA 检查这些数据无误后,会利用 CA 自己的私钥对要发放的证书进行数字签名,然后发放证书。申请者收到证书后,将证书安装到其计算机内。

证书内包含证书的颁发对象(用户或计算机)、证书有效期限、颁发此证书的 CA 与 CA 的数字签名(类似于机动车驾驶证上的盖章),还有申请者的姓名、IP 地址、电子邮件地址、公钥等数据。

> **注意** 用户计算机若已安装读卡设备,就可以利用智能卡来登录,不过也需要通过类似的程序来申请证书,CSP 会将私钥存储到智能卡内。

1. CA 的信任

在 PKI 架构中,当用户利用某 CA 发放的证书来发送一封经过数字签名的电子邮件时,收件人的计算机应该要信任(Trust)由此 CA 发放的证书,否则收件人的计算机会将此电子邮件视为有问题的邮件。

例如,客户端利用浏览器连接 SSL 网站时,客户端计算机必须信任发放 SSL 证书给此网站的 CA,否则客户端浏览器会显示警告信息。

系统默认已经信任一些知名商业 CA,而 Windows 10 操作系统的计算机可通过打开桌面版浏览器软件,按 Alt 键,选择"工具"菜单,选择"Internet"选项,在"内容"选项卡中单击"证书"按钮,在"证书"对话框的"受信任的根证书颁发机构"选项卡中查看其已经信任的 CA,如图 13-4 所示。

图 13-4 已经信任的 CA

用户可以向上述商业 CA 申请证书,如 VeriSign。但若公司只是希望在各分公司、企业合作伙伴、供货商与客户之间能够安全地通过 Internet 传送数据，则不需要向上述商业 CA 申请证书，因为可以利用 Windows Server 2016 的 Active Directory 证书服务（Active Directory Certificate Service，AD CS）来自行配置 CA，然后利用此 CA 将证书发放给员工、客户与供货商等，并让他们的计算机信任此 CA。

2. AD CS 的 CA 类型

若使用 Windows Server 2016 的 AD CS 来提供 CA 服务，则可以选择将此 CA 设置为以下类型之一。

- 企业根 CA（Enterprise Root CA）。它需要 Active Directory 域，可以将企业根 CA 安装到域控制器或成员服务器。它发放证书的对象仅限于域用户，当其域用户申请证书时，企业根 CA 会从 Active Directory 中得知该用户的账户信息并据此决定该用户是否有权利申请所需证书。企业根 CA 主要用于发放证书给企业从属 CA，虽然企业根 CA 还可以发放保护电子邮件安全、网站 SSL 安全连接等证书，但应该将发放这些证书的工作交给企业从属 CA 来完成。

- 企业从属 CA（Enterprise Subordinate CA）。企业从属 CA 也需要 Active Directory 域，适合用来发放保护电子邮件安全、网站 SSL 安全连接等证书。企业从属 CA 只有从其父 CA（如企业根 CA）取得证书之后，才会正常工作。企业从属 CA 也可以发放证书给其下一层的企业从属 CA。

- 独立根 CA（Standalone Root CA）。独立根 CA 类似于企业根 CA，但不需要 Active Directory 域，扮演独立根 CA 角色的计算机可以是独立服务器、成员服务器或域控制器。无论是否为域用户，都可以向独立根 CA 申请证书。

- 独立从属 CA（Standalone Subordinate CA）。独立从属 CA 类似于企业从属 CA，但不需要 Active Directory 域，扮演独立从属 CA 角色的计算机可以是独立服务器、成员服务器或域控制器。无论是否为域用户，都可以向独立从属 CA 申请证书。

13.2 项目设计与准备

1. 项目设计

本项目要实现网站的 SSL 安全连接访问，其拓扑如图 13-5 所示。

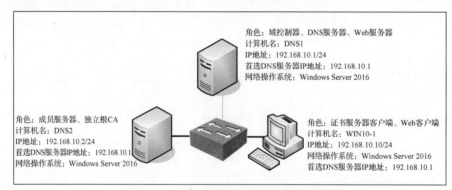

图 13-5 实现网站的 SSL 安全连接访问拓扑

在部署 CA 服务前需满足以下要求。

- DNS1：域控制器、DNS 服务器、Web 服务器，也可以部署企业 CA，IP 地址为 192.168.10.1/24，首选 DNS 服务器的 IP 地址为 192.168.10.1。

- DNS2：成员服务器（独立服务器也可以），部署独立根 CA，IP 地址为 192.168.10.2/24，首选 DNS 服务器的 IP 地址为 192.168.10.1。
- WIN10-1：客户端（使用 Windows 10 操作系统），IP 地址为 192.168.10.10/24，首选 DNS 服务器的 IP 地址为 192.168.10.1，Windows 10 计算机 WIN10-1 信任独立根 CA。

DNS1、DNS2、WIN10-1 可以是 VMware 的虚拟机，其网络连接模式皆为"VMnet1"。

2. 项目准备

只有为网站申请了 SSL 证书，网站才会具备建立 SSL 安全连接的能力。若网站要向 Internet 用户提供服务，需向商业 CA 申请证书，如 VeriSign；若网站只是向内部员工、企业合作伙伴等提供服务，则可自行利用 AD CS 来配置 CA，并向此 CA 申请证书。我们将利用 AD CS 来配置 CA，并通过以下步骤演示 SSL 网站的配置过程。

① 在 DNS2 上安装独立根 CA：DNS2-CA。可以在 DNS1 上安装企业 CA：long-DNS1-CA。

② 在 Web 客户端计算机上创建证书申请文件。

③ 利用浏览器将证书申请文件发送给 CA，然后下载证书文件。

- 企业 CA：由于企业 CA 会自动发放证书，因此在将证书申请文件发送给 CA 后，就可以直接下载证书文件。
- 独立根 CA：独立根 CA 默认不会自动发放证书，因此必须等 CA 管理员手动发放证书后，再利用浏览器来连接 CA 并下载证书文件。

④ 将 SSL 证书安装到 IIS 计算机，并将其绑定到网站后，该网站便拥有建立 SSL 安全连接的能力。

⑤ 测试客户端浏览器与网站之间 SSL 的安全连接功能是否正常。

参照图 13-5 来实现网站的 SSL 安全连接。

- 启用 SSL 的网站为计算机 DNS1 的 SSL 测试网站，其网址为 www.long.com，请先在此计算机上安装好 IIS 角色（提前做好）。
- DNS1 同时扮演 DNS 服务器角色，请安装好 DNS 服务器，并在其内建立正向查找区域 long.com。在该区域下建立别名记录 www 和 www2，分别对应的 IP 地址为 192.168.10.1 和 192.168.10.2。
- 独立根 CA 安装在 DNS2 上，其名称为 DNS2-CA。
- 需要在 WIN10-1 计算机上利用浏览器来连接 SSL 网站。（CA2 DNS2）与 WIN10-1 计算机需指定首选 DNS 服务器的 IP 地址为 192.168.10.1。

13.3 项目实施

任务 13-1 安装证书服务器并架设独立根 CA

在 DNS2 上安装证书服务器并架设独立根 CA。

1. 安装证书服务器

STEP 1 利用 Administrators 组成员的身份登录图 13-5 所示的 DNS2，安装 CA2。（若要安装企业根 CA，请利用 Enterprise Admins 组成员的身份登录 DNS1，安装 CA。）

微课 13-2 安装证书服务器并架设独立根 CA

STEP 2 打开"服务器管理器"窗口，单击"仪表板"处的"添加角色和功能"按钮，持续单击"下一步"按钮，直到出现图 13-6 所示的"选择服务器角色"界面时勾选"Active Directory 证书服务"复选框，随后在弹出的对话框中单击"添加功能"按钮。（如果没安装 Web 服务器，在此一并安装。）

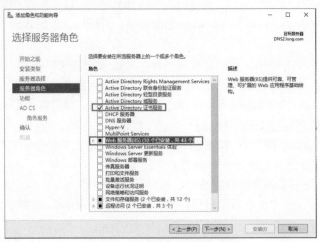

图 13-6 "选择服务器角色"界面

STEP 3 持续单击"下一步"按钮，直到出现图 13-7 所示的界面，请确保勾选"证书颁发机构"和"证书颁发机构 Web 注册"复选框，单击"安装"按钮，顺便安装 IIS 网站，以便让用户可以利用浏览器来申请证书。

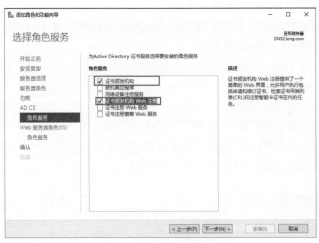

图 13-7 "选择角色服务"界面

STEP 4 持续单击"下一步"按钮，直到出现确认安装所选内容界面时，单击"安装"按钮。
STEP 5 安装完成后，单击"关闭"按钮，重新启动计算机。

2. 架设独立根 CA

STEP 1 打开"服务器管理器"窗口，首先单击"仪表板"处的"通知"按钮，选择"配置目标服务器上的 Active Directory 证书服务"选项，如图 13-8 所示。
STEP 2 弹出图 13-9 所示的界面，单击"下一步"按钮，开始配置 AD CS。

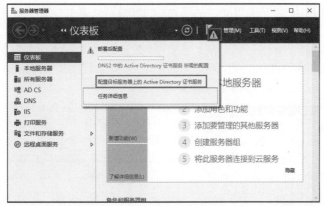

图 13-8　选择"配置目标服务器上的 Active Directory 证书服务"选项

图 13-9　"凭据"界面

STEP 3 勾选"证书颁发机构"和"证书颁发机构 Web 注册"复选框，如图 13-10 所示，单击"下一步"按钮。

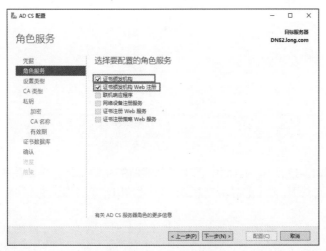

图 13-10　勾选"证书颁发机构"和"证书颁发机构 Web 注册"复选框

STEP 4 在图 13-11 所示的界面中选择 CA 的类型后，单击"下一步"按钮。

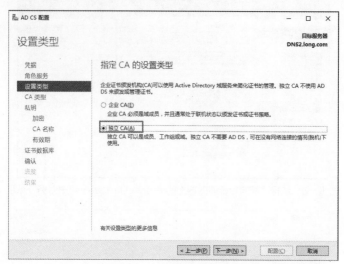

图 13-11 "设置类型"界面

注意 若计算机是独立服务器或用户不是利用 Enterprise Admins 组成员的身份登录的，就无法选中"企业 CA"单选按钮。

STEP 5 在图 13-12 所示的界面中选中"根 CA"单选按钮后，单击"下一步"按钮。

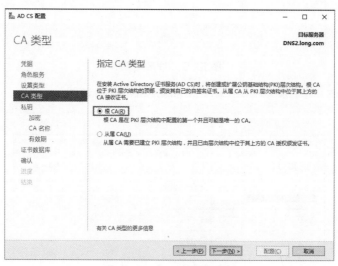

图 13-12 "CA 类型"界面

STEP 6 在图 13-13 所示的界面中选中"创建新的私钥"单选按钮后单击"下一步"按钮。创建的新私钥为 CA 的私钥，CA 必须拥有私钥后，才可以给客户端发放证书。

注意 若重新安装 CA（之前已经在这台计算机上安装过 CA），则可以使用前一次安装时创建的私钥。

STEP 7 出现"加密"界面时直接单击"下一步"按钮,采用默认的建立私钥的方法即可。

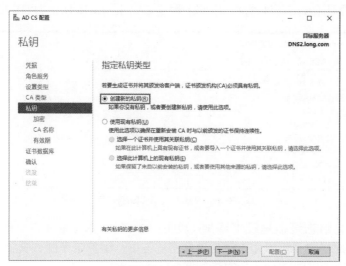

图 13-13 "私钥"界面

STEP 8 出现"CA 名称"界面时,将"此 CA 的公用名称"设置为"DNS2-CA",如图 13-14 所示。

图 13-14 指定 CA 名称

特别说明 由于 DNS2 是 long.com 的成员服务器,所以默认的 CA 的公用名称为 long-DNS2-CA,为区别于企业 CA,我们在此将"此 CA 的公用名称"改为"DNS2-CA"。

STEP 9 单击"下一步"按钮。在"有效期"界面中单击"下一步"按钮。CA 的有效期默认为 5 年。

STEP 10 在"证书数据库"界面中单击"下一步"按钮,这里采用默认值即可。

STEP 11 在"确认"界面中单击"配置"按钮,出现"结果"界面时单击"关闭"按钮。

STEP 12 安装完成后,可按 Windows 键,切换到"开始"菜单,选择"开始"→"Windows

管理工具"→"证书颁发机构"命令或在"服务器管理器"窗口中选择右上方的"工具"→"证书颁发机构"命令，打开 CA 的管理界面，以此来管理 CA。图 13-15 所示为独立根 CA 的管理界面。

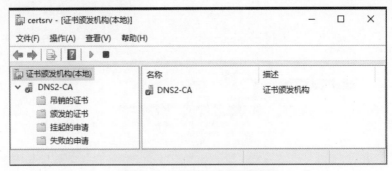

图 13-15　独立根 CA 的管理界面

若是企业 CA，则它是根据证书模板（见图 13-16）来发放证书的。例如，图 13-17 中右方的用户模板内同时提供了可以用来对文件加密的证书、保护电子邮件安全的证书与验证客户端身份的证书。（读者可以在 DNS1 上安装企业 CA：long-DNS1-CA。）

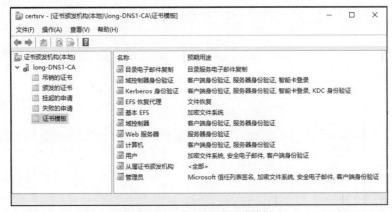

图 13-16　企业 CA 的证书模板

图 13-17　在 DNS1 上配置 DNS

任务 13-2　配置 DNS 服务器与新建测试网站

将测试网站建立在 DNS1 上。

STEP 1 在 DNS1 上配置 DNS 服务器，新建别名记录，别名记录如图 13-17 所示。DNS1（其 IP 地址为 192.168.10.1）为 www.long.com，DNS2（其 IP 地址为 192.168.10.2）为 www2.long.com。

微课 13-3　DNS 与测试网站准备

STEP 2 在 DNS1 上配置 Web 服务器，停用网站 Default Web Site，新建 SSL 测试网站，其对应的 IP 地址为 192.168.10.1，网站的主目录为 C:\Web，如图 13-18 所示。

图 13-18　新建 SSL 测试网站

STEP 3 为了测试 SSL 测试网站是否正常，在网站主目录（C:\Web）下利用记事本创建文件名为 index.htm 的首页文件，如图 13-19 所示。建议先在文件资源管理器窗口内单击"查看"选项卡，勾选"扩展名"复选框，如此，在建立文件时才不容易弄错扩展名，同时在图 13-18 所示的窗口中才能看到文件 index.htm 的扩展名为.htm。

图 13-19　在网站主目录下创建文件 index.htm

任务 13-3　让运行浏览器的计算机 WIN10-1 信任 CA

DNS1 与运行浏览器的计算机 WIN10-1 都应该信任发放 SSL 证书的 CA（DNS2），否则浏览器在利用超文本传输安全协议（Hypertext Transfer Protocol Secure，HTTPS）（SSL）连接网站时会显示警告信息。

若是企业 CA，而且网站与运行浏览器的计算机都是域成员，则它们都会自动信任此企业 CA。然而图 13-5 所示的 CA 为独立根 CA，且 WIN10-1 没有加入域，故需要在这台计算机上手动执行信任 CA 的操作。以下步骤是让图 13-5 所示的 Windows 10 计算机 WIN10-1 信任图 13-5 所示的独立根 CA。

微课 13-4　让浏览器计算机信任 CA

STEP 1 在 WIN10-1 上打开 Internet Explorer，在其地址栏中输入 URL：http://192.168.10.2/

certsrv，按 Enter 键。其中，192.168.10.2 为图 13-5 所示的独立根 CA 的 IP 地址，此处也可改为 CA 的 DNS 主机名（http://www2.long.com）或 NetBIOS 计算机名。

STEP 2 单击"下载 CA 证书、证书链或 CRL"超链接，如图 13-20 所示。

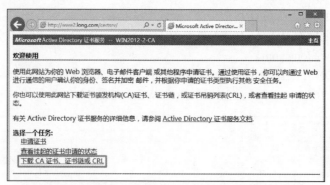

图 13-20 单击"下载 CA 证书、证书链或 CRL"超链接

注意 若客户端为安装了 Windows Server 2016 的计算机，则先将其 IE 增强的安全配置关闭，否则系统会阻挡其连接 CA 网站：打开"服务器管理器"窗口，选择"本地服务器"选项，单击"IE 增强的安全配置"右侧的"启用"超链接，选中"管理员"处的"关闭"单选按钮，如图 13-21 所示。

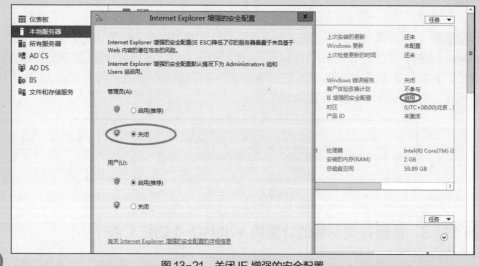

图 13-21 关闭 IE 增强的安全配置

STEP 3 单击"下载 CA 证书链"超链接，然后单击"保存"按钮右侧的下拉按钮，选择"另存为"命令，将证书下载到本地 C:\cert 文件夹中。其默认的文件名为 certnew.p7b，如图 13-22 所示。

STEP 4 用鼠标右键单击"开始"菜单，在弹出的快捷菜单中选择"运行"命令，在打开的"运行"对话框中的"打开"下的文本框中输入"mmc"，然后单击"确定"按钮。选择"文件"→"添加/删除管理单元"命令，然后从可用的管理单元列表框中选择"证书"后单击"添加"按钮，在图 13-23 所示的对话框中选中"计算机账户"单选按钮，之后依次单击"下一步"→"完成"→"确定"按钮。

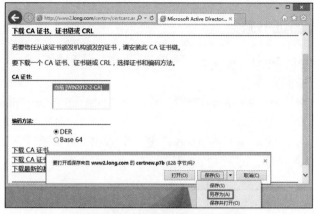

图 13-22　保存证书到本地文件夹

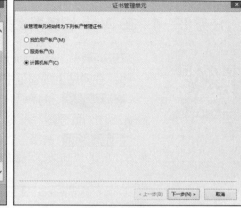

图 13-23　"证书管理单元"对话框

STEP 5 展开"受信任的根证书颁发机构"选项，选择"证书"选项，单击鼠标右键，在弹出的快捷菜单中选择"所有任务"→"导入"命令，如图 13-24 所示。

STEP 6 在弹出的"证书导入向导"对话框中单击"下一步"按钮，在图 13-25 所示的界面中选择之前下载的 CA 证书后，单击"下一步"按钮。

图 13-24　选择"所有任务"→"导入"命令

图 13-25　"要导入的文件"界面

STEP 7 依次单击"下一步"→"完成"→"确定"按钮，图 13-26 所示为完成后的界面。

图 13-26　完成后的界面

任务 13-4　在 Web 服务器上配置证书服务

微课 13-5　在 Web 服务器上配置证书服务

在扮演网站 www.long.com 角色的 Web 服务器 DNS1 上执行以下操作。

1. 在网站上创建证书申请文件

STEP 1　选择"开始"→"Windows 管理工具"→"Internet Information Services(IIS)管理器"命令。

STEP 2　选择"DNS1(LONG\Administrator)"选项，双击"服务器证书"选项，选择"创建证书申请"选项，如图 13-27 所示。

图 13-27　选择"创建证书申请"选项

STEP 3　在图 13-28 所示的界面中输入证书的必需信息后，单击"下一步"按钮。

图 13-28　"可分辨名称属性"界面

特别注意　因为在"通用名称"文本框中输入的网址为 www.long.com，故客户端须使用此网址来连接 SSL 网站。

STEP 4 在图 13-29 所示的界面中直接单击"下一步"按钮即可。图 13-29 所示的"位长"下拉列表框是用来定义网站公钥的位长的，位长越大，网站的安全性越高，但效率越低。

STEP 5 在图 13-30 所示的界面中指定证书申请文件名（本例中为 C:\WebCert.txt）后，单击"完成"按钮。

图 13-29 "加密服务提供程序属性"界面

图 13-30 "文件名"界面

2. 申请证书与下载证书

请继续在扮演网站角色的计算机 DNS1 上执行以下操作（以下操作是针对独立根 CA 的，但会附带说明企业 CA 的操作）。

STEP 1 将 IE 增强的安全配置关闭，否则系统会阻挡其连接 CA 网站：打开"服务器管理器"窗口，选择"本地服务器"选项，单击"IE 增强的安全配置"右侧的"启用"超链接，选中"管理员"处的"关闭"单选按钮。

STEP 2 打开 Internet Explorer，在其地址栏中输入 URL：http://192.168.10.2/certsrv，按 Enter键。其中，192.168.10.2 为图 13-5 所示的独立根 CA 的 IP 地址，此处也可改为 CA 的 DNS 主机名 www.long.com 或 NetBIOS 计算机名。

STEP 3 单击"申请证书"→"高级证书申请"超链接，如图 13-31 所示。

图 13-31 申请一个证书

> **注意** 若向企业 CA 申请证书，则系统会先要求输入用户账户与密码，此时请输入域系统管理员账户（如 long\administrator）与密码。

STEP 4 单击第二个超链接，如图 13-32 所示。

图 13-32　单击第二个超链接

STEP 5 在进行下一个步骤之前，请利用记事本打开前文下载的证书申请文件 C:\WebCert.txt，然后复制整个证书申请文件的内容，如图 13-33 所示。

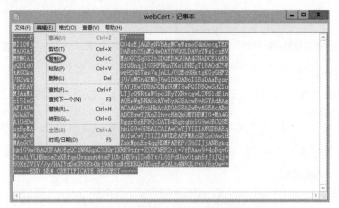

图 13-33　复制整个证书申请文件的内容

STEP 6 将复制的内容粘贴到 "Base-64 编码的证书申请(CMC 或 PKCS #10 或 PKCS #7)" 文本框中，如图 13-34 所示，完成后单击 "提交" 按钮。

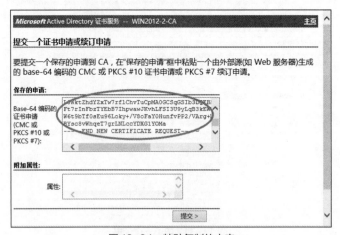

图 13-34　粘贴复制的内容

注意 如图 13-35 所示，若是企业 CA，则将复制的内容粘贴到"Base-64 编码的证书申请(CMC 或 PKCS #10 或 PKCS #7)"文本框中，在"证书模板"下拉列表中选择"Web 服务器"并单击"提交"按钮，然后直接跳到 **STEP 10**。

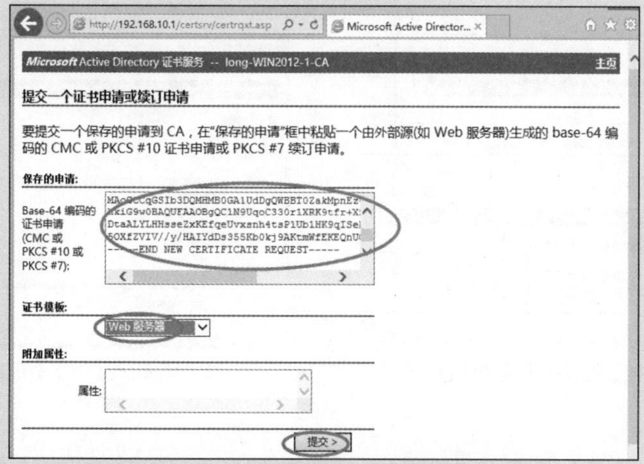

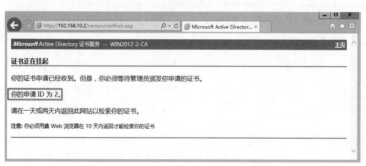

图 13-35　提交一个证书申请或续订申请

STEP 7 因为独立根 CA 默认不会自动颁发证书，故按图 13-36 所示的要求，等 CA 系统管理员发放证书后，再连接 CA 与下载证书。该证书 ID 为 2。

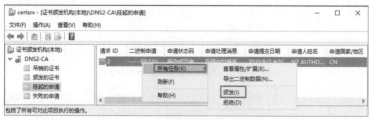

图 13-36　等待 CA 系统管理员发放证书

STEP 8 在独立根 CA 计算机（DNS2）上按 Windows 键切换到"开始"菜单，选择"Windows 管理工具"→"证书颁发机构"→"挂起的申请"命令，选择图 13-37 所示的证书请求，并单击鼠标右键，在弹出的快捷菜单中选择"所有任务"→"颁发"命令。颁发证书完成后，该证书由"挂起的申请"移到"颁发的证书"。

图 13-37　CA 系统管理员发放证书

STEP 9 回到网站计算机（DNS1），打开浏览器，连接到 CA 网页（如 http://192.168.10.2/certsrv），按图 13-38 所示的内容进行选择，查看挂起的证书申请的状态。

STEP 10 单击"下载证书"超链接，然后单击"保存"按钮，将证书保存到本地，其默认的文件名为 certnew.cer，如图 13-39 所示。

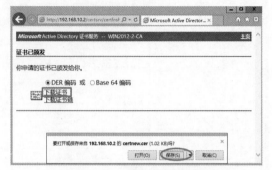

图 13-38　查看挂起的证书申请的状态　　　　　图 13-39　下载证书并保存在本地

> **注意** 该证书默认保存在用户的 downloads 文件夹下，如 C:\users\administrator\downloads\certnew.cer。如果选择"另存为"选项，则可以更改此默认文件夹。

3. 安装证书

将从 CA 下载的证书安装到网站计算机（DNS1）上。

STEP 1 选择"DNS1(LONG\Administrator)"选项，双击"服务器证书"选项，选择"完成证书申请"选项，如图 13-40 所示。

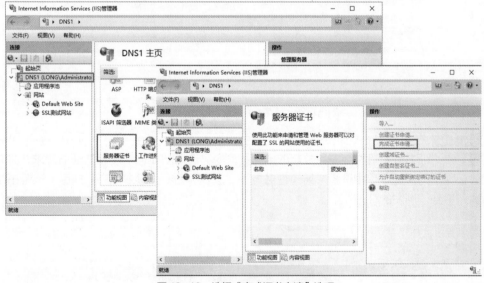

图 13-40　选择"完成证书申请"选项

STEP 2 在图 13-41 所示的界面中选择前文下载的证书文件，为其设置好记的名称（如 SSL 测试网站 Certificate）。将证书存储到"个人"证书存储区，单击"确定"按钮。

图 13-42 所示为完成后的界面。

图 13-41 "指定证书颁发机构响应"界面

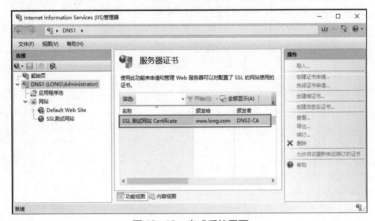

图 13-42 完成后的界面

4. 绑定 HTTPS

STEP 1 将 HTTPS 绑定到 SSL 测试网站,在窗口中选择"SSL 测试网站"选项,再选择"绑定"选项,如图 13-43 所示。

图 13-43 选择"绑定"选项

STEP 2 打开"网站绑定"对话框，单击"添加"按钮，在"添加网站绑定"对话框的"类型"下拉列表中选择"https"，在"SSL 证书"下拉列表中选择"SSL 测试网站 Certificate"后单击"确定"按钮，再单击"关闭"按钮。图 13-44 所示为绑定完成后的界面。

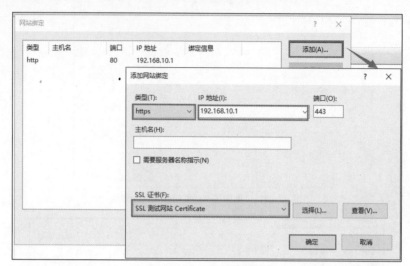

图 13-44　添加网站绑定

图 13-45 所示为完成后的界面。

图 13-45　完成后的界面

任务 13-5　测试 SSL 安全连接

STEP 1 利用图 13-5 所示的 WIN10-1 计算机，尝试与 SSL 网站建立 SSL 安全连接。打开桌面版 Internet Explorer，然后利用一般连接方式 http://192.168.10.1 来连接网站，此时应该会看到图 13-46 所示的界面。

STEP 2 利用 SSL 安全连接方式 https://192.168.10.1 来连接网站，此时应该会看到图 13-47 所示的警告界面，表示 WIN10-1 计算机并未信任发放 SSL 证书的 CA，此时仍然可以单击下方的"转到此网页(不推荐)"超链接来打开网页或先执行信任的操作后再测试。

微课 13-6　测试
SSL 安全连接

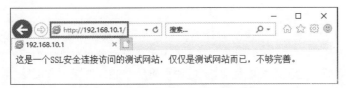

图 13-46　测试网站可以正常运行的界面

图 13-47　警告界面

> **注意**　如果确定所有的设置都正确,但是在 WIN10-1 计算机的浏览器界面上没有出现应该有的
> 结果,则可以将 Internet 临时文件删除后再操作,方法为:按 Alt 键,选择"工具"菜单,
> 选择"Internet 选项",单击"浏览历史记录"处的"删除"按钮,确认"Internet 临时文
> 件"复选框已勾选后单击"删除"按钮,或按 Ctrl+F5 组合键要求它不要读取临时文件,
> 而是直接连接网站。

STEP 3　系统默认不强制客户端需要利用 HTTPS 的 SSL 方式来连接网站,因此也可以通过 http 方式来连接。若要采取强制方式,可以针对整个网站、单一文件夹或单一文件来设置,以整个网站为例,其设置方法为:选择"SSL 测试网站"选项,双击"SSL 设置"选项,勾选"要求 SSL"复选框后单击"应用"按钮,如图 13-48 所示。

图 13-48　设置整个网站的 SSL

> **注意** （1）如果仅针对某个文件夹进行设置，那么选择要设置的文件夹而不是整个 Web 网站。
> （2）若要针对单一文件进行设置，则先单击文件所在的文件夹，单击下方的"内容视图"，再单击右方的"切换至功能视图"，通过中间的"SSL 设置"来设置。

STEP 4 在客户端 WIN10-1 上再次进行测试。打开浏览器，在其地址栏中输入 http://192.168.10.1 或者 http://www.long.com 并按 Enter 键，由于需要 SSL 证书，所以出现错误，如图 13-49 所示。

图 13-49 非 SSL 安全连接被禁止访问的错误

STEP 5 打开浏览器，在其地址栏中输入 https://192.168.10.1 并按 Enter 键，此时应该会看到图 13-47 所示的警告界面，表示 WIN10-1 计算机并未信任发放 SSL 证书的 CA，此时仍然可以单击下方的"转到此网页(不推荐)"超链接来打开网页。不过请注意，在打开网站的同时，也会出现证书错误信息："不匹配的地址"，如图 13-50 所示。这是因为在前面设置的通用名称是 www.long.com，不是 192.168.10.1。

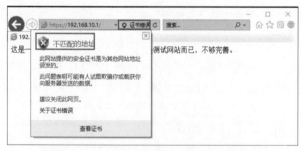

图 13-50 证书错误信息："不匹配的地址"

STEP 6 在浏览器地址栏中输入 https://www.long.com 并按 Enter 键，成功访问 SSL 网站，如图 13-51 所示。

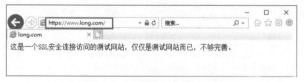

图 13-51 成功访问 SSL 网站

13.4 拓展阅读 苟利国家生死以，岂因祸福避趋之

中华优秀传统文化博大精深，学习和掌握其中的各种思想精华，对于树立正确的世界观、人生观、价值观很有益处。古人所说的"先天下之忧而忧，后天下之乐而乐"的政治抱负，"位卑未敢忘

忧国""苟利国家生死以，岂因祸福避趋之"的报国情怀，"富贵不能淫，贫贱不能移，威武不能屈"的浩然正气，"人生自古谁无死？留取丹心照汗青""鞠躬尽瘁，死而后已"的献身精神等，都体现了中华优秀传统文化和民族精神，我们都应该继承和发扬。我们还应该了解一些文学知识，提高文学鉴赏能力和审美能力，陶冶情操，培养高尚的生活情趣。许多老一辈革命家都有很深厚的文学素养，在诗词歌赋方面有很高的造诣。总之，学史可以看成败、鉴得失、知兴替；学诗可以情飞扬、志高昂、人灵秀；学伦理可以知廉耻、懂荣辱、辨是非。我们不仅要了解中国的历史文化，还要睁眼看世界，了解世界上不同民族的历史文化，取其精华，去其糟粕，从中获得启发，为我所用。

13.5 习题

一、填空题

1. 数字签名通常利用公钥加密方法实现，其中发送者数字签名使用的密钥为发送者的_____。

2. 身份验证机构的_____可以确保证书信息的真实性，用户的_____可以保证数字信息传输的完整性，用户的_____可以保证数字信息的不可否认性。

3. CA 颁发的数字证书均遵循_____标准。

4. PKI 的中文名称是_____，英文全称是_____。

5. _____专门负责数字证书的发放和管理，以保证数字证书的真实、可靠，它也称_____。

6. Windows Server 2016 支持两类认证中心，分别为_____和_____，每类 CA 中都包含根 CA 和从属 CA。

7. 申请独立 CA 证书时，只能通过_____方式。

8. 独立 CA 在收到证书申请信息后，不能自动核准与发放证书，需要_____证书，然后客户端才能安装证书。

二、简答题

1. 对称密钥和非对称密钥的特点是什么？

2. 什么是数字证书？

3. 证书的用途是什么？

4. 企业根 CA 和独立根 CA 有什么不同？

5. 安装 Windows Server 2016 网络操作系统认证服务的核心步骤是什么？

6. 证书与 IIS 结合保护 Web 站点的安全的核心步骤是什么？

7. 简述证书的颁发过程。

13.6 项目实训 实现网站的 SSL 安全连接访问

一、项目实训目的

* 掌握企业 CA 的安装与证书申请。
* 掌握数字证书的管理方法及技巧。

二、项目实训环境

本项目实训需要 2 台计算机，DNS 域为 long.com。一台计算机安装 Windows Server 2016 企业版，用作 CA 服务器、DNS 服务器和 Web 服务器，其 IP 地址为 192.168.10.2/24，DNS 服务器的 IP 地址为 192.168.10.2，计算机名为 DNS2。另一台计算机安装 Windows 10 操作系统作为客户端进行测试，其 IP 地址为 192.168.10.10，DNS 服务器的 IP 地址为 192.168.10.2，计算机名为 WIN10-1。

另外需要 Windows Server 2016 安装光盘或 Windows Server 2016 镜像文件、Windows 10 操作系统安装光盘或 Windows 10 操作系统镜像文件。

三、项目实训要求

在默认情况下，IIS 使用 HTTP 以明文形式传输数据，没有采取任何加密措施，用户的重要数据很容易被窃取，如何才能保护局域网中的重要数据呢？可以利用 CA 证书使用 SSL 增强 IIS 服务器的通信安全。

SSL 网站不同于一般的 Web 站点，它使用的是 HTTPS，而不是 HTTP，因此它的 URL 格式为"https://网站域名"。

具体实现方法如下。

1. 在 DNS2 中安装证书服务器并架设独立根 CA

安装证书服务器。安装独立根 CA，设置证书的有效期限为 5 年，指定证书数据库和证书数据库日志采用默认位置。

2. 在 DNS2 中利用 IIS 创建 Web 站点

利用 IIS 创建一个 Web 站点。具体方法详见"项目 9　配置与管理 Web 服务器"的相关内容，在此不赘述。注意创建 www1.long.com（其 IP 地址为 192.168.10.2）的主机记录。

3. 让运行浏览器的计算机 WIN10-1 信任 CA

4. 在 Web 服务器（Web 站点）中安装证书

（1）在网站上创建证书申请文件。

设置参数如下。

① 此网站使用的方法为"新建证书"，并且立即请求证书。

② 新证书的名称为 smile，加密密钥的位长为 512。

③ 单位信息：组织名 jn（济南）和部门名称×××（数字工程学院）。

④ 站点的公用名称：www1.long.com。

⑤ 证书的地理信息：中国，山东省，济南市。

（2）安装证书。

（3）绑定 HTTPS。强制客户端需要利用 HTTPS 的 SSL 方式来连接网站。

5. 进行安全通信（即验证实验结果）

（1）利用 HTTP 浏览，将会得到错误信息"该网页必须通过安全频道查看"。

（2）利用 https://192.168.10.2 浏览，系统将通过 IE 浏览器提示客户 Web 站点的安全证书问题，单击"确定"按钮，可以浏览站点。

（3）利用 https://www1.long.com，可以浏览站点。

提示　客户端将向 Web 站点提供自己从 CA 申请的证书，此后客户端（IE 浏览器）和 Web 站点之间的通信就会被加密。

四、做一做

独立完成项目实训，检查学习效果。

电 子 活 页

1. 利用 VMware Workstation 构建网络环境

1-1 链接克隆 虚拟机　　1-2 修改系统 SID 和配置网络 适配器　　1-3 启用 LAN 路由　　1-4 测试客户机 和域服务器的 连通性

2. 使用组策略管理用户工作环境

2-1 管理 "计算机配置的 管理模板策略"　　2-2 管理 "用户配置的管 理模板策略"　　2-3 配置帐户 策略　　2-4 配置用户 权限分配策略　　2-5 配置安全 选项策略　　2-6 登录 注销、启动关机 脚本　　2-7 文件夹 重定向

2-8 使用组 策略限制访问 可移动存储 设备　　2-9 使用组 策略的首选项 管理用户环境

3. 利用组策略部署软件与限制软件的运行

3-1 计算机 分配软件部署　　3-2 用户分配 软件部署　　3-3 用户发布 软件部署　　3-4 对软件 进行升级和 重新部署　　3-5 对特定 软件启用软件 限制策略

4. 管理组策略

4-1 组策略的 备份、还原与 查看组策略　　4-2 使用 WMI 筛选器　　4-3 管理组 策略的委派　　4-4 设置和 使用 Starter GPO

参 考 文 献

[1] 杨云，徐培镟. Windows Server 2016 网络操作系统项目教程（微课版）[M]. 北京：人民邮电出版社，2021.

[2] 杨云，徐培镟，杨昊龙. Windows Server 2016 网络操作系统企业应用案例详解[M]. 北京：清华大学出版社，2021.

[3] 戴有炜. Windows Server 2016 网络管理与架站[M]. 北京：清华大学出版社，2018.

[4] 戴有炜. Windows Server 2016 系统配置指南[M]. 北京：清华大学出版社，2018.

[5] 杨云，汪辉进. Windows Server 2012 网络操作系统项目教程[M]. 4 版. 北京：人民邮电出版社，2016.

[6] 杨云. Windows Server 2008 组网技术与实训[M]. 3 版. 北京：人民邮电出版社，2015.

[7] 杨云. Windows Server 2012 活动目录企业应用（微课版）[M]. 北京：人民邮电出版社，2018.

[8] 杨云，康志辉. 网络服务器搭建、配置与管理——Windows Server[M]. 2 版. 北京：清华大学出版社，2015.

[9] 黄君羡. Windows Server 2012 活动目录项目式教程[M]. 北京：人民邮电出版社，2015.

[10] 微软公司. Windows Server 2008 活动目录服务的实现与管理[M]. 北京：人民邮电出版社，2011.

[11] 韩立刚，韩立辉. 掌控 Windows Server 2008 活动目录[M]. 北京：清华大学出版社，2010.